越中之山水无非园

越中之园无非佳山水

绍兴传统园林艺术

张蕊 著

中国建筑工业出版社

遵正道　守正创新　养生引54

为张志堃署题

辛丑年春月　桓垣

喜见新竹茁壮长　更盼萌发新竹林

王兆楯 🔲

　　本书作者张淞是我们这校的石杯生，博士毕业论文评为高质量论文，未想毕业不久便初成专著问世，实在可喜可贺。这也是在王欣欣教授和同仁们鼓励和成年的帮助下取得的科研成果，我也向致力于本书的所有人。们致以同道的敬礼。

　　这本书写作很翔实，石杯考老实实做学问，研究全面而不泛，从史出论逻辑性强而生动，不仅文字方面下功夫，还做了扎实的测量工作力合理的研究比征了大量翔实的资料，又写了相当的风貌名胜五多种类型的城市园杯，确实有办图精文，图文并茂的优点，这也是计年科的贡献，为园杯支持写了新篇。

　　中国风景园杯有社辉优秀的民族传统，是中华民族的理念，遵循天人合一的理念，既尊尚自主和尊致自主，又高尊求均固人及胜况，人与天和，天人共乐，专泽厚先生说中国园杯走人的自主化和自主的人化，差在于气和度地重迂君珍待，少又武直少节新文，山水心形强道，存差和化为养任人赏心悦目就我们不忘传况的初心，于正州新地及人失而中国的现代化进设，有民族的自尊性和自信心，有志者事竟成。

　　优秀的书本来优于园杯飞不传况学未名布立有的地位，但恐继承其人，现实告诉我青年人已在传承了优秀的石杯，书老师教战，我技或的迄止，我们的迄止再任来于中华民族园杯飞大的传况便得以传况承和发展了。

序
一

～～～～～～

喜见新竹茁壮长
更盼萌发新竹林

  本书作者张蕊是我们学校的
高材生，博士毕业论文评为高质量
论文，未想毕业不久便初成专著问
世，实在可喜可贺。这也是在王欣
教授和同仁们鼓励和诚挚的帮助下
取得的科研成果，我也向致力于本
书的所有人员们致以同道的敬礼。

  这本书写得很翔实、质朴，老
老实实做学问，研究全面而系统。从
史出论，逻辑性强而生动。不仅文字
方面下功夫，还做了扎实的测量工
作，为今后的研究提供了大量翔实的
资料。总结了绍兴的风景名胜区和多
种类型的城市园林，确实有以图辅
文、图文并茂的优点。这也是对学科
的贡献，为园林史谱写了新篇。

  中国风景园林有独特优秀的民
族传统，是中华民族的瑰宝。遵循
天人合一的哲理，既崇尚自然和尊
敬自然，又肯定景物因人成胜概，

人与天调，天人共荣。李泽厚先生说中国园林是人的自然化和自然的人化。意在手先，相度地宜，迁想妙得，以文载道，以书耀文，山水以形媚道，将意转化为象供人赏心悦目。我们不忘传统的初心，守正创新地投入美丽中国的现代化建设，有民族的自尊性和自信心。有志者，事竟成。

说真的我本来忧于园林艺术传统尚未占有应有的地位，唯恐继承乏人。现实告诉我青年人已经传承了优秀的衣钵。我老师教我，我教我的学生，我们的学生再传弟子，中华民族园林艺术的传统便得以传承和发展了。

中国工程院院士

著名风景园林学教育家

北京林业大学教授、博士生导师

孟兆祯

辛丑春月　于京西柏儒苑清趣堂

序二

在本书付梓之前，张蕊君嘱我为其作序，好意难却，但确颇费踌躇。面对历史文化积淀厚重，传统园林遗珠缀串的绍兴，不知如何启笔。

绍兴，古称越州、会稽、山阴，是1982年国务院公布的第一批历史文化名城。早在4000多年前，相传夏禹"还归大越，登茅山，以朝四方群神（诸侯）"（茅山即会稽山），禹死后也传葬于会稽山麓，就是今天的禹王陵。这段悠长的历史，可以说东南诸城市无出其右者。公元前6世纪开始，著名的吴越争霸，越王勾践"卧薪尝胆""十年生聚"，终于灭吴于姑苏，成就了春秋霸业。而当勾践叱咤风云时，杭州现在市区所处的位置，还是钱塘江中的一处浅海湾，海湾边露出江面的一座山头，即今称吴山的地方，是原吴国的南部边界。早在汉代，山上就有一座伍公祠（今称伍公庙），是纪念吴国重臣伍子胥的。伍子胥遭陷害被夫差赐"属镂剑"自刎后，"鸱夷裹尸"抛入大江，此

大江传为钱塘江。白居易有《杭州春望》诗："涛声夜入伍员庙，柳色春藏苏小家"。无独有偶，15年后，越国重臣文种同样遭受陷害，被"长颈鸟喙"的勾践，赐同一"属镂剑"冤屈自刎。民间传说，两股冤魂相会于钱塘江上，化作了今古奇观的奔腾怒吼的钱江潮，两人在民间都被封为潮神。公元前210年，秦始皇最后一次出巡，南巡会稽，还得逆钱塘江上溯100多里在桐江子胥渡附近越江而过。寻读这段历史，人们不得不为绍兴所感叹。至今位于绍兴市区东南10多公里处的南宋皇陵——南宋六陵加北宋亡国之君宋徽宗赵佶的"永祐陵"，遭元恶僧杨琏真珈劈棺抢挖，暴尸裸骨的惨烈景象，则让人在历史的风云中唏嘘不已。这不仅是欸欸桨声、富含逸趣的乌篷船的绍兴了。

绍兴山水佳所。中国山水诗的开拓者谢灵运出生在绍兴，《山居赋》所写的山庄别业在绍兴地区。书圣王羲之的兰亭雅集之处，至今遗址

尚存，此地仍是"崇山峻岭，茂林修竹"，让人发思古之幽情。书圣之子、又一位大家王献之说："从山阴道上行，山川自相映发，使人应接不暇。"会稽山水，诚如此意。唐代诗人元稹为越州太守时，与其挚友时任杭州太守白居易有过一次富有戏谑趣味的隔江"元白唱和"——元稹诗称："会稽天下本无俦，任取苏杭作辈流"；白居易称："可怜风景浙东西，先数余杭次会稽。"元稹赞美会稽"绕郭烟岚新雨后，满山楼阁上灯初。"白居易称"禹庙未胜天竺寺，钱湖不羡若耶溪。"两位诗人在对唱中对唐代的越州和杭州充满赞美之词。

绍兴钟灵毓秀之地，历来多文人，多名士。从南宋的爱国诗人陆游、明代三大才子之一的徐渭，到近代的革命伟人周恩来、思想家鲁迅、教育家蔡元培、鉴湖女侠秋瑾、科学家教育家竺可桢，都为绍兴谱写了一篇篇激动人心的华章。

正是因为有了悠久的历史，优秀的文化，优美的山水，为绍兴园林的产生、发展和特色奠定了基础。我十分欣慰地看到，张蕊君在本书中以大量的资料，记述了绍兴传统园林的历史背景，山川地理，荟萃人文，在此基础上对绍兴传统园林的特色作了令人深刻的梳理，这还是国内第一次作如此剖析。同时，本书对现有园林实例，从历史文化、地理环境、艺术特色、布局安排一一作了详细分析。本书的特点是理论性、实践性和资料性三者兼顾，使读者通过阅读本书，对绍兴传统园林有一个形象的真实了解。特别是本书的三篇附录，收集整理了绍兴各类传统园林名录391处，可称越州园林记了，弥补了中国园林史研究中的缺漏，这是十分可贵的。说明年青的张蕊君对学术研究的严谨、执着和可贵的求实精神，令人感佩。

这里我还顺便谈一下本书多次提到的明代祁彪佳的《越中园亭记》，这是一份绍兴传统园林的重要参考书，书中记录了绍兴明代以前的园林291处（主要是明代）。作者祁彪佳（1603—1645年），明末清初绍兴人，散文家、戏曲家，曾任苏松巡按御史、河南道等职。1645年，清廷欲招其官，其不为所动，自沉于老宅"寓园"湖中，以明其志。后人称其"含笑入九泉，浩气留天地。"他除写了《越中园亭记》外，还为自家宅园写了一篇《寓山注》，详细描述了"寓园"园中的49景。

从我现在所看到的资料，如李格非的《洛阳名园记》记载了洛阳园林19处；周密的《吴兴园林记》记载了吴兴园林33处；李斗的《扬州画舫录》记载扬州园林19处；2016年出版的由彭镇华编著的《扬州园林古迹综录》，记录了各类传统园林269处（少数不属古典）；《娄东园林志》（佚名）记载太仓园林13处。杭州南宋的园林据周密的《武林旧事·卷五湖山胜概》载共423处（其中大多为寺院）；吴自牧的《梦粱录·卷十九

园囿》载64处；耐得翁的《都城纪胜·园苑》载48处（其中大多与《梦粱录》相重）。另据2014年出版的衣学领主编的《苏州园林风景志》载："明清鼎盛时，在吴县、长洲、元和三县境内，先后累计有园林和庭院300多处"；2009年出版的由贾珺著的《北京私家园林志》，共记录了由辽、金至明、清的北京私家园林（不包括皇家园林）274处。因此，就绍兴传统园林的数量而论，可以与杭州、苏州、扬州及北京相媲美，都处在全国的前列，这是一般读者所不掌握的。

由此我认为，张蕊君所作的研究对中国园林史及园林艺术研究做出的贡献是不言而喻的。

老愚赘言，是为序。

《中国大百科全书》第三版风景园林卷主编

中国风景园林学会专家顾问委员会副主任

中国风景园林学会终身成就奖获得者

2021年6月9日

前言

作为一个土生土长的西安临潼人，我从小看到的自然山水是关中平原的开阔、秦岭的雄伟、渭水的滔滔不绝，感受到的是如气吞山河的秦始皇兵马俑、锦绣如堆的骊山华清宫这般秦风唐韵的历史人文。在博士毕业以前，我都很少有机会长期真正地触摸到江南水乡的风土人情。与绍兴园林的第一次相遇，还是在我的恩师孟兆祯先生给我们讲授园林之"景面文心、文以载道"要义时，所举案例——绍兴徐文长宅园"砥柱中流"、东湖"仙桃洞"与柯岩"炉柱晴烟"之景，孟先生声情并茂地讲述着它们的借景之巧思、能工之巧匠，那时便为我埋下了一颗去探究绍兴传统园林艺术的种子。缘分所致，我在北京林业大学园林学院求学期间，与一位绍兴男生结识并相恋，在我博士毕业后，我们便从北京来杭州工作。这个男生后来成为我的丈夫，绍兴也成为我另一个家。

2018年来杭工作后，置身在江南的烟雨中，接触绍兴人情、风物的机会也越来越多。绍兴传统园林其独特而富有魅力的地方历史文化特色逐渐引起我的兴趣。绍兴历史悠久、物产丰富、文化璀璨；自然资源禀赋突出，优越的社会、文化、经济条件孕育着绍兴传统园林茁壮成长。

以上来龙去脉，就是这本《绍兴传统园林艺术》的由来。

本书就绍兴传统园林的研究范围主要界定在绍兴古代山会地区（古代山阴、会稽两县，即会稽山以北、杭州湾以南、浦阳江以东、曹娥江以西的区域）。绍兴历史时期见于记载的最早聚落首先在会稽山地形成（《越绝书》卷八），后在山会平原——境南为会稽山脉所盘踞，向北延伸的一系列丘陵分支，称为稽北丘陵；北部是广阔的冲积平原，即山会平原；曹娥江、浦阳江分列平原东西两侧，终汇入杭州湾——获得全面垦殖以后，平原上河网纵横，湖泊棋布，交通便捷，成为绍兴最主要的人口聚居地，其多样的地理环境也使绍兴的园林富有多元性和独特性。

绍兴是拥有2500多年历史的文化名城，古素称"文物之邦、鱼米之乡"。公元前490年，越王句践（今亦作勾践）建都于此，为春秋列国之一。从秦代至汉代，山会平原的堤塘兴修持续进行，终在东汉永和五年（公元140年）马臻开三百里湖山，兴建了规模空前的鉴湖水利工程，使其沿岸形成风景优美的山水城乡风貌。

山会平原一带，地形丰富，多有丘陵湖塘分布于城郊或城内，其地理的优越性，为构筑自然山水园林提供天然条件。在保有江南园林人文共同性的同时，又突出体现着它的地理独特性，"越中之山水无非园……越中之园无非佳山水……他处之山，悦者必以步以骑，舆以杖，越中则以舟。他处之水，泛者必以舟，越中则以亭、以台、以桥、以榭"（明·祁彪佳《祁彪佳集》）。由此可知，绍兴山会平原传统园林的特色，是建立在天然山水之上，"水行山处，以船为车，以楫为马"（《吴越春秋》卷六）。

在特定的历史条件下，绍兴传统园林形成了多样的类型：绍兴古城始于越国都城，筑句践小城与山阴大城，在周边营造一系列供越王及其侍臣游乐憩息的王室园林宫台苑囿，如见于史料的越王台、游台、美人宫等。魏晋南北朝时，文人士大夫有寄情山水、崇尚隐逸的思想作风。首次见于文献最早的公共园林——东晋·兰亭——就出自绍兴山会平原的兰渚。自东晋至南宋，绍兴山会平原地区更是仅次于首都的江南著名都会和文化中心，吸引了大批文人士大夫来此营造别业，如唐代贺知章归乡卜居、南宋陆游营建三山别业等。从宋明时期私家园林大量兴起，在祁彪佳、张岱等爱好园林艺术的文人推动下，绍兴园林独步江南，明代以前园林101处，明末园林190处（明·祁彪佳《越中园亭记》）。绍兴是道教、佛教传入较早的地区之一，因其山水风景优美，也多有道士僧人在此开坛设寺。著名的有道教活动基地"龙瑞宫"和以独特的石文化与宗教文化融糅发展形成独特风景寺庙环境的"柯岩"。除以上类型外，基于绍兴江南水乡特色而形成的城郊园林、村落园林、台门建筑以及公共建筑（如古桥、古戏台等）也别具特色；基于近代历史背景而形成的名人故居，同样具有鲜明的建筑特色和时代价值。

绍兴园林不仅有着丰富的类型，在整个历史长河中亦表现出卓越的成就。绍兴古代多名园，东晋·兰亭、南宋·沈氏园、明·徐渭青藤书屋、明·祁彪佳寓山园、清末·陶浚宣绍兴东湖、柯岩风景

寺庙等均为集大成者。东晋兰亭，首开我国公共园林建设的先河，其孕育的"曲水流觞"雅集文化以及书法艺术成为我国传统文化以及园林理景艺术的载体，给予当时和后世的园林艺术以深远的影响。绍兴东湖处于"士文化"与"新文化"的过渡期，成为传统私家园林向现代公园转化的重要节点。此外，祖籍绍兴的祁彪佳、张岱等明代文人，留下了多部园林专著，为中国园林的传承做出了巨大贡献。

本书共分为上下两篇，上篇以时间为线索，梳理绍兴传统园林的历史源流，从而探讨其历史演进过程中不同时期园林的滥觞与发展，寻求其风景园林的建设与时代背景之间存在的内在关系，并尝试对绍兴园林的地域特色进行总结。下篇以空间为线索，分别整理绍兴古城内、外优秀的传统园林案例，通过实测、航拍等方法绘制各园林平面图，并对各园林的历史沿革、平面

布局、设计理法、园林艺术特色等进行研究与分析。研究目的在于：（1）梳理绍兴传统园林的发展脉络，构建绍兴传统园林史，统计绍兴历史园林名录；（2）调研绍兴山会地区传统园林遗存，建立绍兴传统园林遗存表、绘制名园平面图；（3）总结绍兴传统园林的造园手法与艺术特色。

据笔者统计，绍兴山会地区山水胜迹共159处，历代传统园林共有391处，其中王室园林15处，私家宅园319处，寺观园林31处，书院园林7处，祠堂园林2处，衙署园林2处，公共园林2处，陵寝墓园13处（详细介绍见本书附录部分）。在历代的史料文献中记载着绍兴山会地区的自然山水及历代城市或园林建设活动，如何从大量的山水形胜和建筑古迹中筛选出符合风景园林的内容是一项较为困难烦琐的工作。在此笔者做出一定的说明，如有疏漏之处，也恳请各位专家读者批评指正。对于山水胜迹的判断，笔者遵照以下两条标准：（1）具有良好的风景面貌的自然山水或经人工改造形成的山水地貌；（2）与历史人物有关或反映人文思想，因人而成胜概的自然山水。对于历代园林的筛选，按照中国园林史对传统园林类型划分的经验并结合绍兴传统园林的特殊性，分为王室园林、私家宅园（含建筑庭院）、寺观园林、衙署园林、书院园林、祠堂园林、公共园林和陵寝墓园等，且认为历史建筑若非有应用园林要素进行园林空间营建并反映景面文心园林内涵的现象，不能被归为传统意义上园林的范畴，而应该被称之为名胜建筑。另外，需要就本书附录中"私家宅园"这一类型进行补充说明的是：因为绍兴明清及近代时期的台门建筑（住宅庭院）是该地区人居环境特色的体现，且存在大量名人故居，极具当地文化属性。由于历史的原因，很多私家宅园已无法考证是否存在

"园"的营造，但可以从史料或现代遗存中看出它们都属于建筑庭院，且具有清晰的院落空间布局结构。因此也将具有以上特征的绍兴明清及近代时期的私家住宅建筑庭院纳入到"私家宅园"类型之中。

拙作是本人主持的浙江省自然科学基金/青年基金项目：绍兴传统园林历史源流与造园意匠研究（编号：LQ19E080024）的成果之一，共历时三年。特别感谢恩师孟兆祯先生一直以来对我的关心与帮助，并专门为本书的付梓发来题词并作序；感谢杭州市园林文物局原局长施奠东先生为本书内容提出宝贵建议并作序，在此谨致谢意！该书写作过程中浙江农林大学园林学院王欣教授给我提供了颇多帮助，并与我一起撰写了绍兴地域特色这一部分的内容，在此致以诚挚的感谢！绍兴市自然资源和规划局、绍兴市自然资源和规划局越城分局、绍兴市越城区文化广电旅游局、绍兴市文物局、柯桥区文物管理所等多家单位，以及绍兴地方学者孙伟良等多位专家为本书提供了宝贵的图文资料，在此表示真诚的感谢！本书最终能够顺利付梓，离不开本课题组各位同学的付出，感谢成晨、刘昕琰、张畅在古文献整理、图纸描绘以及文字校对工作中所付出的辛勤汗水，感谢王祎洁、张思琦、章轩铖、向丽钧、项婕妤、刘欢欢、易潇蕊、王薇、牟乐怡、陈语盈、赵永明、王磊、黄春羽、徐依仁、钱晨、吴凯怡、赵梦婧、朱雅萱等同学在课题筹备阶段就图文整理、园林遗存搜集等方面所做出的工作。感谢中国建筑工业出版社杜洁主任对本书出版的帮助，感谢李玲洁、韩蒙恩等编辑们对本书精心的编排及设计。特别感谢当代著名书画家、浙江农林大学华海镜教授为本书书名题字，特别感谢孟凡先生为本书题刻"越中佳山水"印一方。同时还要感谢浙江农林大学风景园林与建筑学院全体老师这三年来对我工作的支持与配合。再次感谢所有为本书的写作和出版提供帮助的人!

研究绍兴传统园林历史及造园艺术需要具备相当的史学功力和文学修养,在这方面我深感欠缺,每言及深处总感力不从心,文中难免存在不足与抵牾之处,实在惭愧,恳请各位专家学者、广大读者批评指正。毕业三年多来,每每与孟先生面叙,总离不开挖掘中国传统园林艺术并传承好园林地方特色的话题,此书的出版,也算是交给恩师一份小小的答卷。

热爱诗和远方的您,如果通过书中的文字能让您放下手中的繁忙,计划一场领略绍兴风景的旅行;或者正在绍兴旅行的朋友,可以将这本书作为你们的旅行指南,而从中获益,我便如愿以偿。

辛丑年春分　于杭州临安

第二章　绍兴传统园林地域特色

目录

上篇

绍兴传统园林综论

第一章

绍兴传统园林演进历程

绍兴古称"越"，作为国务院公布的全国第一批历史文化名城之一，自建城以来已有2500多年的历史。早在新石器时期从小黄山文化发源延续，上古时期存有舜、禹遗迹；春秋战国时期，此处为越国都城。至秦代统一六国，将吴、越两国旧地合建会稽郡，在越国所在置山阴县；东汉时"吴会分治"，在钱塘江以南置会稽郡，郡置设于山阴；历三国两晋南北朝，在南朝陈时期，作为郡置的山阴县被划分为山阴、会稽两县。至隋改为越州，山阴、会稽两县均为州治所在；北宋仍为越州，南宋时升为绍兴府；明、清两朝因袭南宋，下辖山阴、会稽、诸暨、萧山、新昌、嵊县、上虞、余姚八邑。民国建元将山阴、会稽两县合称为绍兴县。自越国都城、会稽郡治、越州、绍兴府、绍兴县，其治所基本不变，自然地脉与历史文脉源远流长。

绍兴濒临东海，地势低平，构成江、河、湖、山交融的自然环境。由于频繁的地质活动塑造了平原、盆地、丘陵、山地、台地等丰富的地貌类型，境内山水之奇秀，自古便闻名于世。绍兴南部和西部是一片丘陵，东西最宽约50公里，东南到西北最大约150公里，统称"会稽山地"。最高峰海拔788米，从主干部分按西南、东北走向，分出一系列海拔500米上下的丘陵。在秦代起即为天下名山之一，唐代被封为"南镇"。其地形崎岖复杂，自古森林葱郁，又因历史上的火山活动、风化侵蚀和人为采凿显现出怪石嶙峋、洞穴幽邃的特色[1]。自汉以来，会稽山区经济受到重视并得到很好开发，森林资源丰富，动植物种类多样，并有各种经济林种植经营。另一方面，山会平原为海侵遗留产物，河流、湖泊星罗棋布，南北均有潮汐出没。加上该区雨量充沛，南部山地河流众多，史称"鉴湖三十六源"。春夏雨季，洪水北上，使整个山会平原河湖泛滥，连接成一片滨海沼泽地。随着历史上鉴湖的修筑与湮废、各类水利工程的开发等，平原内逐渐形成一个淡水湖网系统，并将水体转入北部与萧山平原水域汇合，构成今日的三江水系。

整个山会平原在上古时期是一片潮汐直薄的斥卤之地，据测算绍兴古城大部分地区海拔为10米，城外农田历史时期平均海拔为5~7米，而钱塘江高潮水位在5~10米[2]，人言其地为："越之水重浊而泊，故其民愚疾而垢"[3]，但随着越地先人们对自然山水环境的持续改造开发，渐成为"地灵钟秀异，人物信风流"[4]的城市乡野面貌。通过修堤筑塘，拒咸蓄淡，改造形成用于农业生产的河网平原；并在低丘上修筑城池，绍兴城成为名闻遐迩的"浙东奥区"，是两浙地区最重要的城市。南宋《会稽续志》载："会稽上应牵牛之宿，下当少阳之位"，又说"其地襟海带江，方制千里，实东南一大都会。又物产之饶、鱼盐之富，实为浙右之奥区也"。其中风景园林建设对这一地区城镇发展、环境改变、文化提升均有着十分重要的作用，不同时期的园林艺术风格和文化内涵呈现了绍兴历史文化传承的脉络。

于越族祖先原居会稽山、四明山一带，过着刀耕火种的迁徙农牧生活[5]。"越之先君无余，乃禹之世，别封于越，以守禹冢"[6]。春秋时期，于越民族以今绍兴一带为中心建立部族，后成为诸侯国之一。历史上创造了河姆渡等优秀的古老文明，但因受海侵影响，其常年处于闭塞的山地环境，至越王句践（今亦作勾践）继位，海侵基本结束。句践为图谋发展，将部族酋长驻地北迁至平阳（今平水镇平阳村）[1]。自此越部族的生产生活中心便由崎岖狭隘的会稽山地转移至水土肥美的山麓冲积扇地带（见图1-1），依靠"傍山面水，鸟田之利"的地理条件进入定居农业阶段[7]。

越王句践时期的园林颇具王者气势，同其治国策略、越国发展与复兴历程紧密相连。由于吴越战争常年不断，句践便接受范蠡"今大王欲国树都，并敌国之境，不处平易之都，据四达之地，将焉立霸王之业"[8]的建议，于公元前490年在会稽山以北今绍兴府山（句践时称为种山）南麓修建"句践小城"（"山阴城"），《越绝书》卷八《越绝外传记地传第十》载"句践小城山阴城也。周二里二百二十三步，陆门四，水门一。"小城筑成后，句践又在小城附近筑"山阴大城"，因"范蠡所筑治"又名"蠡城"，"周二十里七十二步，不筑北面……陆门三，水门三，决西北"（见图1-2、图1-3）。后历代城池建设便基于此大小城而建设（见图1-4）。据史载，句践大小城包括种山（后代又称：卧龙山、府山）、鲍郎山（后代又称：阳堂山）、怪山（后代又称：塔山）、火珠山、蛾眉山、蕺山、白马山、彭山、黄琢山九座孤丘。城内外均规划有陆路、水路交通，使该区域得以通舟楫之便，如小城有陆门四，水门一；大城有陆门三，水门三；美人宫有陆门二，水门一。

随着越国都城的建设，大小城内及城周边亦兴建了一批著名的宫、台、楼等。如城内越王台（宫台）、龟山怪游台、稷山斋戒台、雷门等。小城西部种山是孤丘中最高的一座，范蠡于此修建飞翼楼（见图1-5），自楼建成后，"亭阁峥嵘踵起，相望与其山川映带，号称仙居"[9]。城周边及城外，则营造有驾台、离台、美人宫、乐野、中宿台、马丘、冰室等一系列宫台苑囿，供越王及其侍臣游乐憩息。《越绝书》卷八："句践之出入也，斋于稷山，往从田里，去从北郭门。炤龟龟山，更驾台，驰于离丘，游于美人宫，兴乐中宿，过历马丘。射于乐野之衢，走犬若耶，休谋石室，食于冰厨。领功铨土，已作昌土台。藏其形，隐其情。一曰：冰室者，所以备膳羞也"[6]。记载了越王出行游乐时途经城内外山川苑野，利用人工休憩的宫台囿室举行活动，它们承载了狩猎、封赏、悠游、休憩、餐食等功能，足见当时苑囿生活之丰富，展现出功能较为完备的城市风景园林的雏形。

在数年治国历程中，越王还善于引进列国贤才，如范蠡、文种、计然等人。他们不仅具有政治才能，也精通园林建筑艺术。如范蠡在构筑句践小城时，将城市规划与天象所结合，拟法于"紫宫"，以飞翼楼象天门镇压吴国[8]；飞翼楼除登高外还可一直望至钱塘江岸以追察吴国行踪，发挥军事防护作用。这些能人志士带来的先进中原文化进一步与古老的越文化结合，使越国园林得到了迅速的发展。

综上所述，越国的园林在当时地理环境、政治文化等因素的综合影响下呈现出以下特征：（1）造园主流为诸侯王室园林，具有王者之气。主要表现在：造园多为筑台登高、极目环眺远距离的开阔自然山水，建筑多为单体存在、较少地改造自然环境，总体布局较为开阔粗放；园林功能丰富多样，不仅包括游憩、狩猎和生产，同时为巩固越国统治，还具备通神、军事等方面的功能；园林建置依托于山地地理环境与自然环境相结合，强化了统治者与自然天象的联系。（2）引进了中原地区先进的造园思想，具有多元交融的特征。周代中原地区已出现以豢养禽兽为主的"囿"、经营果树为主的"场圃"两种园林雏形，同时筑"高台美榭"以通神求仙的做法也盛行于列国，如楚国的章华台、吴国的姑苏台等[10]。据记载，句践曾采用大夫计然之策，改变越民族"随陵陆而耕种"的原始农业与"逐禽鹿以给食"的狩猎活动，围垦土地种植粮食与经济作物，兴建"场圃"。同时发展牧业：于犬山养狗，鸡山养禽，白鹿山养鹿，修筑南池养鱼[8]，与"囿"的做法类似。在大小城的修建中，亦有一系列筑楼、台的做法。

（3）城市规划过程中设水路与陆路相互沟通，不仅满足了当时的交通需求，也为后来绍兴地区水乡泽国

的园林特色奠定了基础[7]。如同楚国的云梦泽一般，越国所在的会稽山麓也因流水冲积而形成湖泊、平原密布的地带，因而将水系纳入规划之中。

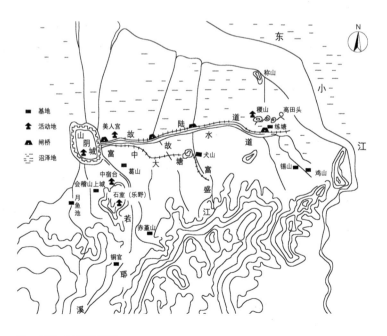

图1-1 越国·山会平原示意图
（图片来源：摹自《文明的记忆—绍兴历史图说》）

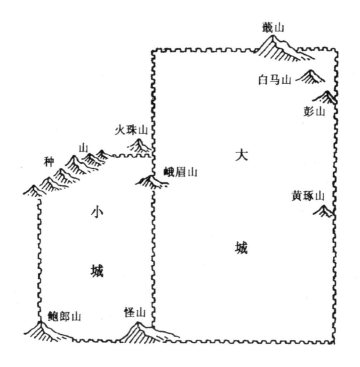

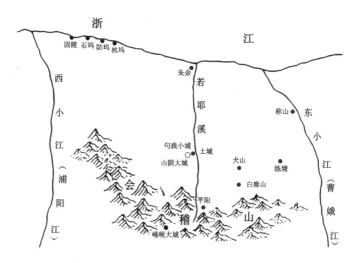

图1-2 小城和大城示意图
（图片来源：《绍兴历史地理》）

图1-3 小城和大城的地理位置
（图片来源：摹自《绍兴历史地理》）

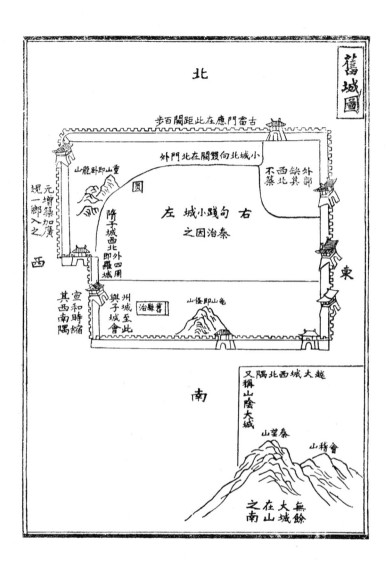

图1-4　旧城图
（图片来源：清《嘉庆山阴县志》）

飞翼楼

文种墓

三汲泉

方井　　清白泉
　　　　于越宫室
乌龙井

图1-5　种山于越宫室分布图
（图片来源：摹自《绍兴历史地理》）

公元前472年，句践在灭吴国后迁都琅琊（今山东东南部诸城），跻身中原诸侯之列，势力范围涵盖如今的山东、安徽、湖北、湖南、江西、福建等地。公元前334年，越为楚所败，于越部族只得回退至绍兴一带为聚居中心。到秦王政二十五年（公元前222年），秦平定长江中下游以南地区，于此置会稽郡。为摧毁吴、越旧统治势力，秦始皇把吴越两国旧地合二为一，并强迫越民族迁移至今浙江湖州、杭州和安徽等地，又把其他居民迁入山阴[11]，一定程度上促进了各族交融。

会稽郡范围极大，北起长江南岸，南到今福建北部，郡治建于吴县[1]（今江苏）。绍兴地区则设山阴县，此为"山阴"作为地名的首次出现。山阴虽仅作为会稽郡下的一县，仍受到统治者的重视，《史记·秦始皇本纪》载，三十七年（公元前210年），"上会稽，祭大禹，望于南海，而立石刻颂秦德"[12]，至今这座山依然被称为"秦望山"。秦以后，郡县制度有所削弱，至汉景帝时期方得到恢复。此后，随着城市规模不断扩大和生产力的发展，人事趋于复杂，交通不便等问题对行政区划的影响日益突出。于是东汉顺帝永建四年（公元129年）会稽郡实行了分治[13]。分治大体以钱塘江为界，江北置吴郡，郡治建于吴县；江南置会稽郡，郡治为山阴县[1]。山阴作为会稽郡治，得以重新成为政治经济中心。此后，随着生产力发展与人口增加，会稽郡管辖的地域逐渐缩小。据史料记载，秦至东汉中期会稽地区因远离皇都且战乱频仍而人口锐减，经济状况总体较为滞缓，园林发展亦相对平庸。如《史记·货殖列传》载"楚越之地，地广人稀，饭稻羹鱼，或火耕而水耨，果隋蠃蛤，不待贾而足，地势饶食，无饥馑之患。以故呰窳偷生，无积聚而多贫。是故江淮以南，无冻饿之人，亦无千金之家"[12]，虽其地势饶食尚且自给自足，但人多苟且懒惰，经济相对落后。

东汉永和五年（公元140年），会稽太守马臻兴建了我国最古老的大型蓄水工程之一——鉴湖（古称镜湖），从根本上改变了这里的水环境。"自东汉永和五年，太守马公臻始筑大堤，蓄三十六源之水，名曰镜湖。堤之在会稽者，自五云门东，至于曹娥江，凡七十二里。在山阴者，自常喜门西，至于小西江，一名钱清，凡四十五里。故湖之形势亦分为二，而隶两县，隶会稽曰东湖，隶山阴曰西湖。东、西二湖由稽山门驿路为界。湖虽分为二，其实相通，凡三百五十有八里，灌溉民田九千余顷。湖之势高于民田，民田高于江海。故水多则泄民田之水入于江海，水少则泄湖之水以灌民田（《荒政要览·复镜湖议》）"[14]。

"湖广五里，东西百三十里，沿湖开水门六十九所，下溉田万顷"[15]。据陈桥驿先生考证，东汉鉴湖以会稽郡城为中心，以稽山门到禹陵全长6里的驿路为分湖堤，东湖面积约107平方公里，西湖面积约99平方公里。湖中分布着很多浅滩、洲岛和孤丘，较著名的如三山、姚屿、道士庄、千山等[16]（见图1-6）。河网平原、绍兴城、鉴湖山水由此成型，成为独特水乡风貌和文人风景园林鉴赏与营造的第二自然。刘孟达根据历史文献测算，汉代会稽郡领26县，约24万人，需要2万顷土地产出才能维持粮食需求。鉴湖建成后，基本消除了山洪对平原的威胁，并可灌溉农田0.9万顷。加上其他类似水利工程的修建，平原水稻生产稳定而高产，汉代会稽郡出现了"谷帛如山，稻田沃野，民无饥岁"的繁荣景象。同时，众多淡水湖泊的出现，为水生作物、水产捕捞和湖泊河网景观的发展提供了条件[17]。

筑鉴湖为农田灌溉提供了条件，北部平原因此得到迅速开发。农业生产、经济迅速发展，人口不断增长，使绍兴城呈现一派繁荣的景象。宏观而论，鉴湖的修筑所带来的城市发展与山水风光为后朝园林的兴建与文化繁荣奠定了基础。在自然环境改善与经济迅速发展的推动下，汉代庄、宅园林兴起并多赋予历史文化内涵，如陈嚣宅、孟尝宅、虞国宅、柯亭等。

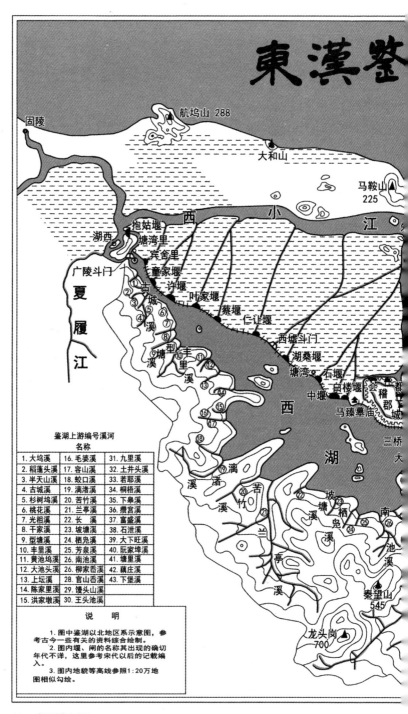

鉴湖上游编号溪河名称

1.大坞溪	16.毛婆溪	31.九里溪
2.稻蓬头溪	17.容山溪	32.土井头溪
3.半天山溪	18.蛟口溪	33.若耶溪
4.古城溪	19.满清溪	34.桐梧溪
5.杉树坞溪	20.苦竹溪	35.下皋溪
6.桃花溪	21.兰亭溪	36.攒宫溪
7.光相溪	22.长 溪	37.富盛溪
8.干家溪	23.坡塘溪	38.石泄溪
9.型塘溪	24.栖凫溪	39.大下旺溪
10.丰里溪	25.芳泉溪	40.阮家埠溪
11.黄池坞溪	26.南池溪	41.塘里溪
12.大池头溪	27.柳家岙溪	42.藕庄溪
13.上坛溪	28.官山岙溪	43.下堡溪
14.陈家里溪	29.馒头山溪	
15.洪家墩溪	30.王头池溪	

说　明

1. 图中鉴湖以北地区系示意图,参考古今一些有关的资料综合绘制。

2. 图内堰、闸的名称其出现的确切年代不详,这里参考宋代以后的记载编入。

3. 图内地貌等高线参照1:20万地图相似勾绘。

图1-6　东汉鉴湖水利图
（图片来源:摹自《绍兴风景园林与水》）

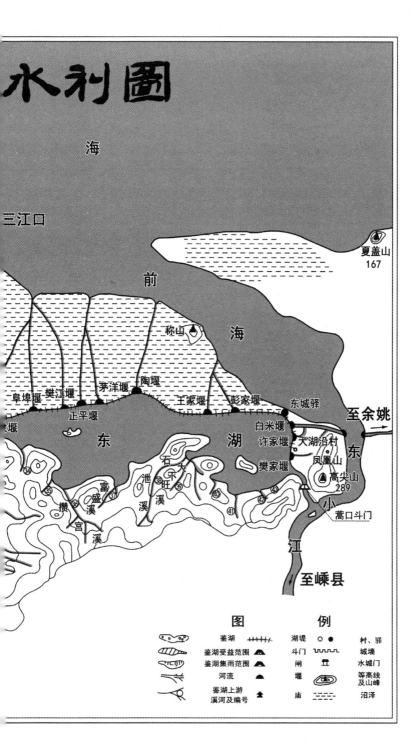

水利圖

海

三江口

前

海

夏盖山
167

称山

茅洋堰 陶堰
阜埠堰 樊江堰 王家堰 彭家堰
正平堰 白米堰 东城驿
堰 东 湖 许家堰 大湖沿村 至余姚
东
石宋旺 樊家堰 凤凰山
富盛 泄 高尖山
撰溪 溪 289
宫溪 小
蒿口斗门
江
至嵊县

| 图 | 例 |

鉴湖　　　　湖堰　　　村、驿
鉴湖受益范围　斗门　　城墙
鉴湖集雨范围　闸　　　水城门
河流　　　　堰　　　等高线及山峰
鉴湖上游溪河及编号　庙　　沼泽

魏晋南北朝时期，中原地区战乱不息，给社会带来了无穷的灾难。西晋怀帝永嘉五年（公元311年），匈奴攻陷洛阳，晋室南迁。会稽由于"人阜物殷"与建康并列成为江南两大都会。吸纳北方民众与各路精英人才，各地生产技术与先进文化亦融汇于此。同时，南渡的中原士族纷纷来此求田问舍，营造别业。

会稽之佳山水使物质富足但精神压抑的士大夫们在特定历史条件下得到个性释放，思想得以升华，于是纵情山水之间，吟诗作赋，感悟人生，兴修庄园以成基业和心寄所托[7]。《世说新语·言语》载，顾长康（恺之）从会稽还，人问山川之美，顾云："千岩竞秀，万壑争流，草木蒙笼其上，若云兴霞蔚"；又载，王子敬（献之）云："从山阴道上行，山川自相映发，使人应接不暇。若秋冬之际，尤难为怀"[18]。《晋书·王羲之传》载曰：羲之"初渡浙江，便有终焉之志。会稽有佳山水，名士多居之。谢安未仕时亦居焉。孙绰、李充、许询、支遁等皆以文义冠世，并筑室东土，与羲之同好"[19]。史书所记载的墅、园、宅、邸均指此类豪门世族庄园，如王右军宅、王献之宅、谢灵运山居始宁墅等，其不仅是园主生活之所，也是精神寄托与艺术交流之地（见图1-7），彼时王羲之兰亭雅集，造就了"兰亭"这一中国最早出现的公共园林，亦使"曲水流觞"成为一种流传至今的传统文化符号。

魏晋南北朝时政局之动乱，亦促进了思想上的诸家争鸣。人们因对现实环境的不满而寻求精神寄托，故老庄、佛学与儒学结合而成的玄学思想十分盛行[10]。佛教于东汉末年传入会稽，在魏晋时期得到了较大发展[20]。故汉代以来，士人舍宅而建寺庙、道观的行为十分普遍。其大多选址在山水秀丽之处，而且主人往往擅园林之胜，巧妙地构建园居之美，在一定程度上也是人们寄情山水的表现。

至六朝时期，会稽山水园林已成为时代造园的高峰，园林与文化、宗教亦相互交融上升。地灵人杰，人杰亦地灵。王羲之的《兰亭集序》、谢安的"东山再起"、谢灵运《山居赋》山水派诗的开创等，均是造园环境业已成熟的证明。与当时动荡不安的社会条件下大兴玄学的上流风气不同，它们多提倡寄情山水、积极入世的清新之文。

图1-7　明　尤求　兰亭雅集图
（图片来源：美国明尼亚波利斯艺术馆藏）

　　隋朝一统，结束了晋代以来南北分裂的局面。隋初，并省州、郡、县，改郡为州。隋炀帝大业元年（公元605年）置越州，三年复置会稽郡，郡治为会稽县（原山阴县）。隋唐年间，"越州"和"会稽郡"有几次反复的变化，从唐乾元元年（公元758年）起，"越州"名称方稳定下来，直至北宋[21]。隋朝城池进一步发展扩大，隋开皇年间（公元581～600年），越国公杨素以山阴大城为基础向外扩建至四十五里，名曰罗城，又建子城周十里与罗城相连[22]。据南宋宝庆《会稽续志》，这是自越王句践以后第一次有记载的城郭筑造工程，前后经过唐乾宁时期钱镠、北宋时期王逵、南宋时期吴格、汪纲等人加以修缮，确定了后来绍兴古城的总轮廓。

　　唐代时期越州已成为全国一大都会，亦是浙江省内最大都会[1]。诗人元稹有云："会稽天下本无俦"（《再酬复言和夸州宅》）[23]，可见其无可匹敌的地位。唐时的越地凭借繁荣的社会经济、安定的生活环境、悠久的历史文化和秀丽的山水风光，促使地方主政者与外来名人学士以及释道大家汇集于此，营造了丰富的私家园林、寺观园林等风景名胜。由于城池扩张与采石业的发展，别具一格的"残山剩水"景致亦基本形成。

　　据史载，唐时越州私家园林别业已有60来处，这些园林多分布于鉴湖四周，尤其是若耶溪一带[9]。因为鉴湖的存在方便了水路交通，即使位于山中亦有溪流经过，可通舟楫。当时鉴湖广三百里，有洲岛一百余处（见图1-8）。彼时的园林选址在山间水畔，以彰显诗化山水，如贺知章道士庄位于镜湖之中，秦隐君山居在若耶溪上。方干曾在镜湖中的小岛居住，作《镜中别业》诗云："云连平地起，月向白波沉。犹自闻钟角，栖身可在深。"

经历了魏晋时期宗教思想活跃的局面，唐代奉行儒、释、道三教合一，为佛教、道教及其寺观园林的发展提供了动力，亦促进宗教文化与园林文化的交融。如在距绍兴城东南约6公里的宛委山有道士居所，至唐开元二年（公元714年）赐名"龙瑞宫"，相传东晋道教学者葛洪曾炼丹于此。龙瑞宫居于会稽山南部，峰峦叠翠，东南部山峰上筑有"苗龙上升台"，除登台朝拜外亦可收纳山水奇胜。由于龙瑞宫历史文化深厚、自然风光秀美，吸引了后世名士王守仁前来游学，于宛委山山水之间畅游、潜心求索，大悟"格物致知"的道理，后创立"心学"。

会稽县境内地层发育齐全，岩浆活动频繁、地质构造复杂，成矿条件相对较好，金属与非金属矿产资源十分丰富[1]。其中的火山碎屑岩类岩石结构致密、硬度适中、性脆易劈，耐蚀耐磨，形状不一，被广泛用于建筑材料与石制品雕刻之中。春秋战国时期，越王句践已开始兴办采矿业，经日积月累而出现众多人工开凿山岩形成的风景。在自然点缀、人文点染与宗教传播等因素综合作用下，绍兴现存的众多由于残山剩水形成的经典园林，至隋唐时期初成风景名胜。如柯岩依托千年越文化，经春秋战国以来历代开采造就了众多石壁、石宕景观，隋唐年间祖孙三代石匠历经百年开凿而成的奇石"云骨"和精雕"天工大佛"相继完工（见图1-9）；由于隋代城市扩建的需要，下令采羊山之石以筑罗城，采石之后依托残留的一座孤峰辟成一间石屋，内部凿为大佛，形成羊山石佛的奇观。

隋唐时期的绍兴园林在继承六朝园林的同时显现出新的特色：（1）私家园林营建丰富，艺术性有所升华，出现山水诗画与园林景物融糅、园林追求意境的含蕴，园林亦作为"中隐"思想的载体而承载文化内涵与思想寄托。（2）宗教的广泛传播促使了寺观园林的普及，反过来又推动了宗教的进一步世俗化。郊野寺观园林多建置于山岳，由宗教活动场所转化为可以成景的风景建筑，推动了山岳地区风景名胜的开发。（3）随着历朝采石活动的积累、隋唐城市扩建的需要和其他文化因素的融汇，集自然与人工于一体的"残山剩水"景观雏形初步形成，别具一格。(4)唐代越中山水吸引了无数文人墨客的到来，留下许多脍炙人口的诗篇。由此推动浙东地区逐渐形成一条始于钱塘江，沿浙东运河至曹娥江、剡溪沿岸最后东抵东海舟山，沿途涵盖众多城市地区的"唐诗之路"，促进了各地文化交流和唐朝诗歌的繁荣。

绍兴地区是唐诗之路的重要组成部分。据统计，唐朝来越诗人达400多位，如元稹、李白、杜甫、李绅等人，浙东运河、鉴湖、若耶溪等地是游览的中心地段，留下的大量脍炙人口的诗篇为越州园林增添光彩。杜甫曾题诗："越女天下白，鉴湖五月凉。剡溪蕴秀异，欲罢不能忘"(《壮游》)，感叹此处秀丽山水风光令人难以忘怀。李白曾在若耶溪畔，留下"若耶溪傍采莲女，笑隔荷花共人语"(《采莲曲》)、"镜湖水如月，耶溪女似雪。新妆荡新波，光景两奇绝"(《越女词五首其五》)等佳句，其甚至在《梦游天姥吟留别》中记录自己梦游越中山水："我欲因之梦吴越，一夜飞度镜湖月。湖月照我影，送我至剡溪。谢公宿处今尚在，渌水荡漾清猿啼"，可见当时越州秀丽风光，已

成为其梦中圣地。当贺知章告老还乡时，李白亦赠诗送别："镜湖流水漾清波，狂客归舟逸兴多"(《送贺宾客归越》)，称赞其家乡的风景与人文。

图1-8　古鉴湖水利图
　　（图片来源：清《嘉庆山阴县志》[24]）

图1-9　柯岩全景
（图片来源：《文明的记忆-绍兴历史图说》[25]）

北宋末年,金兵入侵,举国动乱。靖康三年(公元1128年),宋高宗赵构被迫渡江驻越州,后以州治为行宫,越州成为南宋临时首都。翌年,以"绍奕世之宏休,兴百年之丕绪"改建炎为绍兴,升州为府(见图1-10),"绍兴"之名由此始[5]。

成为临时首都后,绍兴地区进入更多移民,激化了耕地数量不足的矛盾。而自晋代以来,鉴湖随着西兴运河开凿、森林砍伐与水土流失,已有严重淤积现象并遭受围垦,复湖与废湖争议不断[1]。宋大中祥符年间(公元1008~1016年),下令开始围湖筑田。到南宋时期,豪强巨势废湖堤、毁斗门,占田为业者剧增。据《宋会要辑稿》载:"诏绍兴府开浚鉴湖。为放生池水面外,其余悉听民便,逐时防水,以旧耕种"[27],彼时鉴湖已废过半(见图1-11)。

由于人口增加和土地资源紧缺,两宋时已无法像晋代一般凭借地广人稀的优越环境占据名山名水大肆兴建庄园。又因围湖造田之举实为对自然与土地的掠夺,导致水旱灾害频发,绍兴园林逐渐由鉴湖一带的山川郊野向城郊城内发展。彼时绍兴府城已俨然成为"鳞鳞万户"的大都市,南宋王十朋《蓬莱阁赋》中对绍兴府城市风貌赞曰:"三峰鼎峙,列嶂屏布。草木茏葱,烟霏雾吐。栋宇峥嵘,舟车旁午,壮百雉之巍垣,镇六州而开府"[28]。当时有名的园林有位于城郊的陆游三山别业、快阁，位于城内的沈氏园、史浩的曲水园等私家宅园，还有百花亭、稽山阁等风景建筑。府山（卧龙山、兴龙山、种山）上下有清旷轩、清思堂、寿乐堂、观风堂、望仙亭、观德亭、秋风亭、多稼亭、五云亭、月台等。此外，南宋六陵的建设规制是古代皇家陵寝制度发展的转折点，对明清皇陵建设具有深远的影响。

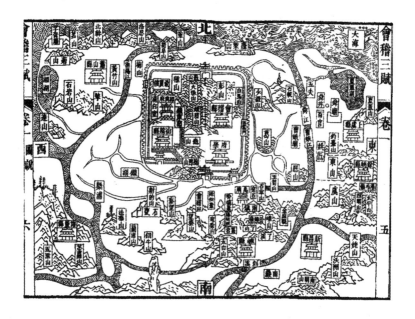

图1-10　南宋绍兴府县图
（图片来源：《会稽三赋》[26]）

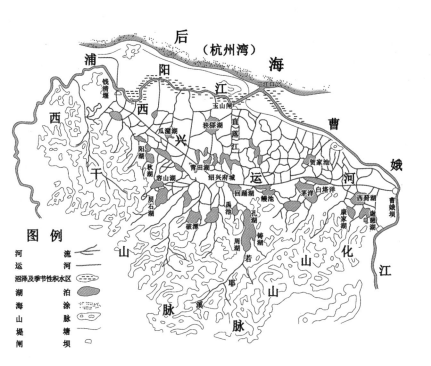

图1-11　南宋以后（公元1127年后）
山会水系示意图
（图片来源：摹自《绍兴历史地理》）

元朝为时短促而举国扰攘，少有兴造活动，主政者曾改绍兴府为"绍兴路"，但至明清又沿袭南宋绍兴府建置，会稽、山阴两县分治（见图1-12～图1-14）。明嘉靖十六年（公元1537年），三江闸的兴建根治了鉴湖填筑后的平原水利问题，农业生产迅速发展，为明清资本主义萌芽与经济高度繁荣提供条件。同时，随着明代建置和杭州省会地位的稳定，绍兴因位于温、台、宁三府各县去杭州之水路通道而成为重要商会城市（见图1-15）。明《万历绍兴府志·序》："明兴，人文益盛，斌斌焉，轶邹鲁而冠东南矣"[29]。

城市的繁荣不但为园林营建提供了物质基础，小促进了绍兴地区市民文化的勃兴与文人结社之风的盛行。在优越的地理环境、发达的商品经济、多元的文化发展等因素作用下诞生了一次造园高潮，明代园林数量与规模都极大地扩张，成为绍兴造园史的顶峰。

据《越中园亭记》统计，明代绍兴园林有考古101处，城内80处，城外110处，共291处[32]。据沈超然考证，城内园林分布主要位于地理形胜突出的三山地带（府山、戢山、塔山），分别位于府城西、东北与西南三隅[33]（见图1-16）。府山又称"卧龙山""种山""兴龙山"，自唐开始作为"州治"以来主政者竞相建造园亭，东南麓及山顶均为衙署园林所占；西南麓则为山阴状元坊张氏的私家园林；山脊地带布置有公共性质的园亭，漫山园林星罗棋布[33]。戟山又称"王家山""戒珠山",南麓为王羲之旧居舍宅为寺的戒珠寺,山上戟山书院是明代刘宗周讲学之处。塔山又称"龟山""怪山",明代朱文懿在此建东武山房。除三山外,府城内东南部因远离人口聚集的城中心,地势平坦,水流交错且靠近学官,也有众多园林散布。

府城外的园林多位于城西南塘(古鉴湖遗址)一带以及城南炉峰、天柱一带(见图1-17)。南塘靠近西南诸山,因山水秀美且运输压力被西兴运河所分担而成为宜居住地,多数园林分布在其沿岸或是水中,如:寓园、密园、柳西别业、镜圃、淡园等十多处园林。城南山地则因秦望山、若耶溪等自然山水与禹陵、云门、阳明洞天等古迹交汇而成为园林营造的活跃地区,有素园、水锯山房、宛委山房、洛如园、天瓦山房、绿树园、梅圃等20余座园林[33]。府城东面园林多为家族造园,布置在箬篓山、曹山、吼山及贺家池、白塔一带佳山水处。

明代,在绍兴地区造园活动达到顶峰的同时,亦推动了造园理论的发展。由于文人士族多投身到园林建设中,常常撰写文稿以描绘、评判当时所建园林的情况或记录自己营园的过程,留下众多园记、游记等理论著作。这些理论经验亦可用于指导实践,并进一步推动园林建设。其中,杰出代表如祁彪佳所著《越中园亭记》,写于其辞官后密集遍游越中山水期间,以调查及实地考证为依据,详细记载了当时绍兴留存或湮灭的园林共计291处,包括其所属、沿革、周边环境、布局特色、园林评述等,成为后世研究绍兴园林的重要依据。写成后,祁彪佳归隐并兴建"寓山园",将自己对建园的理解与造诣悉数注入营园活动之中,并作《寓山志》[34]详细记述营园内容,从理论、实践两方面推动了绍兴园林的发展。

此外,在农业发展与资本主义萌芽推动下,绍兴浙东运河沿线城镇周边的农村村落住宅迅速发展,亦推动了乡村园林的建设。由于绍兴城规模不大,士大夫多选在该区域建台门、兴庄宅,形成以宗族为核心的村落群体并构建乡村园林。今绍兴柯桥区华舍街道的后马村,即周氏家族古村落。该村落位于广袤的田野之中,外围河道环绕,内部多庙、祠、庵等,在历代学者与官员布局下呈现出秀丽的水乡村落风光与文化韵味,自成系统[7]。

明代是绍兴园林发展的巅峰时期,主要呈现出以下特点:(1)造园盛况空前、园林数量繁多,且多为家族式造园。据《越中园亭记》载，明代绍兴园林多达291处，达到了该地区历史数目的顶峰。大多数私家园林多为文人家族成员构筑，如陶堰陶氏、山阴祁氏、张氏、东武朱氏等。根据地域面积与园林数量的比例测算，可推断绍兴明代园林建设密度已高于同时期的苏州、杭州等地。（2）造园技艺精湛，园林与环境密切结合。《越中园亭记·序》有言："越中之水无非山，越中之山无非水，越中之山水无非园……越中之园无非佳山水"[34]，可见绍兴山水密切交融而成为整体，因绍兴独特的山水特征，人们的生活方式和造园手法亦具有一定的地域倾向，"他处之山，奔悦者必以步以骑，以舆以杖，越中则以舟；他处之水，临泛者必以舟，越中则以亭、以台、以桥、以榭，皆弦酒栖寻处也"[34]。（3）造园侧重文化内涵与神韵，注重在园景中发挥造园者的个性与艺术素养，且与集会、结社等文人活动相关联而具有文化功能与性质。明代绍兴文人群体庞大，越之君子多以园林作为游息赏玩、寄托情志的对象，使其具有丰厚的内涵。如祁彪佳曾于崇祯十年（公元1637年）与张岱等人在寓园创立诗社"枫社"，成员有十多人，并举行四次活动，以宴饮、戏曲、品作诗文为主[34]。（4）造园盛况推动了造园理论的发展并指导于实践，出现祁彪佳、张岱两位造园大师，在理论与实践两个方面均丰富了绍兴风景园林艺术。（5）乡村园林、公共园林有所发展，在为百姓提供活动场地的同时，促进了绍兴城镇建设与农村地区尤其是浙东运河沿线地区的发展。

图1-12　明万历十五年（公元1587年）山阴县、
　　　　会稽县境图
（图片来源：《浙江古旧地图集》[30]）

· 033 ·

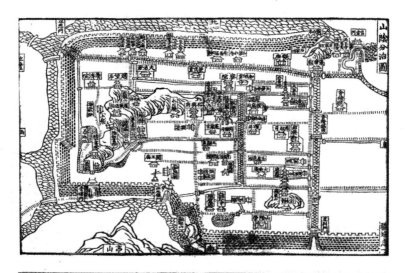

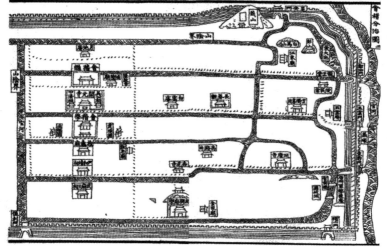

图1-13 清康熙十年（公元1671年）山阴分治图
　　　　（图片来源：《浙江古旧地图集》）

图1-14 明万历三年（公元1575年）会稽分治图
　　　　（图片来源：《浙江古旧地图集》）

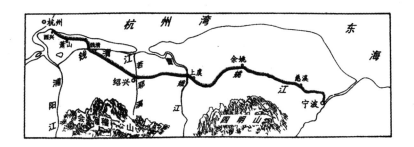

图1-15　浙东运河分布概况
（图片来源:《浙江通史》[31]）

图1-16 明代府城内园林分布图
（图片来源：以光绪十九年（公元1893年）绍兴府城
衢路图为底图绘制，王祎洁改绘自《越中园亭记与
晚明绍兴园林研究》）

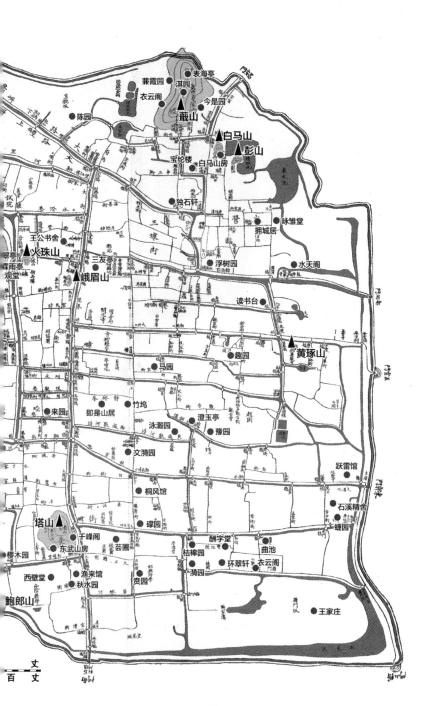

兼霞园　表海亭
　　　　淇园
衣云阁　　今是园
陈园
　　　　戴山
　　　　　白马山
　　　　　彭山
宝纶楼　白马山房
独石轩
　　　　　　　咏雏堂
　　　　　　拥城居
三堰街
　　　浮树园　　水天阁
王公书舍
火珠山
　翠亭
犀雨亭　　　三友亭
观堂　　　峨眉山
　　　　　　　　读书台
　　　　　　趣园
　　　　马园　　　黄琢山
来园　　即是山居
　　　　竹坞
　　　　泳溆园　澄玉亭
　　　　　　　豫园
　　　　文漪园
　　　　　　　　　跃雷馆
　　　　桐风馆
　　　　　　　　石溪精舍
塔山　　　　　　　婕园
　千峰阁　　礜园
樛木园　东武山房　芸圃
　　　　　　酬字堂
西壁堂　渔来馆　桔槔园　曲池
　　　　秋水园　贵园　环翠轩　衣云阁
　　　　　　　琦园
鲍郎山
　　　　　　　　　　王家庄

丈
百　丈

· 037 ·

中華民國三十六年六月紹興縣政府建設科製

图1-17　明代府城外园林分布图
（图片来源：以民国三十六年（公元1947年）
绍兴全县图为底图绘制，部分园址信息由张蕊
考证或根据《越中园亭记与晚明绍兴园林研
究》考证内容绘制）

北

自南宋建炎元年（公元1127年）以来，绍兴城市建设活动从未停息，经过多次修葺、扩建，直至清代，绍兴府城之通都大邑、历史名城兴盛不衰[5]（见图1-18）。受内外因素影响，清代绍兴的经济、政治、文化、旅游都相较明朝有所下降，而彼时苏州、杭州得以进一步发展。虽然绍兴园林在明代快速发展，但其园林缺乏传承，到了清初这些园林多逐渐颓败，甚至消失。私家园林仅有二十几处，知名度也不高[35]。清朝末年，小部分官署或文人群体所发起的局部营建活动仍然存在，亦使该时期乡村园林与郊外风景建设得到一定发展：兰亭得以重修、柯岩八景正式形成。清顺治九年（公元1652年）大禹陵重修，清康熙二十八年（公元1689年）康熙皇帝南巡至绍兴，亲自至大禹陵祭拜。

随着市民文化的兴起，台门建筑逐渐兴盛后遍布大街小巷，台门是指平面规整、纵向展开的院落式组合住宅建筑。台门建筑原为在外为官经商、衣锦还乡的绍兴人为光宗耀祖而建造[37]，大都以姓氏命名，宅园的园林面积都不大，存在形式以菜园或后花园居多，如章学诚故居、秋瑾故居、鲁迅故居、陶成章故居、周恩来祖居、邹家台门（邹家宅园）等。

民国元年（公元1912年），山阴、会稽统一为绍兴县。近代江浙地区思想改良与解放运动兴盛，知识界觉醒相对较早，近代赴日留学生激增，以绍兴志士为主干

图1-18　康熙南巡图局部·绍兴府
（图片来源：《中国绘画史图

的辛亥革命著名团体光复会兴起，造就了绍兴近代卓越的革命文化，园林多成为近代教育和思想革新的重要舞台，其性质与功能也随之受到影响和变化。如1896年，乡贤陶浚宣在绍兴东湖创办东湖书院，利用箬篑山石宕现状对其进行整体规划，筑长堤砌围墙、点缀楼阁桥梁[38]，经过精心营建终成"水石大盆景"式的舟游园林格局；1902年，乡绅徐树兰捐建古越藏书楼，是中国最早的公共图书馆，建筑坐北朝南，今存第一进门楼；1905年徐锡麟、陶成章、秋瑾等兴办大通学堂；1914年，乡绅孙德卿在故里孙端镇创办绍兴第一个乡镇公园——上亭公园，公园滨水而筑，周边河湖密布、农田连片[7]，构筑近水楼、北庄、柳村、钓月矶、仁济医局、平民夜校、辛亥革命议事厅等，建筑风格在整体保留传统园林元素的同时融入西方元素。彼时还有绍郡中西学堂、绍郡公学等，使得绍兴迈上现代教育的轨道。同时，绍兴的社会文化事业也纷纷兴办，如民众教育馆、新闻报刊，经济发达商贸繁荣，绍剧、黄酒等名扬海内外。历经千年历史积淀，这里的山川人物与古今风俗，使绍兴兼具江南水乡、桥乡、酒乡、名士之乡的特征，成为富有地域特色与深厚底蕴的古城。

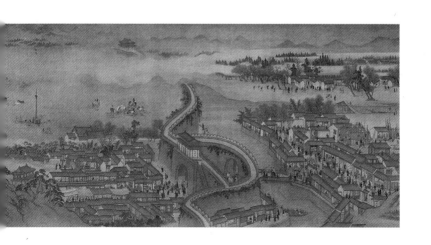

参考文献：

[1]　车越乔，陈桥驿. 绍兴历史地理[M]. 上海：上海书店出版社，2001.

[2]　王欣，李烨，冯展. 山水城市视野下的杭绍古城山城关系研究[J]. 中国园林，2020，36（4）：22-27.

[3]　（唐）房玄龄注；（明）刘绩补注；刘晓艺校点. 管子·卷第十四[M]. 上海：上海古籍出版社，2015：285-289.

[4]　戴福年主编. 戴复古全集[M]. 上海：文汇出版社，2008：108.

[5]　绍兴县地方志编纂委员会编. 绍兴县志[M]. 北京：中华书局，1999：4，11，12.

[6]　（东汉）袁康，（东汉）吴平著. 越绝书·卷八[M]. 杭州：浙江古籍出版社，2013.

[7]　邱志荣著. 绍兴风景园林与水[M]. 上海：学林出版社，2008：4，8，10，15，102，106.

[8]　（东汉）赵晔著. 吴越春秋[M]. 长春：时代文艺出版社，2008.

[9]　（宋）施宿撰. 嘉泰会稽志[M]. 台湾：成文出版社，1983.

[10]　周维权著. 中国古典园林史 第三版[M]. 北京：清华大学出版社，2008：59-62，114-116.

[11]　汪菊渊著. 中国古代园林史 上[M]. 北京：中国建筑工业出版社，2006：246.

[12]　（汉）司马迁撰；（南朝宋）裴骃集解；（唐）司马贞索引；（唐）张守节正义. 史记[M]. 上海：上海古籍出版社，2011：177，2467.

[13]　（南朝宋）范晔著；李立，刘伯雨注析. 后汉书[M]. 太原：三晋社出版社，2008.

[14]　朱道清编纂. 中国水系辞典[M]. 青岛：青岛出版社，2007：483.

[15]　（北魏）郦道元著. 水经注[M]. 长春：时代文艺出版社，2001.

[16]　陈桥驿. 古代鉴湖兴废与山会平原水利[J]. 地理学报，1962，29（9）：187-202.

[17]　刘孟达，章融. 越地经济文化论[M]. 北京：人民出版社，2011.

[18]　（南朝宋）刘义庆撰. 世说新语[M]. 杭州：浙江古籍出版社，1999：69.

[19]　（唐）房玄龄著；黄公渚选注. 晋书[M]. 上海：商务印书馆，1934.

[20]　任桂全主编；《绍兴佛教志》编纂委员会编. 绍兴佛教志[M]. 杭州：浙江人民出版社，2003.

[21] （宋）欧阳修，（宋）宋祁撰. 新唐书[M]. 长春：吉林人民出版社，1998.

[22] （清）徐元梅修；（清）朱文翰等纂. 嘉庆山阴县志[M]. 上海：上海书店出版社，1993，72-73.

[23] （唐）元稹撰. 元氏长庆集[M]. 上海：上海古籍出版社，1994；114.

[24] （清）徐元梅修；（清）朱文翰等纂. 嘉庆山阴县志. 上海：上海书店出版社，1993；23.

[25] 绍兴市文物管理局编. 文明的记忆 绍兴历史图说[M]. 北京：中华书局，2010；113.

[26] （宋）王十朋撰；（宋）周世则，（宋）史铸注. 会稽三赋[M]. 北京：北京图书馆出版社，2004.

[27] 刘琳，刁忠民，舒大刚等校点. 宋会要辑稿 1[M]. 上海：上海古籍出版社，2014.

[28] （宋）王十朋著；梅溪集重刊委员会编. 王十朋全集·文集·卷十六[M]. 上海：上海古籍出版社，1998；844.

[29] （明）萧良干等修；张元忭等纂. 万历绍兴府志·卷七[M]. 明万历十五年（1587年）刊本. 台湾：成文出版社，1983；11.

[30] 浙江省测绘与地理信息局编. 浙江古旧地图集 下[M]. 北京：中国地图出版社，2011.

[31] 李志庭著. 浙江通史 第4卷 隋唐五代卷[M]. 杭州：浙江人民出版社，2005.

[32] （明）祁彪佳著. 祁彪佳集[M]. 北京：中华书局，1960.

[33] 沈超然.《越中园亭记》与晚明绍兴园林研究[D]. 北京：北京林业大学，2019；79，81-84.

[34] （明）祁彪佳著；张天杰点校. 祁彪佳日记 上册[M]. 杭州：浙江古籍出版社，2016.

[35] 张斌. 绍兴历史园林调查与研究[D]. 杭州：浙江农林大学，2011；48.

[36] 张志民主编. 中国绘画史图鉴 人物卷 卷6[M]. 济南：山东美术出版社，2014；2-3.

[37] 林挺. 乌瓦粉墙忆江南 绍兴台门建筑[J]. 室内设计与装修，2012（06）：122-125.

[38] 王欣，陈明明，张斌. 绍兴东湖造园历史及园林艺术研究[J]. 中国园林，2013，29（03）：109-114.

第二章

绍兴传统园林地域特色

地域特色常因对比而产生。受交通方式所限，古代因山河相隔，地缘交流减少，形成一个个相对封闭的人文圈。这种文化心理投射到地域比较之上，形成"地域特色"。隋开皇十年（公元590年），杨素在钱塘江北凤凰山麓修筑杭州州城，一江之隔的后起之秀引发"谁是浙江第一城市"的攀比心理，以江为界，浙东浙西自然人文比较也成为一种饶有趣味的文化现象。唐代元稹和白居易分别任越州和杭州刺史，在"元白唱和"中数次比较杭绍两城美景。元稹记绍兴"绕郭烟岚新雨后，满山楼阁上灯初"（《重夸州宅旦暮景色兼酬前篇末句》）"我是玉皇香案吏，谪居犹得住蓬莱"（《以州宅夸于乐天》），白居易记杭州"孤山寺北贾亭西，水面初平云脚低"（《钱塘湖春行》）对比绍兴"禹庙未胜天竺寺，钱湖不羡若耶溪"（《答微之见寄（时在郡楼对雪）》）。明代临海人王士性比较两浙风俗："两浙东西以江为界而风俗因之。浙西俗繁华，人性纤巧，雅文物，喜饰般帨，多巨室大豪；浙东俗敦朴，人性俭啬椎鲁，尚古淳风，重节慨，鲜富商大贾[1]。"古代文献中较为系统阐述绍兴地域特色的是宋代王十朋的"会稽三赋"，其中的《会稽风俗赋》[2]和《蓬莱阁赋》[2]以铺排敷陈的方式描写了绍兴的山川人文。

绍兴鲜明的地域特色是在特定的自然地理环境和2500多年历史人文共同作用下产生的。越人最初在会稽山区"乃复随陵陆而耕种，或逐禽鹿而给食"[3]，直至公元前490年"句践徙治山北"[4]，开始了绍兴营城的历史。整个先秦时期至秦代，绍兴处于社会文化相对落后的状态，据《管子·水地》载，"越之水重浊而泊，故其民愚疾而垢"[5]。汉初绍兴社会经济尚不发达，经过两汉和魏晋南北朝的快速发展，绍兴的自然和人文环境有了质的飞跃，《晋书·王羲之传》称"会稽有佳山水，名士多居之"[6]。可见绍兴的地域特色是一个历史变迁的过程，在不同的社会发展状态下，有不同的自然人文特点。

绍兴位于钱塘江流域河网地带，此地不仅能通过江河水道通达东海，而且能北渡钱塘江和太湖相通，是江、海、湖的交接点，曾经是两浙地区最重要的交通集散点，《三国志·吴书·虞翻传》称会稽"东渐巨海，西通五湖，南畅无垠，北渚浙江，南山攸居，实为州镇"[7]。西晋会稽内史贺循主持开挖西兴运河，形成以绍兴古城为中心的西起钱塘江，东到东海的内河通道，隋唐时期成为南北大运河的有机组成部分。唐代海上交通和贸易日趋发达，明州港（今宁波）成为国际大港，连接明州港和大运河的西兴运河日趋繁忙。南宋建都临安（今杭州），西兴运河更成为当时最重要的航运河道之一，运河之中的绍兴古城商业发达、人文鼎盛。南宋时期，绍兴粮食生产、水产养殖、茶叶种植全国闻名，丝绸、造纸等手工业也非常发达，城市人口急剧增加，城乡建设飞速发展[8]。之后由于自然地理和政治经济的变迁，绍兴在两浙地区城市中的重要度逐渐降低，但依然占有重要的经济文化地位。

在这样的地域特色文化背景下，产生了相应的风景园林地域特色。明代文人夸赞绍兴风景园林：袁宏道诗"钱塘艳若花，山阴芊如草。六朝以上人，不闻西湖好"（《山阴道》），张岱"余谓西湖如名妓，人人得而媟亵之；鉴湖如闺秀，可钦而不可狎"（《陶庵梦忆》卷五《湘湖》）。无论是"芊如草"，或是"如闺秀"，都似乎在阐述绍兴风景园林一种清丽自然的景观特色，而明末祁彪佳《越中园亭记》"越中之园无非佳山水，不必别为名"提供了一个旁证。可见在明清时期，绍兴风景园林形成了比较统一而鲜明的地域风格和地域特色。

宋代王十朋在《会稽风俗赋》中称："承宣得人，风俗斯美，盖亦理之然……然风俗不常美，亦不常弊。善焉恶焉，维人是繫。"认为美好的地域风俗，来自于宣扬和传承优良乡贤精神。而乡贤之善恶，又对地方起到移风易俗的作用；没有一个地方的风俗永远是善的或者恶的——取决于以什么样的乡贤为榜样。他举例说，兰亭聚会遗文动人，所以会稽多文人墨客；元白唱和赞赏稽山镜湖风光，引领会稽山水诗词盛况……又认为句践卧薪尝胆、马臻创立鉴湖，与在会稽留下遗迹的大禹勤劳俭啬精神一脉相承。在中国古代社会，人们把地域和历史人文联系在一起，产生地域之"类血缘"关系，从而形成代代相传的特定的地域精神。明末王思任《致马士英书》中称："夫越乃报仇雪耻之国，非藏垢纳污之地也"，说出了越地文雅却存清峻，重修身进而平天下的人文特点。

景物因人成胜概，"山川映发"的水乡丘陵在生机勃勃的人文精神的浸润下焕发神采。自魏晋以来，山环水抱的绍兴成为文人雅士游赏、吟咏甚至营建别业的重要区域。《世说新语》录王献之语："从山阴道上行，山川自相映发，使人应接不暇"，唐代诗人方干和贺知章晚年隐居鉴湖，被称为"方干半岛，贺监一曲"，至明代更是达到绍兴历史上的造园高潮。绍兴风景园林以山水为面、人文为心，是绍兴地域文化大树上开出的一朵奇葩。

绍兴古代风景园林历史悠久，并有持续文化传承。从史前的大禹陵，春秋时期的种山、龟山，到汉代柯亭、曹娥庙，魏晋兰亭，唐宋清白堂、沈园，直至近代名人故居，贯穿5000年的文明史和2500多年的城市史。得益于浓厚的地方文化传承意识，古园遗存总体上传承有序。尽管历代均有修缮，在物质形象上已不复初建时候模样，但其文化内涵和历代人文传承完整清晰，能较好追溯古代意象，堪称中国古代造园历史"年轮"。

由于不同历史时期的烙印，绍兴风景园林遗存类型也呈现出丰富多样的特点，其中大量公共园林性质的名胜古迹构成绍兴城市的人文空间，是绍兴风景园林遗存的重要特点。从大禹陵到"九山中藏"，从柯岩到兰亭，有风景陵园、寺、观、祠，更有蕺山、塔山、鉴湖、若耶溪等山水名胜，绍兴更像是一个建在公共园林中的古城，以致《越中园亭记》自夸："越中，众香国也"[9]。

作为谢灵运首创山水诗的发祥地，歌咏绍兴胜景的诗词更是层出不穷，明清以降，根据绍兴多样类型的风景而形成的八景、十景等"集称文化"[10]也成为一种风尚，并为每一景题写诗文或绘画，其中积淀着绍兴地区不同时代的地域文化特色。如明末清初女诗人、画家李因的《越中八景图》分别绘制了"禹庙吟风、越台樵唱、柯桥橼竹、鉴曲渔歌、兰亭醉月、辰闸潮声、石宕观鱼、钱溪塔影"八景（见图2-1~图2-8），清代张庸《柯山八景》有"东山春望、南洋秋泛、五桥步月、七岩观鱼、清潭看竹、石室烹泉、炉柱晴烟、棋坪残雪"，清代孟骙《越中十咏》包含"耶溪莲唱、苎萝花雨、炉峰夕照、镜水回波、南镇宋涛、禹陵春望、兰亭修竹、曹江夜月、剡溪夜雪、秦望朝云"，清代周元棠《越州十二景》"卧龙春晓、蕺山晴眺、秦望积雪、炉峰烟雨、若耶春涨、鉴湖秋水、禹庙苍松、兰亭修竹、星闸锦涛、柯亭夜月、曹江竞渡、吼山云石"[1]等，艺术化地概括了绍兴地区山水湖溪、江石庙亭等丰富的自然景观和人文景观类型，以及赋有诗意地称赞它们的文化内涵。

事实上，由于自然禀赋和人文特点差异，古代各地均有其擅长并相对优秀的园林类型。从文化和艺术价值角度看，拥有数量多质量高的"山水胜迹"无疑是绍兴风景园林的重要地域特色。若以基址类型和开发方式来分，绍兴兼有自然山水园和人工山水园，前者如卧龙山、蕺山，后者如东湖，都是优秀的作品。

除此之外，以隶属关系来分，绍兴园林中名人宅园、书院、衙署

园林、寺观园林等类型均具备并且数量丰富，也不乏优秀之作。如今遗存较多的近代名人故居也是绍兴园林的一大亮点。绍兴历来名人辈出，近代又是著名革命团体光复会的活动中心，章学诚、秋瑾、蔡元培、鲁迅故居，以及东湖（陶成章）等众多革命和文化名人居所保护较好，往往体现清末绍兴住宅园宅合一特点，是少有的近代宅园聚集地，历史价值和文化艺术价值兼具，有较高研究意义。可以说，绍兴古代风景园林类型十分丰富，并有较高艺术和文化价值。

图2-1　禹庙吟风
　　（图片来源：浙江图书馆编《越中八景图》）

图2-2　越台樵唱
　　（图片来源：浙江图书馆编《越中八景图》）

绍兴不仅历史悠久、山川秀美、经济繁荣，而且人文鼎盛。或许因为地处东海之滨、中原文化之末，又或者长期作为人文经济的交通点，中原历史变迁总能给绍兴人文打下深深的烙印。从历史变迁来看，绍兴人文故事可分为六个阶段，各有其鲜明的历史背景和标志性人物：一是以大禹治水为背景的上古传说，以舜、禹为标志人物；二是以春秋吴越争霸为背景的越国历史，以越王句践、大夫范蠡等为标志人物；三是以魏晋南朝衣冠南渡为背景的王谢风流，以王羲之、王献之、谢灵运等为标志人物；四是以唐宋诗词文化为背景的山水诗词，以贺知章、陆游等为标志人物；五是以明末儒学发展为背景的明末清初文士，以刘宗周、祁彪佳、徐渭等为标志人物；六是以辛亥革命为背景的仁人志士，以秋瑾、蔡元培、陶成章、鲁迅等为标志人物。

绍兴是著名的"名士之乡"。据统计，自唐以降，有文武进士2238名，文武状元27名。来绍兴且留下诗词题咏和生活痕迹的著名文人数不胜数，因此绍兴风景园林多有历史名人故事。假如把绍兴数量众多的园林式名人故居、名人祠和名人遗迹统称为名人纪念园林，则绍兴名人纪念园林是一个由历史建筑、园林环境、人文思想、文学艺术等融汇成的充满感染力的整体。这种名人纪念园林在绍兴不仅数量巨大，而且构成了具有重要作用的城市人文空间体系，是绍兴地域人文精神的载体。从风景园林角度看，景物因人成胜概，园林景观和名士文化有机融合，使绍兴名人纪念园林成为江南景面文心文人园林的典范。

绍兴名人纪念园林典型体现了中国园林"园以载道"的理念，重在阐发风景园林的社会价值。《会稽风俗赋》阐述了乡贤移风易俗的作用，大禹陵的克俭勤勉、越王台的知耻后勇、柯亭之幸逢知音、青藤书屋之砥柱中流；曹娥庙的孝、清白堂的廉、兰亭之风雅、沈园之吟咏，乃至东湖之壮怀激烈，大通学堂之慷慨悲歌，鲁迅故里之嫉恶如仇……"修身齐家平天下"的传统文士精神始终传承其中。在这里，园林摆脱了仅注重外形之美的束缚，而成为美的品德、美的情感和美的理想的载体。这种思想文化遗产又通过历代文学艺术得以强化，成为城市生生不息人文精神的源泉。名人纪念园林可以说是绍兴城市的灵魂，也曾经是中国传统城市的特征。由于种种原因，中国传统城市建筑和西方相比显得内向而缺乏想象力，但园林却呈现出浪漫主义的活跃创造力——园林不仅是美的异域，也是证道的场所。

因为"园以载道"理念以及绍兴特定的人文精神，流韵所及，"园以载道"的名人纪念园林理念几乎贯彻于所有绍兴古园之中，从而使绍兴园林呈现一种清峻的人文特征——重意不重形，不以华美堆砌为能事，注重阐发物象背后的人文内涵。如兰亭、柯亭、东湖等风景园林，少装饰而多题咏，形式简朴却意象博大，一亭一木，一石一池，均能体现沉郁的思想文化和人文情感。这也是江南文人园林的重要特点，因此可以说，绍兴园林是其中最杰出的代表之一。

图2-3 柯桥榇竹
　　（图片来源：浙江图书馆编《越中八景图》）

图2-4 鉴曲渔歌
　　（图片来源：浙江图书馆编《越中八景图》）

说起绍兴山水，脍炙人口的是王献之名句"从山阴道上行，山川自相映发，使人应接不暇"，因此产生一个成语"山阴道上"，用来表示美不胜收的山水，并延伸至一切繁多的美的事物。又《世说新语·言语》记"顾长康从会稽还，人问山川之美，顾云：'千岩竞秀，万壑争流，草木蒙笼其上，若云兴霞蔚'"。绍兴是中国山水审美的起源地，在此"晋人向外发现了自然，向内发现了深情"[12]。绍兴也是中国山水诗的起源地，"山水诗宗"谢灵运的始宁墅离绍兴古城仅60余华里，"昏旦变气候，山水含清晖"（谢灵运《石壁精舍还湖中作》），谢灵运的山水诗为丰富的绍兴山水诗词开了一个先河。因此绍兴山水有了两副面孔，一面是现实中的稽山鉴水，一面是文学中的千岩万壑，从而为自然山水赋予了诗意，使其呈现诗化山水的形象——这种形象无疑成为传统风景园林描摹的对象。

因此，《越中园亭记·序》载曰："越中之水无非山，越中之山无非水。越中之山水无非园，不必别为园。越中之园无非佳山水，不必别名为名"。明末张岱在《瑞草溪亭》一文中用调侃笔法记录了燕客的造园过程，明显反对其违背自然、掘土为池的做法。可见绍兴园林注重依托真山真水进行造园，强调因地制宜，并不刻意以人工挖池叠山为能事。这种风格既是因为绍兴有"千岩竞秀，万壑争流"的自然条件，更是因为诗化山水的人文传统，

"大美自然"的思想是形成这种风格的美学基础。

绍兴也有一种特殊的"人工山水园",比如吼山、羊山、东湖,是利用前人采石遗址营建而成的山水园林,风格独特。清光绪二十二年(公元1896年)正月,绍兴人陶浚宣感于"逮东事起,世变益横……国兴于治,治端于学。非自强不足为国,非育才不足自强""治东湖书院于绍兴府城东陶山之麓"(陶浚宣《绍兴东湖书院通艺堂记》)[13]——兴办陶氏义学,同情和资助革命。东湖园林依托采石遗留的残山剩水而筑,空间曲折幽深高耸奇险,以绍兴当地石板砌筑驳岸,结合崖壁、水潭、河埠、石矶等,形成富具变化的园林景观,并题"崖壁千寻,此是大斧劈画法;渔舫一叶,如入古桃源图中""江空欲听水仙操,壁立直上蓬莱峰"(灵石亭)。陈从周先生写道:"洞壑深渊,阴翳蔽日,潭水生寒,惊险未敢转身。游者于廊轩之前,静观得之,东湖所以独步天下者正在此"[14]。是巧妙利用采石遗址,变废为宝,用造园手法凸显"半真半假"山水之奇,造就独特园林景观的近代造园优秀案例。

尽管绍兴园林多以山为名,却常以水为胜。《越中园亭记》称:"他处之山,奔悦者必以步以骑,以舆以杖,越中则以舟。他处之水,临泛者必以舟,越中则以亭、以台、以桥、以榭"。或许延续自"仁者乐山,智者乐水"的传统,更因为绍兴本是"以舟为车,以楫为马"的典型水乡,绍兴园林或临水而建如兰亭、柯亭,或舟游入胜如东湖、柯岩,鉴湖、若耶溪美景更引来众多诗词题咏。即使是建筑庭园,也往往以一泓水面来寄托情感,如禹陵的"菲饮泉"、书圣故里的"墨池"、府山的"清白泉"、青藤书屋的"天池"——水面虽小,但用浪漫主义手法予以诗化,成为引人遐思、意蕴无穷的园林景观。

图2-5 兰亭醉月
（图片来源：浙江图书馆编《越中八景图》）

图2-6 辰闸潮声
（图片来源：浙江图书馆编《越中八景图》）

第四节 质朴花木

延续清峻人文特点，绍兴园林景观整体上尚质朴少装饰，很好地体现了李渔所称“贵精不贵丽，贵新奇大雅，不贵纤巧烂漫”[15]的营造原则。建筑铺地均以当地民居做法为主，适当加以园林化装饰。假山叠石数量较少，在重要区域点到为止，而且形式上以散置或敦厚土石山为主，少有以人工叠成洞壑崖壁的现象。清末受浙西文化影响，装饰较多，但依然不失质朴风貌。在这样的整体风格之下，园林花木也追求形式质朴自然，更强调人文内涵。

绍兴一带在古代的时候植物资源丰富，鉴湖南侧山地曾经覆盖大片森林，绵延百里。谢灵运《山居赋》描述此区：“水草则萍藻薀菼，雚蒲芹荪，蒹菰苹蘩，蕝荇菱莲……参核六根，五华九实。二冬并称而殊性，三建异形而同出。水香送秋而擢蒨，林兰近雪而扬猗。卷柏万代而不殒，伏苓千岁而方知……其竹则二箭殊叶，四苦齐味……其木则松柏檀栎，楩楠桐榆。檿柘穀栋，楸梓柽樗。”有意思的是，《会稽风俗赋》也描写了会稽植物，更突出植物的人文内涵“木则枫挺千丈，松封五夫。桐柏合生，橑棐异隅。文梓楩枏，栎柞槠榆。连理之柯，合抱之株。乃斧乃斤，以舆以庐。乃有萧山陆吉，诸暨三如。胡枏成林，贺瓜满区。枣实全赤，檎腮半朱。火樝壳玉，樱桃荐珠。鸭脚含黄，鸡头去卢。百益七绝之奇，双头四角之殊。蔗有崑仑之号，梅有官长之呼。蔓生则马乳蔓荑，土实则凫芘慈菰。野蕲溪毛，园蔬木菌。湘湖之莼，箭里之笋。可荐可羞，采撷无尽"——将植物物种和人文内涵结合起来，描写得妙趣横生。由以上可知，绍兴古代植物种类非常丰富，而且和人们物质、精神生活的关系也十分密切。

《会稽风俗赋》还专门描写了宋代绍兴园林植物景观，尤为可贵："甲第名园，奇葩异香。牡丹如洛，芍药如扬。木兰载新，海榴怀芳。蕺山黄华，兰亭国香。天衣杜鹃，东山蔷薇。湖映香雪，鉴生水芝。鸳梅并蒂，仙桂丹枝。司华骋巧，天女效奇。桃李漫山，臧获眠之"。从中可以看到有牡丹、芍药、玉兰、茶花、菊花、兰花、杜鹃、蔷薇、梅花、荷花、鸳鸯梅、桂花、桃花、李花——除鸳鸯梅一种传为梅中奇品，杜鹃为古代园林不常用花卉，其他均为江南园林常见花木。而且文中还特别点明了这些植物为本地名产，如绍兴名花鸳鸯梅、天台名花杜鹃、萧山之菊花、兰亭之兰花、鉴湖之梅花荷花等；甚至还遍植作为果木的桃李，可见绍兴园林植物选择强调就地取材，多用乡土花木。千里罗致名花，百金购求一木的做法，应该不是绍兴造园风尚，因此也造就出绍兴园林质朴自然的植物景观。

植物景观虽然质朴，植物人文却异常丰富，体现"园以载道"的文人园林特点。东湖园林整体上以整理场地原生植被为主，但在堤上种植桃柳，寓意"桃花源"，有联"此是山阴道上，如来西子湖头"。蕺山的梅花、兰亭的兰花、鉴湖的荷花既是一方花信，又承载着深厚的人文内涵。而青藤书屋的青藤更用来指代徐渭——"一池金玉如如化，满眼青黄色色真"，一个多才而率真的文人。如今绍兴卧龙山麓樱花如雪，游人如织——樱花是20世纪70年代日本友人赠送给周恩来总理，又由总理转赠故乡。看到樱花，想到当年东渡日本的绍兴近当代志士仁人，又何尝不是绍兴园林植物文化传统的延续呢。

图2-7 石宕观鱼
（图片来源：浙江图书馆编《越中八景图》）

图2-8 钱溪塔影
（图片来源：浙江图书馆编《越中八景图》）

参考文献：

[1] （明）王士性. 广志绎[A]. 周振鹤编. 王士性地理书三种[M]. 上海：上海古籍出版社，1993：323.

[2] （宋）王十朋著；梅溪集重刊委员会编. 王十朋全集·文集·卷十六[M]. 上海：上海古籍出版社，1998：820，844.

[3] （东汉）赵晔著. 吴越春秋[M]. 长春：时代文艺出版社，2008.

[4] （东汉）袁康，（东汉）吴平著. 越绝书·卷八[M]. 杭州：浙江古籍出版社，2013.

[5] （唐）房玄龄注；（明）刘绩补注；刘晓艺校点. 管子·卷第十四[M]. 上海：上海古籍出版社，2015：285-289.

[6] （唐）房玄龄著；黄公渚选注. 晋书[M]. 上海：商务印书馆，1934.

[7] （晋）陈寿主编；史湘妍著. 三国志 典藏版[M]. 桂林：漓江出版社，2017.

[8] 陈桥驿. 吴越文化论丛[M]. 北京：中华书局，1999：354-380.

[9] 祁彪佳. 祁彪佳集·越中园亭记[M]. 北京：中华书局，1960：171-219.

[10] 耿欣，李雄，章俊华. 从中国"八景"看中国园林的文化意识[J]. 中国园林，2009，25（05）：34-39.

[11] 潘荣江，邹志方注析. 海巢书屋诗稿注析[M]. 杭州：浙江古籍出版社，2010：179-180.

[12] 宗白华.《世说新语》与晋人之美[N]. 中国纪检监察报，2017-09-11（008）.

[13] （清）陶浚宣撰. 绍兴东湖书院通艺堂记 1[M]. 清光绪24-27.

[14] 王欣，陈明明，张斌. 绍兴东湖造园历史及园林艺术研究[J]. 中国园林，2013，29（3）：109-114.

[15] （清）李渔. 闲情偶寄[M]. 昆明：云南人民出版社，2016.

下篇

绍兴传统园林实例

第三章

古城内

图例

- ▲ 遗址
- ⓐ 城门
- ⓕ 古桥
- ⓣ 台门
- Ⓜ 陵墓
- ◢ 山峰
- ⓢ 寺庙
- ⓖ 故居
- Ⅲ 学府
- ⓘ 公共建筑

① 越子城历史文化街区
② 八字桥历史文化街区
③ 蕺山历史文化街区
④ 鲁迅故里历史文化街区
⑤ 西小河历史文化街区
⑥ 新河弄历史文化街区
⑦ 石门槛历史文化街区
⑧ 前观巷历史文化街区

图3-1 绍兴古城内历史园林及历史遗址分布总图
（图片来源：张蕊、成晶、刘昕玥 绘）

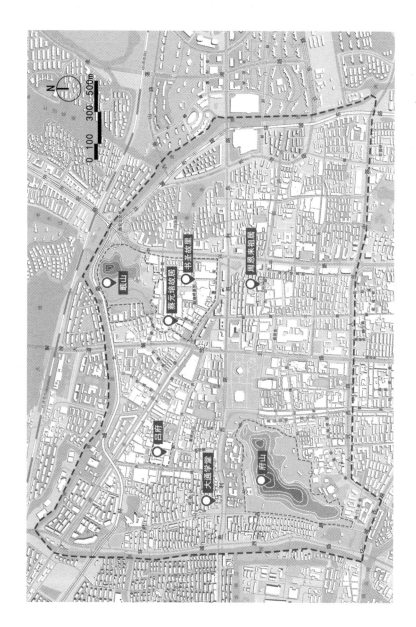

图3-2　城北区位索引图
（图片来源：成晨、刘昕秉 绘）

第一节　城北

（1）背景资料

府山在绍兴古城西（见图3-2），与城内蕺山、塔山鼎足而立。因有越大夫文种墓在此，故又名"种山"。因其迂回盘曲，形似卧龙，故名"卧龙山"。隋代以降，因州治、府署相继设于山麓，故又名"府山"。康熙南巡驻跸，改名"兴龙山"。

府山集中了从春秋到现代2000多年丰富的历史遗迹。"种山"（府山）乃越国时期句践小城的西北屏障，句践小城建设具有振兴越国之壮志。诚如《吴越春秋》卷八所载"范蠡乃观天文，拟法于紫宫，筑作小城。周千一百二十二步，一圆三方。西北立龙飞翼之楼，以象天门。东南伏漏石窦，以象地户。陵门四达，以象八风。外郭筑城而缺西北，示服事吴也，不敢壅塞。内以取吴，故缺西北，而吴不知也[1]。"府山南麓的越王台和越王殿，便是根据春秋时期越国园林的记载而建。春秋以后，府山历朝多有建设，其中以宋朝最盛，共有楼台亭阁七十二处[2]。《嘉泰会稽志》卷九："《卧龙山草木记》云，越城八面，蜿蜒奇秀者，卧龙山也……种竹万竿，桃李千本，方将艺茶于秋，载松于冬，植花卉于春，以尽复旧观"[3]。可见，古时府山就具有丰富的植被条件以及蜿蜒奇秀的自然景致（见图3-3）。随着历史变迁，府山盛景屡遭毁损，到中华人民共和国成立前夕，只剩下一座荒凉的秃山。中华人民共和国成立后，人民政府拨款重修，根据山林特色、地形地貌和文物古迹，重建和修建了大小建筑十余处，并配植了各种观赏花木，逐步形成了一座山麓园林[4]，今为府山公园（见图3-4）。

（2）总体布局

府山占地22公顷，主峰海拔74.50米，山势自东北至西南呈圆弧状延伸，长约一公里，北坡陡峭，南坡平缓。对府山之形胜描述最为精到的当属宋代刁约（景纯）的《望海亭记》，其中有载"越冠浙江东，号都督府。府据卧龙山为形胜。山之南，亘东、西鉴湖也；山之北，连属江与海也。周连数里，盘曲于江湖上，状卧龙也。龙之腹，府宅也；龙之口，府东门也；龙之尾，西园也；龙之脊，望海亭也"[3]。如今山上林木葱郁，风景宜人。

从府山公园南门入即"越王台"（见图3-5）。据《越绝书·记地传》载"句践小城，山阴城也……今仓库是其宫台处也。周六百二十步，柱长三丈五尺三寸，溜高丈六尺。宫有百户，高丈二尺五寸"。经考证府山东南麓即越王宫台故址[6]。自隋以来长期作为绍兴府署所在。《嘉泰会稽志》卷九："隋开皇十一年，越国公杨素于种山筑城。自隋迄唐即山为州宅"[3]。《嘉泰会稽志》卷十八："越王台，旧经云：种山东北。李公垂（唐代李绅）诗云'伍相庙前多白浪，越王台上少晴烟'；窦巩诗云'鹧鸪飞上越王台'"。可见宋代以前台名已盛。据《宝庆会稽续志》载今台由南宋嘉定年间知府汪纲移建，"今台乃在卧龙之西，旧有小茅亭名近民，久已废坏。嘉定十五年（公元1222年），汪纲即其遗址创造，而移越王台之名于此。气象开豁，目极千里，为一郡登临之胜"[7]。抗战时毁于战火，台基尚存。1980年于原址上重建，五开间，周匝围廊，通面宽23米，通进深12.34米，单檐歇山顶。钢筋混凝土仿古结构。今台内辟为陈列室，布置《越国史迹陈列》。1961年公布为绍兴县（市级）文物保护单位[5]。越王台内有明代徐渭所撰楹联："八百里湖山，知是何年图画；十万家灯火，尽归此处楼台。"登台远望，极目千里，是城中登临揽胜最佳之处。

越王台北边高台之上有"越王殿"（见图3-6），两者之间有南宋古柏、古戏台及"清白堂"（见图3-7）、"清白泉"遗址（见图3-8）等。清白泉乃北宋元宝年间范仲淹知越州时在卧龙山南麓崖壁下于密蔓深丛间，浚源澄流得此泉，清而白色、味之甚甘，渊然丈余，绠不可竭，冬温夏凉、水质佳良，乃构亭筑堂于泉侧，取"井以辨义"，所施不私也，圣人画井之象，以明君子之道焉。范仲淹公爱其"清白而有德义，可为官师之规"，均署亭堂名曰"清白",并撰《清白堂记》。越王殿中是越王句践、大夫文种、范蠡的三尊石刻塑像,上方悬"卧薪尝胆"匾额一方,两旁墙上有卧薪尝胆和复国雪耻的句践历史故事壁画。从越王殿厢门拾级而上,沿曲折山径,可至文种墓。墓前有石亭(见图3-9),亭内树立一碑,阳面刻着"越大夫文种墓"六个字,阴面是冯亦摩撰写的"重修文种墓碑文"。墓附近就是唐、宋、明等朝代的摩崖刻石,是极为珍贵的文物[8]。

府山主峰之巅的"飞翼楼",本为越大夫范蠡所筑的越国宫城军事哨所,早圮。约唐时筑亭,自亭可北眺后海(今杭州湾),因而易名"望海亭"。据《嘉庆山阴县志》卷七载:"亭在卧龙山西,元微之、李绅尝赋诗,则自唐已有之。昔范蠡作飞翼楼,以压强吴,此亭即其址也。宋祥符中,州将高绅植五桂于亭之前,易名曰五桂亭。岁久亭废,桂亦不存"[9]。宋嘉祐中再建,复名"望海"。之后亭屡有建废。1981年以钢筋混凝土结构重建,为仿清八角重檐攒尖顶亭。1998年又以钢筋混凝土结构,仿汉阙楼式样重建,通高21米;五层高(明三暗二),下二层青石实砌,南、北向辟半圆拱门,层檐砌墙,周设回廊平台。上三层为阁楼式建筑,三开

间,三重檐歇山顶。并恢复原名"飞翼楼"。1961年以望海亭名公布为绍兴县(市级)文物保护单位[6]。从飞翼楼向南眺望可见位于府山西峰之巅的蓬莱阁(见图3-10)以及更远处古城内塔山之巅的应天塔。

卧龙山上的蓬莱阁始建于五代十国,为吴越国王钱镠所建。当时越州为其东府,他的王府、州宅都设在卧龙山,府山上的蓬莱阁以及府山西侧山脚的西园皆是。蓬莱阁取自唐代诗人元稹诗句"谪居犹得住蓬莱"(《以州宅夸于乐天》)。蓬莱阁建成,盛极一时,曾有"书报蓬莱高阁成,越山增翠越波明"(宋张伯玉《答王越州蓬莱阁》)、"越中自古号嘉山水,而蓬莱阁实为之冠"(宋王十朋《蓬莱阁赋》)。蓬莱阁之南有雷公殿以及为纪念秋瑾而建的风雨亭,风雨亭与秋瑾烈士纪念碑东西相对,亭柱上刻有辛亥老人田桓所书孙中山所撰挽联:"江户矢丹忱,感君首赞同盟会;轩亭洒碧血,愧我今招侠女魂。"纪念秋瑾忧国忧民,炽热的爱国主义精神[10]。

除上文中描述的府山各风景建筑外,珍贵的历代摩崖石刻也是府山的一大亮点。在府山北坡飞翼楼下,共有唐、宋、明、清题记10处。唐、宋题记均刻于3米高之自然岩石上。其内容分别是楷书"贞元己巳

岁十一月九日开山";隶书"后三百年元祐戊辰,杨杰、张洵、朱巩、戚守道登卧龙山";楷书"绍圣二年十二月,晋江吕升卿明甫以提点刑狱摄领州事,数与宾佐宴集卧龙山"。旁有民国间贺扬灵所书"唐宋名人摩崖题字处"。明、清题记均刻于山坡石壁间,曰"于越""钟山"行书,皆无年款。另有"动静乐寿"四字,楷书,为明汤绍恩书,然落款处仅"汤"字依稀可辨。尚有四方题记均已字迹不清。此外在越王殿后有"龙湫"二字,楷书,无年款。旁旧有题跋,已漫漶不清[10]。

（3）风景特征

府山的建设从越国时期便已确立了其风景与政治并存的双重属性,随着时间的推移,历朝历代的建设均在其基础上传承和发展,府山的风貌突出体现了城市风景建设对于自然山水与历史文化层累的历时性特点。游历府山,仿佛在一页页展开绍兴历史人文的书卷。

卧龙山作为"越州十二景"之一,其环境"楼台环列景偏赊,叠叠云山郭外斜。湖镜引来千里目,炊烟透彻万人家。松风倒卷惊栖鸟,谷雨才过试采茶。望海亭边容远眺,春潮涌上日光华"(清·周元棠《卧龙春晓》)[11]。登临府山之巅,远望众山环拱如屏,逶迤层叠,风景如画;近瞰古城雄踞其下,舟车栋宇,峥嵘耸峙。周围湖山俊美,水乡风光尽收眼底。

参考文献:

[1] （东汉）赵晔著. 吴越春秋[M]. 长春:时代文艺出版社, 2008.
[2] 邱志荣著. 绍兴风景园林与水[M]. 上海:学林出版社, 2008:34.
[3] （宋）施宿撰. 嘉泰会稽志 卷九[M]. 台湾:成文出版社, 1983.
[4] 魏仲华,徐冰若主编. 绍兴[M]. 北京:中国建筑工业出版社, 1986:119.
[5] （清）李亨特总裁;平恕等修. 乾隆绍兴府志[M]. 清乾隆五十七年（公元1792年）刊本. 台湾:成文出版社影印本, 1975.
[6] 绍兴文物管理局编. 绍兴文物志[M]. 北京:中华书局, 2006:50.
[7] （宋）张淏撰. 宝庆会稽续志·卷一[M]. 民国十五年（公元1926年）影印清嘉庆十三年（公元1808年）刊本. 台湾:成文出版社, 1983.
[8] 任桂全等. 古城绍兴[M]. 杭州:浙江人民出版社, 1984:49.
[9] （清）徐元梅修;（清）朱文翰等纂. 嘉庆山阴县志[M]. 上海:上海书店出版社, 1993.
[10] 绍兴县地方志编纂委员会编. 绍兴县志[M]. 北京:中华书局, 1999.
[11] 潘荣江, 邹志方注析. 海巢书屋诗稿注析[M]. 杭州:浙江古籍出版社, 2010:117.

图3-3 兴龙山图[5]
（图片来源：清乾隆五十七年
（公元1792年）《绍兴府志》刻本）

興龍山圖

图3-4 府山平面图
（图片来源：张畅、张蕊 绘）

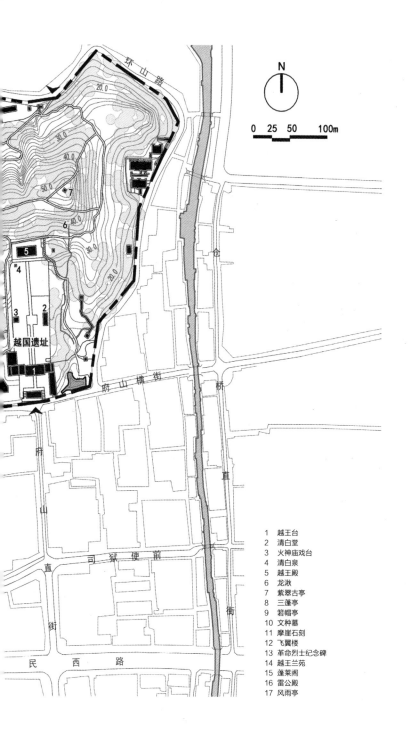

1　越王台
2　清白堂
3　火神庙戏台
4　清白泉
5　越王殿
6　龙湫
7　紫翠古亭
8　三蓬亭
9　箬帽亭
10　文种墓
11　摩崖石刻
12　飞翼楼
13　革命烈士纪念碑
14　越王兰苑
15　蓬莱阁
16　雷公殿
17　风雨亭

图3-5 越王台
（图片来源：张蕊 摄）

图3-6 越王殿
（图片来源：张蕊 摄）

图3-7 清白堂
（图片来源：张蕊 摄）

图3-8 清白泉   图3-9 文种墓
（图片来源：张蕊 摄）   （图片来源：张蕊 摄）

图3-10 府山西峰山巅蓬莱阁
（图片来源：张蕊 摄）

（1）背景资料

大通学堂，全称为大通体育师范学堂。位于绍兴市越城区胜利路西路563号（见图3-2），此处原为古代贡院，清代改作豫仓（备荒谷仓）[1]。

学堂原计划设在东浦大通桥塊普济寺内，因名"大通"，后改借绍兴古城内豫仓为校舍。清光绪三十一年（公元1905年）9月正式开学，毕业学生大多成为光复会会员。大通学堂作为革命摇篮，为辛亥革命输送了大批人才，在各地爆发的反清起义中多有贡献。光绪三十三年（公元1907年）初，秋瑾操办大通学堂，同年7月徐锡麟安庆起义失败，徐、秋先后罹难，大通学堂被封。中华人民共和国成立后几经修葺，才呈现出了如今的面貌[2]。这里是清末著名革命团体光复的大本营以及辛亥革命前夕皖浙武装起义的重要据点，由民主主义革命家徐锡麟、陶成章创立。同时也是我国近代最早创设体育专修科的师范学校[3]。1963年公布为浙江省文物保护单位，2006年6月被列为全国重点文物保护单位。

（2）总体布局

学堂为坐北朝南、青瓦黑墙的清代平房建筑群（见图3-11），有别于绍兴传统民居的三开间，这里大都是五开间建筑。原有50多间房屋，占地3098平方米，建筑面积1754平方米[4]。

建筑分东、中、西三条轴线布置（见图3-12）。中部轴线建筑三进，两侧各有长廊贯通，通长47.32米[1]。第一进为门厅，五开间，中部开间悬赵朴初所题"大通学堂"匾额（见图3-13）。第二进为礼堂，三开间，前檐接一座抱厦（见图3-14）。礼堂是当年大通学堂师生集会之处，曾用于主持开学和毕业典礼等活动。堂前有空地，植柏树玉兰等，堂后有方池。第三进为一座沿池的五开间平房，原为教师办公室，后辟为"徐社"（见图3-15），用于展出徐锡麟生平事迹的相关文物与图片资料。民国元年（公元1912年），绍兴各界人士在城区立徐社，建专祠，以祭祀徐锡麟烈士。祠建于下大路，由清时廖公祠改筑。日军侵绍时被毁。1982年，于大通学堂复设徐社。现有徐锡麟史迹陈列[5]。

东部前两进现原状陈列，第一进依次为秋瑾办公室、会议室、校长室；第二进为教室、教师办公室、体育用品陈列室。西部前两进为光复会史迹陈列及辛亥革命烈士遗物展。

学堂后原有习武操场，置有天桥、平台、铁杠、浪木、秋千等运动器械[3]。

（3）营建特征

大通学堂面积较小，且多由于革命烈士在此地活动，在保留了红色文化与革命精神的同时，也在今天为我们呈现了清末绍兴学堂建筑群的格局面貌。其颇具现代学校的

雏形，礼堂、教室、办公室、操场等设施一应俱全。园内方池凸显越地园林古朴淡雅的风格。

参考文献：

[1] 绍兴文物管理局.绍兴文物志[M].北京：中华书局，2006：70.

[2] 魏仲华，徐冰若主编.绍兴[M].北京：中国建筑工业出版社，1986：77.

[3] 朱元桂.绍兴百景图赞[M].天津：百花文艺出版社，1995：182, 183.

[4] 张嘉兴著.绍兴旅游[M].北京：中国旅游出版社，2004：43.

[5] 绍兴县地方志编纂委员会编.绍兴县志[M].北京：中华书局，1999：1801.

图3-11 大通学堂现状
（图片来源：刘昕琰 摄）

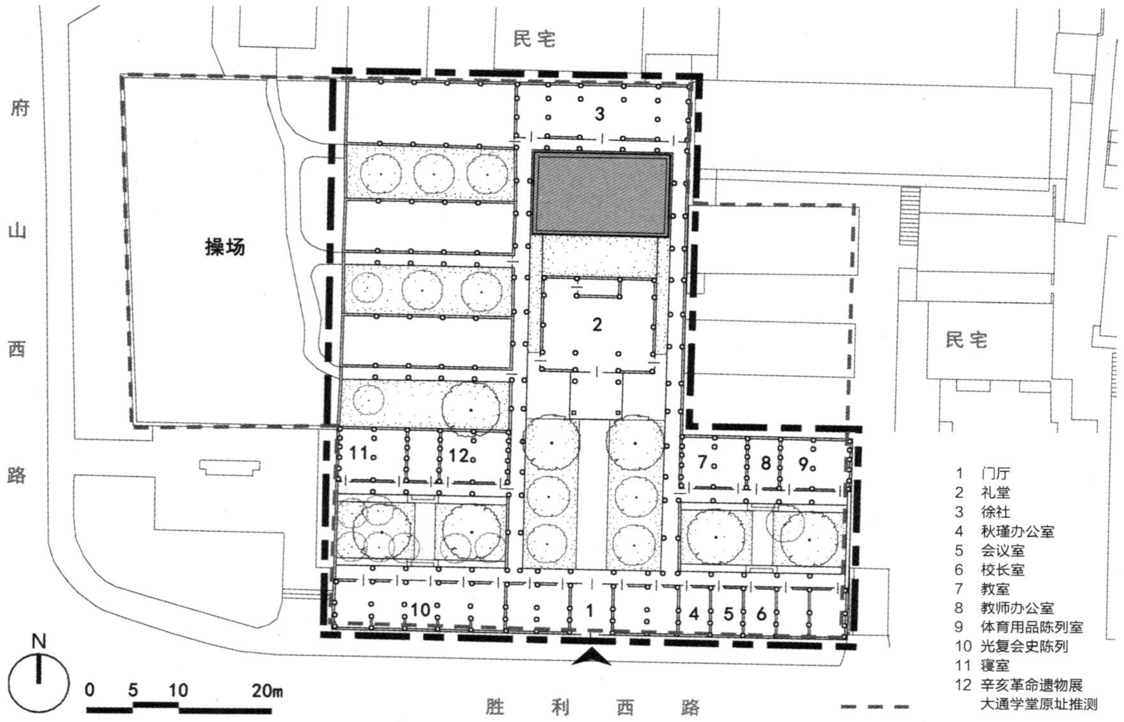

图3-12 大通学堂平面图
（图片来源：张嵚、刘昕渌 绘）

1 门厅
2 礼堂
3 徐社
4 秋瑾办公室
5 会议室
6 校长室
7 教室
8 教师办公室
9 体育用品陈列室
10 光复会史陈列
11 寝室
12 辛亥革命遗物展
大通学堂原址推测

民宅
民宅
操场

胜　利　西　路
府　山　西　路

N

0　5　10　20m

图3-13 门厅
（图片来源：张蕊 摄）

图3-14 礼堂
（图片来源：刘昕瑛 摄）

图3-15 徐社
（图片来源：张蕊 摄）

（1）背景资料

吕府处于绍兴古城西小河历史街区，位于绍兴市越城区新河弄169号（见图3-2）。始建于明嘉靖年间，为吕本府邸。吕本（公元1503～1587年）（一说为吕夲）字汝立，号南渠，又号期斋，谥文安。浙江余姚人，后移居绍兴城中。历任翰林学士、礼部尚书、太子太保兼文渊阁大学士，后又掌吏部、柱国、加少傅等官职。民国《绍兴县志资料》载："吕本既于余姚建相国第，复于郡治山阴地更造行府"[1]。明代汪道昆《太函集·太傅吕文安公传》载"门人递以省方，至为公筑馆西郊"[2]，可见吕府十三厅，为吕本学生为感其恩，赠建而成。据吕府永恩堂"齿德并茂"匾上的下款推断，吕府的建造年代应在万历十一年（公元1583年）永恩堂挂匾前建成[3]。吕本去世后，正厅永恩堂改作家祠，其他各厅由其裔孙们居住。

历经时代风霜，据绍兴市文物资料显示，吕府中轴线上的轿厅、后厅早年已毁，仅残存阶条石。东轴残存中厅六间，后厅七间，后楼两间。西轴残存中厅两间，后楼六间。20世纪80年代初由政府出资，对吕府中轴大厅永恩堂建筑进行落架大修，恢复了原样。2001年6月25日升格为全国重点文物保护单位[3]。

（2）总体布局

古代吕府的范围应西起谢公桥河沿，东至今北海小学西墙，南至新河弄，北与王阳明故居相邻，东西长167米，南北宽119米，占地29.8亩。整体布局坐北朝南，沿着三条纵轴线及五条横轴线展开。建筑沿纵轴线布置，相互形成较为独立的封闭式院落（见图3-16）。中央纵轴线布置有轿厅、大厅永恩堂、中厅、后厅、座楼；左右两纵轴线依次为牌楼、前厅、中厅、后厅及座楼，共13组建筑院落，因此也被称为"吕府十三厅"[1]。每座院落均用高墙环围，硬山屋顶。最后一条横轴线上的建筑均为二层楼房，其他建筑为单层。厅前各有砖石门楼，厅间都有天井[5]。吕府内原设有两条南北走向的"水弄"（宽约1.35米）和一条东西走向的"马弄"（宽约2.8米），从而使吕府建筑群的交通四通八达。马弄为一条石板通道，东西贯通；水弄是为避免佣人穿堂而过的避弄。马弄以北的各厅东西山墙外各建有一系列附属建筑，由南到北，先是三间平房其余为楼屋，为佣人杂工的住房[4]。这些附属建筑前廊互相连通，自东向西形成六条长廊，可避风挡雨。

如今吕府保留恢复了永恩堂及其门楼，并将永恩堂辟为王阳明纪念馆。门楼硬山造，脊为鳌鱼吻（见图3-17）。大门两侧置石质须弥座两只，每只须弥座上立石柱四根。门楼两边为照墙，各分五间，明间面阔最大，其余依次递减。照墙柱础以下建有台基做成须弥座，形式接近门楼所用的须弥座。

永恩堂（见图3-18），中轴大厅，体量高大，外观庄重。七开间，通面宽36.5米，通进深17米。明间及东西次间通作一间，其余各间均以墙分隔，形成三明四暗格局[1]。永恩堂明间两缝以七架抬梁，其余各缝均取穿斗式（见图3-19），设前、后船篷轩廊，前廊横列七间，后廊只明、次间才设。梁架全用直梁，用材硕大，加工精细，梁、檩、枋上，甚至瓜柱上，部分绘有彩画。屋顶硬山造。地面方砖铺墁，其中梢间、尽间方砖直铺[3]。门楼至厅堂设有甬道，甬道的宽度与厅堂明间的宽度相当。

（3）营建特征

吕府擅水城第宅之胜[6]，实属江南明珠[4]。吕府的建筑设计融合了明代官宦宅邸建筑风格和江南水乡民居的特色。作为江南最大的明代官式做法建筑群，吕府整体风格厚重规整，具有中期典章制度约束下的建筑特点，对研究明代的建筑历史具有重要作用。吕府的正厅永恩堂是江南最大的厅堂[2]，其明代原构上的明代彩绘（见图3-20），文物价值颇高。

吕府建筑群气势雄伟，防范森严，布局严谨规整，设计朴素高雅。用河道将宅邸与外界分开，既满足交通，又能临水借景，也便于救火。其外围南有新河，西有西小河，中间有东西走向的马弄，使得吕府满足陆路与水路双重交通之便。

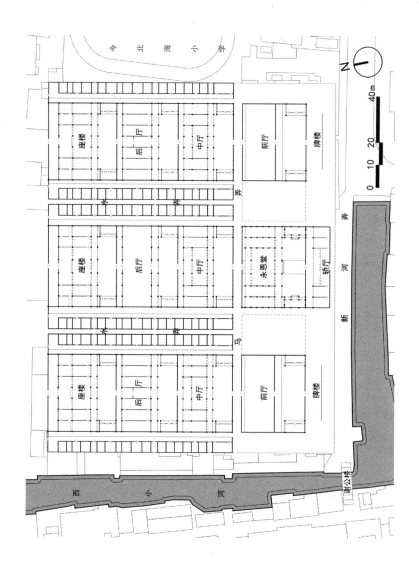

图3-16 吕府推测复原平面图
（图片来源：张攀、张玚以如今地图为
底改绘自参考文献[4]）

参考文献：

[1] 绍兴县地方志编纂委员会编. 绍兴县志[M]. 北京：中华书局，1999；1769.

[2] （明）汪道昆撰. 太函集·卷三十九[M]. 万历十九年（1591年）金陵刊本. 合肥：黄山书社，2004.

[3] 绍兴文物管理局编. 绍兴文物志[M]. 北京：中华书局，2006；120.

[4] 周思源. 绍兴吕府[J]. 古建园林技术，1988（04）：52-56.

[5] 国家文物事业管理局. 中国名胜词典[M]. 上海：上海辞书出版社，1981；394.

[6] 邱志荣著. 绍兴风景园林与水[M]. 上海：学林出版社，2008.

图3-17　永恩堂门楼
　　（图片来源：张蕊 摄）

图3-18　吕府永恩堂
　　（图片来源：张蕊 摄）

图3-19　永恩堂建筑梁架结构　　图3-20　建筑彩绘
　　（图片来源：张蕊 摄）　　　　（图片来源：张蕊 摄）

四
蕺
山

（1）背景资料

蕺山在绍兴古城东北部环城北路南侧，解放路与中兴路之间（见图3-2），主峰海拔51米。据《嘉泰会稽志》卷九载："蕺山在府西北六里一百七步，隶山阴。旧经云：越王嗜蕺，采于此山"[1]。清《嘉庆山阴县志》载：蕺"蔓生，茎紫，叶青，味苦"[2]。《越中杂识》"蕺山在卧龙山东北三里，产蕺。越王尝吴王秽后，遂病口臭，乃采蕺食之，以乱其气"[3]，故名蕺山。晋代王羲之出任会稽内史，曾建别业于山麓，蕺山又称"王家山"，后王羲之舍宅为寺，因寺名"戒珠"，山亦随之又名"戒珠山"。

蕺山为绍兴古城内主要的三座山之一，也是绍兴具有代表性的历史名山。宋时山上植有大片梅树，梅花盛开，香飘半城，"蕺山观梅期"也成为当时胜景之一。蕺山之上，树木葱郁，塔亭楼阁错落其间，风景优美[4]。蕺山山顶视野开阔，明代屠隆《栖真馆集·蕺山文园记》一文有载，登蕺山绝顶可以"东望大海，烟涛浮空，万里无际；下视城郭人家，棋列星布"[5]。明代王思任《淇园序》载"吾越谓之佳山水，居郡中者有八，而蕺最宠绝"[6]。清代"蕺山晴眺"被列为越州十二胜景之一，"登楼闲眺爱晴和，四面湖山入望多。近对灵岩归白马，遥临曲沼浴红鹅。竹枝倚壁新翻韵，草色迎帘软作波。试看桥边题扇处，行云化作墨痕拖"（清·周以棠《蕺山晴眺》)[7]。蕺山自古便是越中胜景之一，居于古城东北角，与府山、塔山鼎足而立。踞山地之形胜，揽越地之风采。

（2）总体布局

蕺山山体不高却极为清隽和静，优越的山水环境伴随深厚的历史文化底蕴，在自然与人文景观两方面都别具特色（见图3-21）。

原有王羲之故居（戒珠寺）、王家塔、蕺山亭、董昌生祠、三范祠、北天竺、蕺山书院等历史建筑，但由于历史原因山中古迹大多被毁，仅有摩崖题刻等少许得以保存。为再现蕺山昔日辉煌，结合蕺山街区保护工程，绍兴市政府对其进行了大规模的修整。目前已经修复的主要建筑物有戒珠寺、文笔塔、蕺山书院、蕺山亭、冷然池与冷然亭等（见图3-22），主要集中在山之东、南麓到山巅一带。

蕺山东麓昔有天王寺，为吴越王钱镠所建，寺中有钱武肃王祠。天王寺后，明代曾建范蠡祠，后加祀北宋越州刺史范仲淹及其子范纯礼，故又名"三范祠"，然寺、祠现均已不存。如今，三范祠旧址前留存一水池，名"冷然池"，池西有"冷然亭"。池南旧有"冷然斋"，为宋代诗人苏舜读书处[8]。由池畔蹬道上山，途径一亭，原名"蕺山亭"，因古时绍兴原山阴、会稽两县凡考中状元者均可将名字刻于亭柱上，故名"状元亭"，现沿用此名建廊名曰"状元廊"。如今位于蕺山东侧山腰处，有两个方形组合亭，名曰"蕺山亭"（见图3-23），为后人新建。

蕺山南麓有"戒珠寺"，相传为王羲之舍宅而成。寺坐北朝南，紧邻西街，正对蕺山街北端（见图3-24）。今戒珠寺为清代建筑，存有墨池、山门、大殿和东厢房，结构基本完好（详见本书"书圣故里·戒珠寺"篇）。戒珠寺后山上有蕺山书院旧址（见图3-25）。"蕺山书院"发端于宋乾道年间，魏国公韩琦之裔讲学之所；明崇祯初"蕺山学派"创始者刘宗周先生讲学之处；清初重建后名为"蕺山书院"；清朝末年为"山阴县学堂"[9]。现今书院内仅保留主体讲学建筑"刘念台先生讲堂"与纪念建筑"刘子祠"（见图3-26）。书院东侧山腰状元廊下山石崖壁处有唐代摩崖石刻《董昌生祠题记》（见图3-27），崖刻高四尺九寸、宽八尺二寸，现被保护于半坡石亭之中，字迹苍劲有力，除个别文字略显斑驳外，整体尚可辨认。山巅"文笔塔"（见图3-28）又名"王家塔"，为蕺山标志性建筑，与府山飞翼楼、塔山应天塔形成鼎立之势，奠定了绍兴古城竖向空间格局。塔高约36米，六面七层，砖石结构，上五层砖石为心，周匝副阶，呈楼阁式，是城内登高望远的又一处佳地。

（3）风景特征

数千年的沧桑令山中各景几经兴废，但蕺山在绍兴人心中仍极具地位。虽景点已与初建时在建筑位置、形式与整体风貌上发生了一定的改变，但其之于城市的山城关系格局得以延续。

蕺山位于古代绍兴府城最北端，登山可俯瞰城外，环顾四周可赏"人在镜中，舟在画里，山中有水，水中有山"[10]秀丽无比的越中山水奇景。蕺山南部为整个城市空间南北轴线的起始点，山南经蕺山街，可达府城南门植利门，这条轴线一直向南延伸到城外的秦望山[11]，充分体现出"以自然为轴"的城市设计理念，彰显了古代绍兴城市规划"天人之际，合二为一"的自然观。

参考文献：

[1] （宋）施宿撰. 嘉泰会稽志[M]. 台湾：成文出版社，1983.

[2] （清）徐元梅修；（清）朱文翰等纂. 嘉庆山阴县志·卷八[M]. 上海：上海书店出版社，1993：129.

[3] （清）梅堂老人. 越中杂识[M]. 杭州：浙江人民出版社，1983：2.

[4] 黄天霞，徐一鸣，陈永明. 蕺山公园规划设计[J]. 中国园林，2008（02）：54.

[5] 赵厚均，杨鉴生. 中国历代园林图文精选 第三辑[M]. 上海：同济大学出版社，2005：259.

[6] （明）王思任. 王季重先生文集·卷二[M]. 泾县潘氏袁江节署刊本，1848.

[7] 潘荣江，邹志方注析. 海巢书屋诗稿注析[M]. 杭州：浙江古籍出版社，2010：118.

[8] 绍兴市社会科学界联合会，绍兴市社会科学院编；陈岩丛书主编. 绍兴名胜丛谈[M]. 宁波：宁波出版社，2012：21.

[9] 绍兴县地方志编纂委员会编. 绍兴县志[M]. 北京：中华书局，1999.

[10] 朱元桂. 绍兴百景图赞[M]. 天津：百花文艺出版社，1995.

[11] 王景. 绍兴历史城市人居环境山水境营造智慧研究[D]. 西安：西安建筑科技大学，2013.

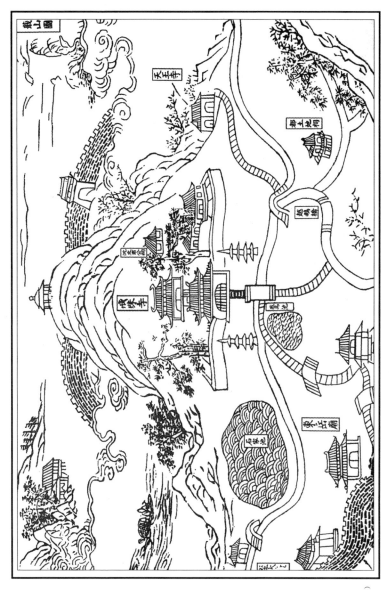

图3-21 戟山图
（图片来源：清康熙十年（公元1671年）
《山阴县志》刻本）

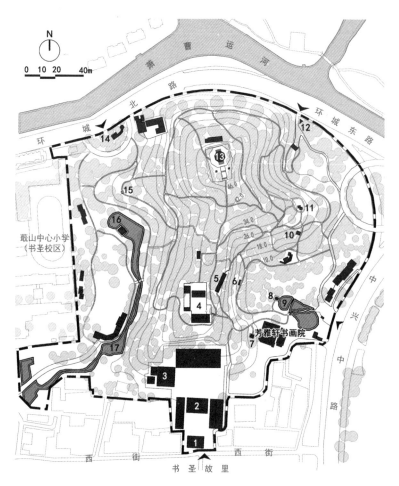

1 戒珠寺山门　　6 董昌生祠题记处　　11 戴山亭　　16 流芳榭
2 灵山宝殿　　　7 状元亭　　　　　　12 半间亭　　17 临鹅池
3 北天竺　　　　8 冷然亭　　　　　　13 文笔塔
4 戴山书院　　　9 冷然池　　　　　　14 戴望亭
5 状元廊　　　　10 暗香亭　　　　　　15 仰山亭

图3-22　戴山平面图
（图片来源：张畅、向丽钧、张蕊 绘）

图3-23 戠山亭
（图片来源：张蕊 摄）

图3-24 戒珠讲寺山门
（图片来源：张蕊 摄）

图3-25　蕺山书院图
（图片来源：清嘉庆八年（公元1803年）
《山阴县志》刻本）

蕺山書院圖

玉家塔

蕺竹亭

梁譽祠

图3-26 蕺山书院
（图片来源：张蕊 摄）

图3-27 董昌生祠题记处
（图片来源：张蕊 摄）

图3-28 文笔塔（王家塔）
（图片来源：张蕊 摄）

书圣故里位于古城东北部，现为蕺山历史文化街区，北至环城北路，南邻萧山街，东起中兴中路，西至局弄，总面积约0.35平方公里[1]（见图3-2）。东晋时晋室南迁，书圣王羲之随家人迁居会稽，于此定居。书圣故里北倚蕺山，南有萧山街河，中间有蕺山河穿过，整个街区以居住空间为主，大大小小的台门建筑琳琅满目，南北纵横的"工字型"街弄变化丰富，充分体现出绍兴传统民居建筑的特色。街区内有戒珠寺、墨池、题扇桥、躲婆弄、笔飞弄等重要景观节点，还有蔡元培故居、探花台门太平天国壁画等文物古迹（见图3-29）。

（1）戒珠寺

戒珠寺位于绍兴市越城区西街72号，在书圣故里历史街区内，坐北朝南背倚蕺山。戒珠寺曾为东晋王羲之私宅，因舍宅为寺，故以戒珠寺存世[2]。戒珠寺始建时间无详细记载，宋《嘉泰会稽志》卷十三载"王羲之宅在山阴县东北六里，旧传戒珠寺也。《旧经》云，羲之别业，有养鹅池、洗砚池、题扇桥存焉"；卷七云："其为寺不知所始。陈太建二年（公元570年），有僧定光来寓寺中"[3]。据此，寺当建在太建以前。宋《宝庆会稽续志》载："寺初名昌安，（唐宣宗）大中六年（公元852年）改戒珠"[4]。戒珠寺为讲寺，是因历代高僧曾在此讲经。寺内曾建有卧佛殿、上方院、竹堂、雪轩、宇泰阁等。明万历年间曾重建大殿。自清康熙至民国年间，先后七次重修。1961年公布为绍兴市文物保护单位。1983年文物部门修复墨池、山门和大殿[5]。寺为清代建筑，占地1470

平方米[6]。戒珠寺东厢楼还曾被辟为蕺山中心小学（前身为蕺山书院）的校舍。

从明代《王右军祠图》（见图3-30）可以看出，曾经的戒珠寺背靠蕺山，因借蕺山地形布置建筑。戒珠寺呈南北轴线布局，自南向北有山门、中殿、上殿、蕺山亭，依山为轴布置建筑，结构严谨，具有寺庙园林严谨端庄的气质。蕺山亭位于山顶，能够登高远眺；东麓天王寺，西麓书院、右军祠等建筑均因山就势，呈现出山中有寺"寺包山"的整体格局，使蕺山山水与寺院环境互为借景。

如今戒珠寺山门五开间，进深七檩，明间设门。匾额"戒珠讲寺"为赵朴初题，两侧有张大千所撰楹联"此处既非灵山，毕竟是甚么世界；其中如无活佛，何须用这般庄严"。殿柱为方柱，另有取自佛意的楹联"樵语落红叶，经声留白去""狮吼象鸣登法座，龙吟虎啸出天台"等。大殿灵山宝殿五开间，进深九檩，明、次通间，硬山顶。大殿今辟为展室，布置王羲之史料陈列。东厢楼、后进建筑结构基本完好[5]。《越中杂识》载"东晋王羲之故宅，或曰别业也，门外墨池、鹅池尚存"，现如今门外仅存墨池，约100平方米（见图3-31）。近年来绍兴政府对戒珠寺进行翻新，在其北侧新扩建了一组名曰"北天竺"的寺庙建筑群（见图3-32）。

（2）题扇桥

位于蕺山街，横跨蕺山河（为古代界河的一部分），界河把古城绍兴分成山阴和会稽两县。桥为东西向单孔石拱式，全长18.50米，宽4.60米。拱券分节并列砌筑，桥面两侧设有栏板，间有望柱6根，柱头饰以莲瓣。东西两坡踏跺均为19级。内顶镂空透雕"蛟龙喷水"等吉祥图案，桥西南侧立有"晋王右军题扇桥"碑[8]（见图3-33）。《嘉泰会稽志》卷十一载："题扇桥在蕺山下。王右军为老姥题六角竹扇，人竞买之"[3]。《晋书·王羲之传》曰："尝在蕺山见一老姥，持六角竹扇卖之。羲之书其扇，各为五字。姥初有愠色。因谓姥曰：'但言是王右军书，以求百钱耶。'姥如其言，人竞买之。他日，姥又持扇来，羲之笑而不答"[9]。桥由此得名。

（3）躲婆弄、笔飞弄

躲婆弄全长约60米，宽仅2米，位于题扇桥北，为一条狭窄小巷。相传老姥见王羲之字价格高昂，便屡屡持扇寻找右军求字。久而久之，王羲之见到老姥就躲于弄巷之中，后人传为"躲婆弄"。

笔飞弄全长约150米，宽约2.3米，南接萧山街，北连西街，北端与笔架桥相通[8]（见图3-34）。相传王羲之为求书者所扰，一怒之下将笔掷向空中，飞到了附近的一条弄内，以后此弄便称为"笔飞弄"。

书圣故里的绍兴特色民居映射在蕺山、界河的环境之中，浸润在与王羲之相关的深厚历史文化里，成为名副其实的山水城市纪念园林。

参考文献：

[1]　《绍兴城市地图集》编纂委员会编著. 绍兴城市地图集[M]. 北京：中国地图出版社，2019：35.
[2]　张嘉兴著. 绍兴旅游[M]. 北京：中国旅游出版社，2004：37-38.
[3]　（宋）施宿撰. 嘉泰会稽志[M]. 台湾：成文出版社，1983.
[4]　（宋）张淏撰. 宝庆会稽续志[M]. 民国十五年（1926年）影印清嘉庆十三年（1808年）刊本. 台湾：成文出版社，1983.
[5]　绍兴文物管理局编. 绍兴文物志[M]. 北京：中华书局，2006：63.
[6]　孟田灿编著. 绍兴寺院[M]. 杭州：西泠印社出版社，2007：148.
[7]　（明）萧良干等修；张元忭等纂. 万历绍兴府志[M]. 明万历十五年（1587年）刊本. 台湾：成文出版社，1983.
[8]　绍兴市文物管理局编. 绍兴名人故居[M]. 北京：文物出版社，2004：9，11.
[9]　（唐）房玄龄著；黄公渚选注. 晋书[M]. 上海：商务印书馆，1934：198-207.

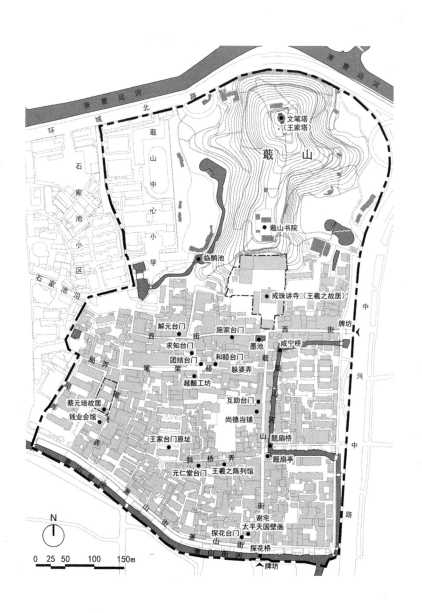

图3-29　书圣故里总平面图
（图片来源：张畅、向丽钧、张蕊 绘）

图3-30　王右军祠图[7]
（图片来源：明万历十五年（公元1587年）
《绍兴府志》刻本）

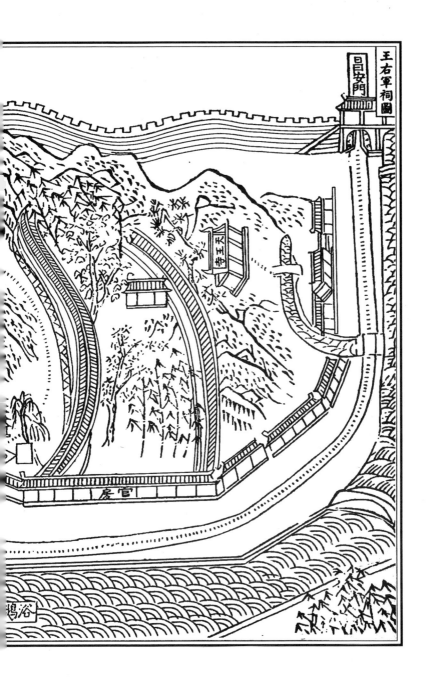

王右軍祠圖

昌安門

天王寺

官房

浴鴉

图3-31 墨池
（图片来源：张蕊 摄）

图3-32 北天竺建筑群
（图片来源：张蕊 摄）

图3-33 题扇桥
（图片来源：张蕊 摄）

图3-34　笔飞弄
（图片来源：张蓝 摄）

（1）背景资料

蔡元培故居位于绍兴市越城区萧山街笔飞弄13-17号（见图3-2），为一颇具绍兴特色的明清台门建筑，1989年公布为浙江省文物保护单位[1]。2001年公布为全国重点文物保护单位。蔡元培（公元1868～1940年），字鹤卿，又字仲申、民友、子民，浙江绍兴山阴县（今浙江绍兴）人，原籍浙江诸暨。清末翰林，为近代著名中国革命家、教育家、政治家、民主进步人士。曾任国民党中央执委、国民政府委员兼监察院院长、"中华民国"首任教育总长等。

蔡元培故居占地1620平方米。初为清道光年间蔡元培祖父蔡嘉谟购置，仅两进，后因原屋不敷居住，乃于屋后新建五间楼屋。后虽略有改建，尚基本保持原貌。自清同治七年（公元1868年）蔡元培出生到清光绪十八年（公元1892年）担任翰林院庶吉士赴京任职期间，蔡元培在这里度过了26年的光阴[1]。光绪二十四年（公元1898年），蔡元培从北京辞职回乡出任绍兴中西学堂总理期间，及以后的几次返乡探亲，也都在此居住[2]。

（2）总体布局

蔡元培故居分为门厅、大厅和座楼三进（见图3-35）。门厅、大厅系蔡元培祖父于清道光年间购置。第三进座楼，系蔡元培祖父添建，供祖孙三代居住。

第一进门厅，共三间，坐西朝东，门楣悬刘海粟书"蔡元培故居"匾，额悬"翰林"匾[3]。门厅往里是一处由青石板铺就的东西走向长方形天井庭院，庭院北面为一处照壁，照壁中开石库门，门上悬有"蔡元培纪念馆"匾（见图3-36）。入内是第二进（见图3-37），天井左右两侧各设三间东、西厢房；正中为一间坐北朝南的大厅，现已作为蔡元培生平史迹陈列室，中间辟为瞻仰厅，悬"学界泰斗"匾，柱上有楹联："高山仰止学界泰斗震寰宇，万代流芳人世楷模贯古今"。大厅东南侧僻静之处设一个小花园，园中小径亦可通往门厅天井。第三进为一处五楼五底的座楼（见图3-38），集合展厅、接待室、蔡元培书房和父母卧室、餐室等于一体；天井两侧亦有东西厢房，东厢房为家塾。

（3）营建特色

故居的建筑主体以砖木结构为主，屋宇多为五架抬梁式，前檐为船篷轩，边间作穿斗式，配以花格门窗做装饰。整个故居乌瓦粉墙流露出浓厚的江南水乡风情[4]。故居前天井周围筑以高大的粉墙，围合出疏朗庄重的空间，尽显宁静典雅的氛围。大厅东首靠南建有小花园，花园内种有许多江南常见花木[5]，使整个故居平添一份自然温馨之感。

参考文献：

[1] 绍兴县地方志编纂委员会编. 绍兴县志[M]. 北京：中华书局，1999：1781.
[2] 景迪云，沈钰浩. 江南名人故居 摄影集[M]. 杭州：浙江摄影出版社，2000：28-38.
[3] 绍兴文物管理局编. 绍兴文物志[M]. 北京：中华书局，2006：61.
[4] 邱志荣著. 绍兴风景园林与水[M]. 上海：学林出版社，2008：134.
[5] 绍兴市文物管理局编. 绍兴名人故居[M]. 北京：文物出版社，2004：69.

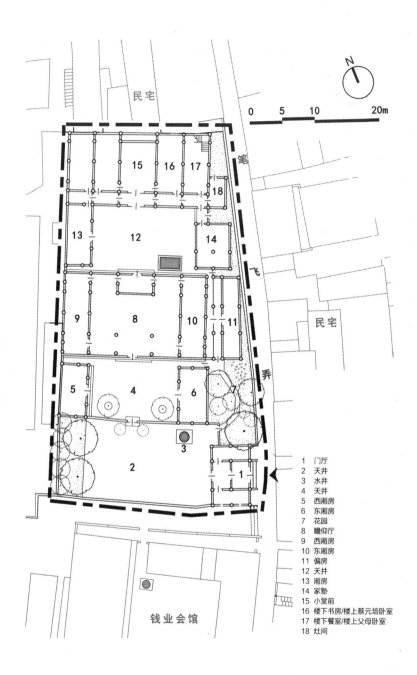

民宅

N

0 5 10 20m

笔

飞

弄

民宅

15 16 17

18

13 12 14

9 8 10 11

5 4 6 7

3

2 1

1 门厅
2 天井
3 水井
4 天井
5 西厢房
6 东厢房
7 花园
8 瞻仰厅
9 西厢房
10 东厢房
11 偏房
12 天井
13 厢房
14 家塾
15 小堂前
16 楼下书房/楼上蔡元培卧室
17 楼下餐室/楼上父母卧室
18 灶间

钱业会馆

图3-35 蔡元培故居平面图
（图片来源：张蕊、刘昕瑛 绘）

图3-36 庭院内石库门
（图片来源：刘昕琰 摄）

图3-37 第二进大厅及天井
（图片来源：张蕊 摄）

图3-38　座楼
（图片来源：张蕊 摄）

（1）背景资料

周恩来祖居位于绍兴市越城区劳动路369号（见图3-2），是周恩来先辈们世居之地。

明洪武十三年（公元1380年），周恩来祖上第四世周庆开始定居于此。祖居原名"锡养堂"，清康熙三十七年（公元1698年），周氏先祖周懋章的妻子王氏百岁寿诞，浙江巡抚赠与周家"百岁寿母"的匾额，因此周恩来祖居又有"百岁堂"之称[1]。民国二十八年（公元1939年），周恩来回绍兴视察时，曾于祖居接待各方人士，并填写家祭簿曰："恩来，字翔宇，五十房，樵水公曾孙，云门公长孙，懋臣长子，出继簪臣为子，生于光绪戊戌年二月十三日卯时，妻邓颖超"[2]。1998年周恩来百年寿诞之际，绍兴政府对周恩来祖居进行翻修，翻修后的周恩来祖居保留了原有的明清建筑风格。2005年公布为浙江省文物保护单位。

（2）总体布局

周恩来祖居坐北朝南，现如今祖居建筑群共有东、中、西三组院落，属明清建筑风格，总占地约3900平方米，总建筑面积2200平方米（见图3-39、图3-40）。

中部为周氏先祖聚居之地，面积约590平方米，共三进建筑院落，第一进为门厅，三开间，乌漆竹丝台门，上悬"百岁寿母之门"牌匾，门厅隐门上有楹联"莲溪绵世泽，沂国振家声"，代指两位周氏始祖即理学家周敦颐与"沂国公"周茂。第二进大厅"锡养堂"，又称"百岁堂"，上面悬"锡养堂"牌匾，三开间，是周氏族人商议家族大事、欢宴喜庆和祭祖敬神等重大活动的场所，现辟为瞻仰厅（见图3-41）。中正立周恩来于1939年来绍时着戎装汉白玉像，两侧后金柱悬挂"选贤与能讲信修睦，体国经野辅世长民"楹联。从第二进穿过狭小的天井便至第三进座楼，三开间，原是周氏长辈居住的地方（见图3-42），现在辟为陈列馆。

东部和西部建筑群为1988年由文物部门主持重建[3]。西部面积约1210平方米，原为周恩来嫡系世居故宅。第一进厅堂"诵芬堂"（见图3-43）；第二进楼屋（见图3-44）原属周恩来祖父家产，中部为小堂前内挂"事能知足心常泰，人到无求品自高"联，小堂前东西两侧分别为书房和卧室；第三进为灶房。东部原为周氏族人房产，现修筑第一进平

屋，第二进厢楼与东厢楼互通，辟为周恩来纪念馆，布置《周恩来与故乡》陈列（见图3-45）。

（3）营建特色

周恩来祖居正门是富有绍兴特色的黑漆竹丝门，东西粉墙各嵌花窗，显得古朴幽雅[2]。宅内两进之间各有天井分隔，天井两侧又有廊庑，使全部建筑宽敞明亮。此处是绍兴城内保存较为完好的一处典型的明清古民居台门建筑，建筑主体流露着浓厚的江南特色，典雅秀丽，素洁庄重。

参考文献：

[1] 绍兴市文物管理局编. 绍兴名人故居[M]. 北京：文物出版社，2004: 138.
[2] 魏仲华，徐冰若主编. 绍兴[M]. 北京：中国建筑工业出版社，1986: 100.
[3] 绍兴文物管理局编. 绍兴文物志[M]. 北京：中华书局，2006: 62.

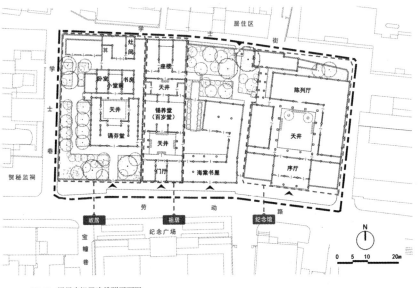

图3-39　周恩来祖居建筑群平面图
（图片来源：张蕊、刘昕瑛 绘）

图3-40　周恩来祖居
（图片来源：刘昕琰 摄）

图3-41 锡养堂
（图片来源：张蕊 摄）

图3-42 座楼及天井
（图片来源：张蕊 摄）

图3-43 诵芬堂
（图片来源：张蕊 摄）

图3-44 楼屋
（图片来源：张蕊 摄）

图3-45 周恩来纪念馆
（图片来源：张蕊 摄）

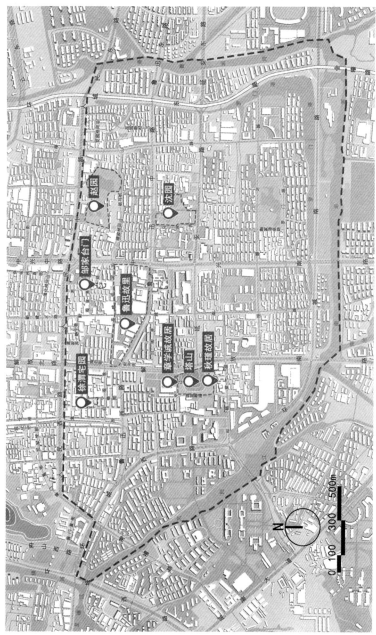

图3-46 城南区位索引图
（图片来源：成麒、刘昕乘 绘）

第二节　城南

〜〜〜〜〜〜〜

八　青藤书屋（徐渭宅园）

九　邹家台门

十　鲁迅故里

十一　赵园

十二　沈园

十三　塔山

十四　翁云山房（章学诚故居）

十五　秋瑾故居

• 121 •

八　青藤书屋（徐渭宅园）

（1）背景资料

青藤书屋乃明代大文人徐渭（公元1521～1593年）的故居，位于绍兴市越城区前观巷大乘弄10号（见图3-46）。徐渭，字文长，号"青藤道人""天池山人"。"青藤书屋"原称"榴花书屋"。《嘉庆山阴县志》卷七载："榴花书屋在大云坊大乘庵之东，徐渭降生处"[1]。

青藤书屋初为徐家祖宅，园内青藤与多处景题、匾额和楹联等均出自徐渭之手。明嘉靖二十四年（公元1545年）其因家道中落、兄长辞世而变卖祖产[2]。明崇祯六年（公元1633年），山阴进士金兰以书屋为学舍，并建"徐文长先生故里"碑。明崇祯十七年（公元1644年），明末著名书画家陈洪绶迁居于此，命名"青藤书屋"。清顺治十一年（公元1654年），明代文学家王思任之女王端淑隐居于此[3]。后青藤书屋的主人仍有多次更替，园貌也发生了改变，如仲超曾将天池填塞实在[4]。清乾隆五十八年（公元1793年），陈氏家族陈永年买进青藤书屋后重葺，并与钱泳合作《陈氏重修青藤书屋记》碑帖以记。本次修葺并非简单翻新，而是以历史记载为依据不断尝试加强徐渭本人的印记[5]。至20世纪50年代，陈氏后人将青藤书屋捐献给人民政府，向广大人民群众开放游览。1963年公布为浙江省文物保护单位。"文化大革命"期间，青藤书屋遭到了很大的破坏。20世纪70年代末，政府采取保护措施，恢复文物摆设，辅以疏通天池、寻藤复植等工作，很大程度上复原了青藤书屋的旧貌。2006年与徐渭墓合并公布为国家级重点文物保护单位。

（2）总体布局

青藤书屋占地面积432平方米，是一座微型园林。其墙高近一丈，与四周民居隔断，以院墙为界形成了一套自成体系的空间[6]。整体布局呈东园西宅的结构，入口即东花园，西部为主体建筑（南书房、北卧房）及其前后两院（见图3-47）。主体建筑坐北朝南，南有以方池青藤为主的小院，是全园造景和意境表达的中心。各个空间的形态、质地有异，使游览者有不同的游观体验。

1）入口东花园

入园门即是东园（见图3-48），面积约300平方米，场地开阔。一条卵石小路连接园门和主体建筑入口，在三株石榴的掩映下有曲径通幽之感。小路将东园划分为南北两部分：北部稍大，种植翠竹百竿，并有桂花、银杏、石榴各一株，树荫之下增添了石几坐凳，东北角有石笋镶隅；南侧为一眼小井、二株石榴及葡萄架。园之西侧倚靠主体建筑东墙形成东园核心景观"自在岩"，其借壁叠石成景，石间植有灌木，墙壁上有徐渭手书的"自在岩"砖雕额题。给如此小体量之假山冠以"自在"二字，可见主人的一份闲云野鹤、"与石为伍"之心[7]。"自在岩"旁植有几株芭蕉镶隅，成为东园与主体建筑的过渡。园内水井、石榴、"自在岩"、芭蕉等几处小景的安置使得东园空间竖向上景物层次丰富，变化多端。

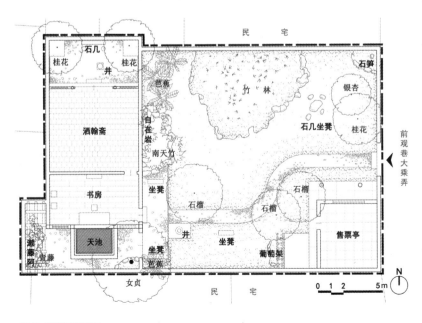

图3-47　青藤书屋平面图
（图片来源：张畅、张蕊 绘）

图3-48 "乐园"及"白云岩"
（图片来源：张燕 摄）

2）建筑前院（南院）

从入口行至卵石小路终点，一面月洞门（见图3-49）框出了这个小院的精华所在，块石、古木、方池、窗格、古藤前后富有层次地呈现，每个元素都露而不全，想让人一探究竟。月洞门上方题有"天汉分源"四字，传说也是徐渭亲笔。"天汉"古指银河，"分源"像是在宣告仙界和凡尘的分野[8]。

前院入口边有一棵树龄高达两百多年的女贞，枝叶繁茂。院子正中为天池，是明末以前江南地区盛行的"方池"做法[9]。天池池面约6平方米，三面环筑石栏，一面背靠建筑，《陈氏重修青藤书屋记》称"池虽小而通泉，不竭不溢"，可见方池之水乃是活水。建筑基部下方有一石柱连接池底，柱上刻有"砥柱中流"（见图3-50），亦是徐渭之笔，似乎暗示了他励志国家栋梁的高尚品格以及艰难却坚强的人生[7]，将胸中豪情全然流露，颇有气势。晴空之下云彩、树木、建筑的倒影都被囊于这方水池之中，时不时还有水光闪烁、迷人双目，观感恰如柱上对联所书："一池金玉如如化，满眼青黄色色真"。方池虽小，但延展了整个宅园的意境，让人触景生情，流连忘返。位于前院最深处的墙壁镌"漱藤阿"额题（见图3-51），

前有青藤扎根于石头垒起的小坡之中，枝干虬曲。现青藤虽非原物，但苍劲有力的青藤依然昭示着徐渭在逆境中坚韧不拔的精神，仿佛徐渭本人的物化，向来宾招手示意[7]，青藤在这片土地上始终焕发着强大的生命力。相较东园，前院的空间布局更为紧凑，极具空间序列之感，面积不过21平方米，但以咫尺空间带动了视线的变化。从"天汉分源"月洞门到"天池"再到"漱藤阿"，视线由仰到俯，再由俯到仰，在竖向上做足了文章。而且南侧院墙并不与方池平行，而是呈渐收的趋势，因此在月洞门外向里望时会感觉到比实际更深的空间效果。

院中主体建筑占地面积约为73平方米，坐北朝南，名"洒翰斋"，屋顶为硬山式。建筑分为南北两室，南侧原为书房（见图3-52），北侧原为卧房。南室书房内陈设明式家具、徐渭画像、"青藤书屋"匾、对联、文房四宝；北室陈列徐渭作品及地方史料等。

建筑装修追求简洁自然，南面有隔扇立于石框上，石框与天池的石栏在材质和形状上相近，强化了建筑与水元素的契合度。建筑前、后各有小院，分别为南北两室服务，形成配套组合。南室透窗可见方池，北室开门正对后院。

3）建筑后院（北院）

后院面积为27平方米，布局规则，风格简约。正对台阶有一张石几，东西两侧对植两株亭亭如盖的桂花。地面沿墙一周有宽10厘米的排水明沟[10]。站在院中向东仰望，可以看到东花园高出院墙的竹丛，清新幽雅，市隐理想不言而喻。后院中部偏东侧设一口古井，打破了对称的格局。

建筑的南北两个小院都有水景，但是形式迥异，南部是清澈见底的方池，北部是深不可测的水井，尽管两院面积相近，但不同的水景做法使两院形成鲜明对比。两院的明暗效果相差甚大，一是因为南北面接收自然光线的量有不同，二是因为两院的造景不同。南部空间开敞，植物占边把脚，中心的方池得以反射天光使空间更加明亮；北部桂荫如盖，仅有白墙可以反射微弱光线。南北两院所形成的光线变化，符合南书房、北卧房的建筑功能需求，亦可以产生由旷到奥，由明见暗的空间变化，方寸之间见园林体验之变化丰富。

（3）造园意匠

青藤书屋的可视景观与表意的题景、匾额和楹联相辅相成。中国园林是"景面文心"的园林，景可以悦目，文可以赏心，通过迁想妙得的过程，达到"物我交融""托物言志"[11]。文人骚客把人生态度和对事物的理解转化为个性化文字点染于园内，因此书屋不只是单纯的造景，而是凝聚了园主精神性格的景观。如："天汉分源"划分东园与前院，也象征着"仙境"与"人间"的分隔，暗示了徐渭对清净纯洁境界的追求；方池中支撑建筑的石柱名"砥柱中流"，形象化了动荡环境中不畏艰难的胸怀与魄力，表达出园主励志国家栋梁的高尚品格。"漱藤阿"偏居前院一隅，青藤枝干遒劲盘曲，正是徐渭不朽的精神人格的写照。

明代文人推动园林的建设，园林则为文人的交往活动提供了场所。徐渭从出生到青年时期都生活在青藤书屋，楹联"花香满座客对酒，灯影隔帘人读书"再现了园主的行为活动。由于青藤书屋已成为后世文人的追怀之地，历代文人也相继在青藤书屋留下了许多诗词歌咏，如陈洪绶的《扫除青藤书屋有感》[12]，王端淑的《青藤为风雨所拔歌》[13]。陈氏不仅将青藤书屋完成修缮，还以书屋为资源结交文人，举办诗歌征集活动[14]，也使得青藤书屋愈加声名远扬。几百年来，前往青藤书屋追思感怀的人络绎不绝，进一步丰富了它的文化内涵。至近代，郭沫若和邓拓等文人也前来参观过青藤书屋，并对此赞赏不绝。中国著名风景园林学教育家孟兆祯先生给青藤书屋以这样的高度评价：

"这仅是一所民居，借景如此精到，深印我心而永志不忘，不仅触动了我情感，而且犹如清风朗月熏陶我以终生"[7]。

参考文献：

[1] （清）徐元梅修；（清）朱文翰等纂. 嘉庆山阴县志[M]. 上海：上海书店出版社，1993；117.
[2] （明）徐渭. 徐渭集 第二版[M]. 北京：中华书局，1999.
[3] 郭玲. 王端淑研究[D]. 长沙：中南大学，2009.
[4] （清）李亨特总裁；平恕等修. 乾隆绍兴府志[M]. 清乾隆五十七年（1792年）刊本. 台湾：成文出版社影印本，1975.
[5] 林伟. 盛清时期绍兴地区古迹修复研究[D]. 上海：华东师范大学，2016.
[6] 徐璐，贾珊. 物化与心境：明清江南文人的书斋[J]. 装饰，2017（03）：40-53.
[7] 孟兆祯. 园衍[M]. 北京：中国建筑工业出版社，2012；53.
[8] 孟兆祯. 山水城市知行合一浅论[J]. 风景园林，2011（06）：23-30.
[9] 顾凯. 中国古典园林史上的方池欣赏：以明代江南园林为例[J]. 建筑师，2010（03）：44-51.
[10] 张斌，王欣，陈波. 浅议青藤书屋的理景艺术[J]. 农业科技与信息（现代园林），2010（11）：17.
[11] 张蕊. 退思园造园理法浅析[J]. 中国园林，2017，33（05）：123.
[12] 樊烨. 陈洪绶生平事迹考[D]. 杭州：浙江大学，2017.
[13] （明）王端淑辑. 名媛诗纬雅集[M]. 江苏：江苏广陵古籍刻印社，1979.
[14] （清）潘奕隽. 三松堂集[M]. 清嘉庆刻本，1803.

图3-49　月洞门
（图片来源：张蕊 摄）

图3-50 "砥柱中流"石柱　图3-52 南室书房
　　（图片来源：张蕊 摄）　　　　（图片来源：魏乐妮 摄）

图3-51 南院天池与"漱藤阿"
　　（图片来源：张蕊 摄）

（1）背景资料

邹家台门位于绍兴市越城区塔山街道百草园社区若耶溪28号（见图3-46）。最初在绍兴那些名门望族所建的大规模住宅的头门称为"台门"[1]，后来，由于台门的重要性和表征性，这种对"门"的称谓逐渐演变成对绍兴当地民居形式的称呼[2]。邹家台门属于清代私家宅园。

根据《绍兴晚报》[3]记载，学者查志明在《邹家台门纪事》一文中曾记载道："邹家台门原为绍兴掠斜溪（民国后改称若耶溪）余氏私家花园，光绪三十年（公元1904年）由我曾外祖父邹洛舫买下。曾外祖父生于咸丰五年（公元1855年），生前在湖北、四川等地做师爷。"1984年绍兴市文物管理处对全市地上文物进行大普查，将邹家台门定为文物保护点，挂牌"余家花园"。1999年10月，绍兴市文物管理局再次确认"余家花园"为市级文物保护点。2002年，"余家花园"更名为"邹家台门"，竖立保护石碑，并被绍兴市人民政府列为市级文物保护单位。

（2）总体布局

邹家台门（邹家宅园）属前宅后园的紧凑型宅园布局形式（见图3-53）。门朝北，入门后是一长约4.8米，宽约3.6米的小天井，过天井是一个三进深的单开间建筑，据《绍兴文物志》[4]记载应当是客厅，通面阔4.88米，通进深9.2米。客厅西侧是邹家台门的主体建筑，坐北朝南，两层三间三进深的楼屋，通面阔11.48米，通进深11米（见图3-54）。楼屋北面有前院，一隅翠竹绕墙，庭中丹桂飘香，尽显幽静之美。

楼屋南面是邹家台门的核心之景，即后花园。后花园的设计可谓小中见大，方寸之地却能营造出丰富的游园体验。后花园被一道园墙分成内、外两个花园。外园是入园后的主要观赏面（见图3-55），园中挖有一泓水池，池周山石驳岸高低参差错落，水池偏西一侧有三曲平桥横于水面，桥北端连接楼屋前的场地，南边直抵一假山洞，此洞可通往内园。外园的东西两面各有厢房，东厢房南侧有门，跨门而入连接一段贴壁走廊，廊北侧靠墙，南侧临池。不知不觉间便已抵达内园，恍若别有洞天。内园（见图3-56）中立水榭，窗棂、落地照等，装修讲究。水榭东侧临池，池岸用假山石垒砌，池水与外园的池水从走廊下相通。水榭南、北各有天井，北部天井较小，其东侧走廊和西侧假山洞口均可沟通内、外两园。

（3）园林特色

邹家花园具有典型的绍兴台门建筑院落特点，也是绍兴市区尚存为数不多的清代台门之一。其建筑规整，做工精细，粉墙黛瓦，池台掩映，亭榭错落，是极具江南民居与园林趣味的典型，对于研究绍兴地区晚清宅园具有重要的价值。

其水池虽小却变化多端。就水体驳岸而言，周围山石驳岸变化丰富，其东北角又有石阶入水，让人想起绍兴城内水岸的生活场景。就水体空间处理而言，整体水面由照墙和贴壁走廊分隔为内外水面，外水面又有三曲桥进行分隔，"疏水若为无尽，断处通桥"（《园冶·立基》），让小小的水面呈现出不同的空间韵味。

花园的假山采用当地石材，布置上也多有考究。整个花园一共有三组假山。第一组是外部花园在东北角入口正对的方向布置的石组，这样的镶隅处理既是入口的对景又是对园内的障景。第二组是主体假山，位于外园水池的西南部，以照墙为背景，仿佛是一组贴壁假山，但跨桥近观，竟是一条通往内园的山洞，饶有芥子纳须弥之意味。第三组假山是内园水面东侧的一组山石，其巧妙之处是它与北部山墙的结合，作为东厢房入内园的对景，既起到引导交通的作用，又很好地做到了从建筑到自然的过渡。

该园的交通处理亦是邹家宅园设计的亮点。从西侧山洞和东侧厢房两条通道连接内外两园，方寸之地，营造出建筑走廊、山石洞穴两条截然不同的路径，足见设计者之巧思。

参考文献：

[1] 林挺. 乌瓦粉墙忆江南 绍兴台门建筑[J]. 室内设计与装修，2012（06）：122-125.
[2] 倪书雯，于文波. 绍兴台门传统街区的继承思路[J]. 新建筑，2010（03）：30-34.
[3] 绍兴晚报数字报2017年02月16日 第19版. http://epaper.sxnews.cn/sxwb/html/2017-02/16/content_19_6.htm.
[4] 绍兴文物管理局. 绍兴文物志[M]. 北京：中华书局，2006：162.

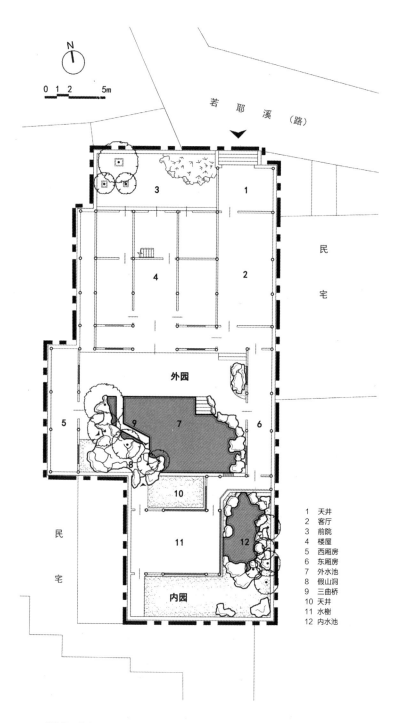

N

0 1 2 5m

若 耶 溪 （路）

民
宅

外园

内园

1
3
2
4
5 9 7 6
8
10
11
12

1 天井
2 客厅
3 前院
4 楼屋
5 西厢房
6 东厢房
7 外水池
8 假山洞
9 三曲桥
10 天井
11 水榭
12 内水池

民
宅

图3-53 邹家宅园平面图
（图片来源：张蕊、张畅 绘）

图3-54　邹家宅园-楼屋及外花园
　　　（图片来源：张蕊 摄）

图3-55　邹家宅园-外花园
　　　（图片来源：张蕊 摄）

图3-56　邹家宅园-内花园
　　（图片来源：张蕊 摄）

~~~~~~~~~~~~~~~~

　　鲁迅故居、三味书屋和鲁迅祖居均位于绍兴古城的
中部，西临解放南路，北至咸欢河沿，东抵中兴南路，
南接鲁迅中路（见图3-46）；属于鲁迅故里历史文化街区
的核心部分。其中有鲁迅故居（周家新台门内）、鲁迅祖
居（周家老台门）、三味书屋（寿家台门）等与鲁迅青少
年时期生活息息相关的历史遗存，其中有全国重点文物保
护单位1处，市级文物保护单位1处，市级文保点6处[1]，是
一批具有一定规模的绍兴传统台门建筑群；并有鲁迅中
路张马河（鲁迅河）与咸欢河两条河流分别位于街区南
北两侧，成为代表绍兴水乡传统街区风貌的典型案例（见
图3-57）。

　　清乾隆十九年（公元1754年），福彭桥的周家始祖
周绍鹏因家业发展的需要购进了周家老台门（即鲁迅祖
居），后又出资进行修建，使它成为一座具有绍兴特色的
完整的台门建筑。后来由于子孙的繁衍，祖居容纳不了
这么多人，周绍鹏的儿子周渭又在老台门的对面和西面
造起了过桥台门和周家新台门[2]。周家新台门始建于清代
嘉庆年间，当时周家新台门是十来户周氏族人共同聚居
的深院巨宅，坐北朝南，面积将近4000平方米，百草园也
在新台门后面。

　　清光绪七年（公元1881年）鲁迅在这里出生，直到
清光绪二十四年（公元1898年）鲁迅前往南京上学，才第
一次离开这个生活了18年的地方，鲁迅的整个童年、少
年都在此度过，此后回故乡任教也基本上居住于此。清
末，周氏一族没落，民国七年（公元1918年）族人将这群

屋宇连同屋后的百草园卖给了当地富商朱阆仙[3]。房屋易主后，鲁迅故居的大部分建筑均被拆除，尚存周家新台门西侧的第四进楼屋两间和第五进平屋三间，所幸正是鲁迅故居的核心部分[4]。中华人民共和国成立后，对鲁迅故居进行了多次的修缮与保护，周家新台门西侧鲁迅故居部分已基本恢复旧观，现按原样陈列；东侧建筑群是2003年根据周氏亲友回忆所重建。

鲁迅祖居即周家老台门，系鲁迅祖上世居之宅。在鲁迅故居以东约100米处，坐北朝南，为清代建筑。

三味书屋（寿家台门内）与鲁迅祖居隔河相对，本是寿氏书房，后改为私塾，是清末绍兴城内有名的私塾。塾师寿怀鉴（公元1849～1930年），字镜吾，是极方正质朴博学之人。鲁迅12岁至17岁时在此入塾，打下了良好坚实的文学基础。三味书屋系清代建筑，是寿家台门的东厢房。

（1）鲁迅故居

如今的周家新台门有东中西三部分，东侧属于仿照鲁迅祖居新建的三进台门式建筑。最西侧坐北朝南，前后四进的院落才是鲁迅故居部分，占地约660平方米。第一进院落为"桂花明堂"小院，明堂是绍兴院子的俗称，因院中原种有茂盛

的桂花树而得名。小院北侧即为清宣统二年（公元1910年）鲁迅返回故乡后居住的卧室。其后天井北侧是一座两间两层的楼屋，是鲁迅及家人居住的地方，建筑体量较大（见图3-58）。楼下东首"小堂前"是鲁迅家人吃饭会客之处，其北面后半间是鲁迅母亲鲁瑞的卧室，楼下西首一间是鲁迅祖母蒋氏的卧室，楼上有当年鲁迅与原配夫人朱安的新房。楼屋北侧的天井在东侧高墙前布置石砌花池，点以种植和山石，格外精致美观（见图3-59）。后进曾是鲁迅家的厨房，俗称"灶间"。厨房北首隔一狭小的天井有三间平房[3]为考证后修复，西侧一间为家中堆放杂物所用，中部一间为通往百草园的过道。百草园在故居北面，占地约1400平方米，本为周氏族人共有菜园。有大园和小园各一，南面园大，北面园小，大园西边有矮墙一堵为故物[5]（见图3-60）。

（2）鲁迅祖居

鲁迅祖居即周家老台门，系鲁迅祖上世居之宅。始建于乾隆年间，宅为坐北朝南的清代砖木结构建筑，占地约2400平方米[5]。平面布局呈"目"字形。中轴线四进建筑与东西两侧厢楼之间筑有高墙（见图3-61），体现出封建礼教之森严[2]。

中轴线上的建筑共四进，依次

是门厅、大厅、香火堂、座楼，中间天井以青石板铺地。第一进门厅俗称台门斗，上悬"翰林"匾额；第二进大厅"德寿堂"（见图3-62），五开间，明次间通间，是家族用以举行重大喜庆或祭祀活动之处，陈设庄严[2]；第三进香火堂（见图3-63），亦五开间，明为厅堂，上悬"德祇永馨"匾，西次间为书房、西梢间为卧室，东次间为佛堂、东梢间为餐厅；第四进座楼，原为周家人主要的生活住宅区，座楼五开间，右侧三开间与前进院落中轴对称，中间是后堂前，后堂前东侧是琴室，西侧从西到东依次是沐浴房、绣房、闺房。祖居东厢楼九间，西厢楼七间，为晚辈、杂佣人员住处，布置均按原状陈列。

（3）三味书屋（寿家台门）

寿家台门是鲁迅的私塾老师寿镜吾及家人世代居住的地方，寿家台门原有2000多平方米，清代建筑，经恢复约700多平方米，如今的寿家台门由门厅、厅堂、座楼、平屋与厢房等组成。主厅堂思仁堂（见图3-64），三开间；其后进座楼（见图3-65）亦三开间，明间为小堂前，东西次间分别为书房"三余斋"和卧室。东厢房为三味书屋，至今保存完好，塾师寿镜吾在此授课约60年。

三味书屋（见图3-66），坐东朝西，平屋，三开间。明间额悬"三味书屋"匾，金柱配联"至乐无声唯孝悌，太羹有味是诗书"，均由梁同书书丹[5]。书屋中间设塾师寿镜吾座位，周围沿墙处及窗口均设学生课桌。鲁迅课桌位于书屋东北角，桌面右角刻有"早"字，是幼年鲁迅刻以自勉之作。屋后（东侧）有一小园，植有蜡梅、桂花及南天竹等，为鲁迅与同学课余嬉戏之处。

参考文献：

[1] 《绍兴城市地图集》编纂委员会编著. 绍兴城市地图集[M]. 北京：中国地图出版社，2019：34.
[2] 绍兴市文物管理局编. 绍兴名人故居[M]. 北京：文物出版社，2004：107-109，111.
[3] 任桂全等. 古城绍兴[M]. 杭州：浙江人民出版社，1984：80，81.
[4] 绍兴市社会科学界联合会，绍兴市社会科学院编；陈岩丛书主编. 绍兴名胜丛谈[M]. 宁波：宁波出版社，2012：31.
[5] 绍兴文物管理局编，绍兴文物志[M]. 北京：中华书局，2006：60.

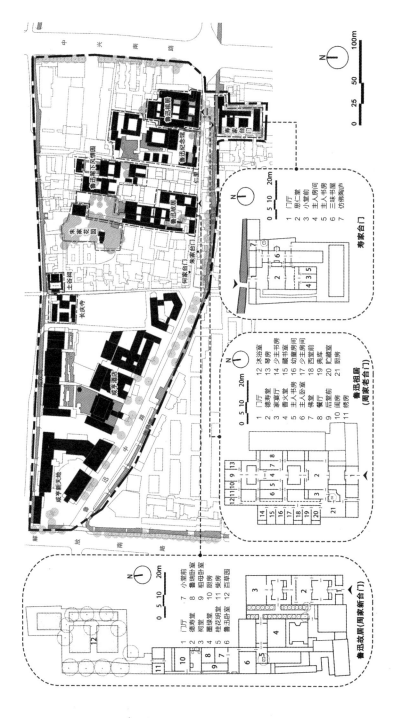

图3-57　鲁迅故里及主要建筑群平面布局图
（图片来源：张恣、刘昕漾、张畅 绘）

寿家台门

N
0 5 10 20m

1　门厅
2　思仁堂
3　小堂前
4　主人房间
5　主人书屋
6　三味书屋
7　仿佛陶户

鲁迅祖居
（周家老台门）

N
0 5 10 20m

1　门厅
2　德寿堂
3　家豪厅
4　香火堂
5　主人卧室
6　主人卧室
7　少主卧室
8　餐厅
9　后堂前
10　闺房
11　绣房
12　沐浴室
13　琴房
14　少主书房
15　藏书室
16　幼童房间
17　少主房间
18　西膳室
19　夹库
20　贮藏室
21　厨房

鲁迅故居（周家新台门）

N
0 5 10 20m

1　门厅
2　德寿堂
3　祠堂
4　墨绿堂
5　桂花明堂
6　鲁迅卧室
7　小堂前
8　鲁瑞卧室
9　祖母卧室
10　厨房
11　柴房
12　百草园

· 139 ·

图3-58　鲁迅故居楼屋
　　　　（图片来源：张蕊 摄）

图3-59　天井　　　　　　　　图3-60　百草园
　　　　（图片来源：张蕊 摄）　　　　　（图片来源：张蕊 摄）

图3-61　西侧天井　　　　　　图3-62　德寿堂
　　　　（图片来源：张蕊 摄）　　　　　（图片来源：张蕊 摄）

图3-63　香火堂天井
（图片来源：张蕊 摄）

图3-64　思仁堂　　　　　图3-65　寿家台门座楼
（图片来源：张蕊 摄）　　　（图片来源：张蕊 摄）

图3-66　三味书屋
（图片来源：张蕊 摄）　　　　　·141·

（1）背景资料

赵园位于绍兴市越城区人民中路418号（见图3-46），现为绍兴儿童公园。系清乾隆年间（公元1736～1795年）会稽人赵焯所建别业。赵焯，号省园，故园林又称"省园"。园内景象蔚为大观，为越中名园之一，县志称其"自宋时沈园而后，越城胜境，以此为最[1]。

赵园原占地二十余亩，园中旧有晴翠楼、荇溪、听跃桥、柳矶、荷池、月台、天香居、竹坡、厢廊、香野亭、松寿轩、梅屿等十二处风景建筑。这些池馆亭榭、山石花木，高低起伏、曲折环抱，各臻其妙，蒋士铨为之记，称其"芰荷之盛，遂甲于郡治各墅"（《省园记》）。清咸丰年间（公元1851～1861年）毁于大火，自此园渐荒废。民国十八年（公元1929年）前后，赵氏族人将园内古树名木砍伐出售，又在民国二十一年（公元1932年）将此园售与金汤侯。金汤侯购得此园后曾作修整，并改名为"半农园"，俗称金家花园。1951年捐于人民政府，辟作人民公园，后改为儿童公园[1]，并向东扩建三四十亩（见图3-67）。赵而昌在《绍兴赵园》[2]一文中写到：赵园现为绍兴儿童公园游乐场的一部分，园不甚大，但台榭陂池，山石花木，曲折环抱，引人入胜……

（2）布局考证

根据清代蒋士铨《省园记》记载，赵园布局因水而胜，清代园林内外两池交相辉映，外池小而内池大。园内划分四区，采用环游式布局，两池周围亭桥台榭，深秘奥远。内池大而清澈，为园林中部留出了通透开敞的空间，避免面积狭小带来的压抑感和杂乱感，以小见大。池边曲径回环，假山形态各异、随势而安，行走其间可动观空间之变幻，达到步移景异的效果。

（3）造园特色

古代赵园山石堆叠样式丰富，石材形态多样，《省园记》载"如云如菌，如笋，如枯槎，如鸥蹲兽伏"，且依据地势掇山置石，俯仰坐卧姿态各异，有"卧者、立者、倚者、交藉者、斜骞者、负抱撑架者、厂（敞）者、豁者。"如今儿童公园西部水畔现存的假山与园记符合度较高，池南池北各有一座假山，北部较大而南部较小，隔水面与柳荷轩遥遥相望（见图3-68）。沿狭窄的蹬道步上假山可眺望湖面。池岸周围散布着形态各异的置石，与植物、建筑、水系相配合，各成佳景，山林野趣十足（见图3-69）。

赵园以水面为核心展开布局。古代赵园之水引自若耶溪，水面开敞，水量充沛。园内有两处水池，内池为外池的十倍大，池水以桥相连。园内亭桥台榭依水布局，或实或虚，巧妙的布局使之与池产生多种不同的联系，赏景角度多样：如寡过楼上俯瞰、浮青榭前近观。水面跨桥以划分空间，"北出高桥如垂虹。桥上冠飞榭，曰听跃，俯截池

水，分东西"（《省园记》）。园内植物以内外两池所种荷花最负盛名，孙子九《秋日过赵氏省园》诗曰"水引耶溪曲曲凉，秋池可有白莲香[3]"。此外，也不乏牡丹修竹、杂树繁花，以彰园主人的淡泊心境与高雅志趣。

综上可知，清代时期的赵园布局大开大合，不同于当时苏州园林的精雕细琢，赵园风格浑厚古朴，极具越地特色。以两处水面格局为基底，园内景点以水为脉络有序排布，建筑或近水、或远水、或置入水中，漫步水边可以清晰地体会到建筑布局的节奏与韵律。园中多次运用对比手法，大水面与小水面的对比、假山与置石的对比以及园内整体空间疏密的对比等；又运用整体性极强的景观序列将其串联统一，种种精巧的构思无不体现出园主人极高的审美意趣。

143

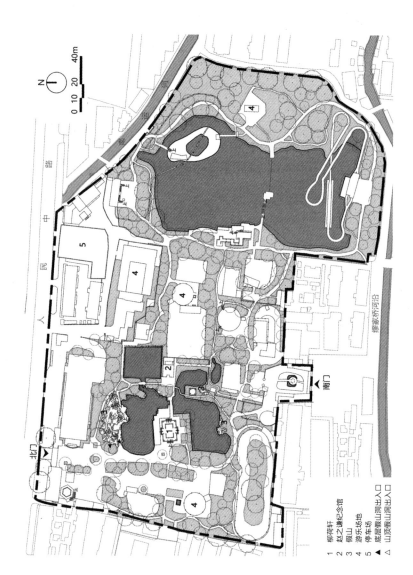

1 柳荷轩
2 赵之谦纪念馆
3 假山
4 游乐场地
5 停车场
▲ 底层假山洞出入口
△ 山顶假山洞出入口

图3-67 揽园（儿童公园）现状平面图
（图片来源：刘昕瑾、张思琦、张蕊 绘）

· 144 ·

图3-68　赵园假山现状
　　（图片来源：陈语盈　摄）

图3-69　赵园湖景现状
　　（图片来源：陈语盈　摄）　　　　　· 145 ·

附：

《省园记》[4]

清　蒋士铨

省园，在兴福桥南，乃鹤崂居士手筑别业也。素扉阒寂、扃钥维谨。其中池馆亭榭，深秘奥远，门外人不知也。园中池分内外，外池仅以亩，内池十倍之，修廊花岸，界划分四区，而芰荷之盛，遂甲于郡治各墅焉。入门水轩十笏，横榜园额，南窗之下溶溶然，即外池。循西岸而南，曰寡过楼，楼东月台可登，下辟户如镜曰问源。俯瞰内池，与文昌阁对峙，池西琐廊曲抱，中突小榭曰浮青。由榭后稍南，则秀皋之堂在焉。堂上为文昌阁。天窗四启，群岫环拱，万象横几席。阁南北跨，池阁后飞轩虚敞，芙蕖蔽明。镜轩西、出绣湾，折南为狎鸥亭。亭面东再striped，则山石参错，如云如菌，如笋，如枯槎，如鸥蹲兽伏，历落花竹间，逶迤绕南岸，旁穿石罅而东入深竹。竹尽一亭，曰舸亭，杂花怒生，秋英夹篱径。稍西又一亭，曰秀野亭。亭前石梁三曲，偃卧藕花千柄间，红衣翠盖，承履下过桥，长廊横亘。廊西接秀皋东庑，庑东北隅小亭曰小濠梁，殊可憩。廊东入雒春堂。东向小苑花台，植牡丹。北出高桥如垂虹。桥上冠飞榭，曰听跃，俯截池水，分东西。画船箫鼓，隐然贯其下，榭之北接长廊。廊再横而东，画壁十丈，倒影东池内。循画壁及西折而北，则鹤林小阁隐丛石中。西沿池岸叠石为陂陀。卧者、立者、倚者、交藉者、斜骞者、负抱撑架者、厂者、豁者、群芳杂树、高下断续，随其势而安焉。再西则寡过楼，盖秀皋堂隔水之北岸也。居士旷怀远度，寡嗜好，凡世俗可乐为者皆厌之。观其祀文昌，期寡过志趣，可知也。居恒携公子冠儒读书园中。冠儒性复诚谨，无少年习气。暇则博引史事，承亲欢，佳辰良宴，偕素心数辈，张丝竹啸咏以销寒暑，视人世一切富贵泊如也。于嘻，居士于古人遗荣乐志之旨，有深契矣，可勿识乎？省园，俗称赵园。从居士之姓，犹古人之称沈园耳。是为记。

参考文献：

[1]　绍兴县地方志编纂委员会编. 绍兴县志[M]. 北京：
　　　中华书局，1999；1767.

[2]　赵而昌. 赵之谦著作与研究：赵而昌先生遗文集
　　　[M]. 杭州：西泠印社出版社，2007：75.

[3]　顾国华编. 文坛杂忆　全编 4[M]. 上海：上海书
　　　店，2015：254-255.

[4]　（清）沈元泰等撰. 道光会稽县志稿·卷二十四 绍
　　　兴王氏钞本[M]. 台湾：成文出版社，1983：935-
　　　936.

（1）背景资料

沈园位于绍兴市越城区鲁迅中路318号（见图3-46）。沈园始建于南宋期间，初建时面积约70余亩[1]。据清《乾隆绍兴府志》引《旧志》云："在府城画遵寺南会稽地，宋时池台极盛[2]"，相传沈园为宋时越中著名私家花园，后因陆游与唐琬凄惨的爱情故事而流芳于世。《越中杂识》载："沈氏园，在东郭门内禹迹寺南。陆放翁娶唐闳女，于其母为姑侄，伉俪相得而不获于姑，不得已出之，则为别馆往焉。姑知而掩之，遂绝。春日出游，相遇于此园，唐遣婢致酒肴，放翁怅然，赋《钗头凤》词题园壁，实绍兴乙亥也"[3]。据说自与唐琬重逢后，陆游多次至园中凭吊。南宋绍熙三年（公元1192年），其重返沈园并作《沈园》二首，留下不朽名句："城上斜阳画角哀，沈园非复旧池台。伤心桥下春波绿，曾是惊鸿照影来"。南宋嘉定二年（公元1209年），84岁的陆游再游沈园，作《春游》一绝："沈家园里花如锦，半是当年识放翁。也信美人终作土，不堪幽梦太匆匆"[4]。如今，学术界对《钗头凤》所提处存有争议，如曹汛考证称：陆游的《钗头凤》写的不是绍兴沈园，而是成都张氏私园；且认为南宋时的沈园与如今城内的沈园不是同一个地方[5]。但目前主流大众依然认为沈园始建于南宋，且为《钗头凤》中爱情故事发生之地，其历史真相尚待进一步考证。

沈园历经沧桑变故，陆游在世时园已三易其主[6]。其后百年又数次辗转，曾更名"许氏园"，至清代康雍年间复为沈氏——沈楶元所得，并重修沈园，清《沈氏园图》[7]绘制的应当是当时的沈园。

中华人民共和国成立前夕，沈园仅存4.6亩，留有葫芦池、假山等故园一隅。中华人民共和国成立后，郭沫若先生于1962年游历沈园，见园景荒凉不堪而心生感怀，作《钗头凤》一阕描写园中残景，并题写门额"沈氏园"。1963年沈园被确定为浙江省文物保护单位。

20世纪80年代中期，文物部门对沈园旧址进行考古勘探，发现六朝水井、唐宋建筑遗构、明代水池湖石等遗迹。潘谷西先生根据考古挖掘，认为清代沈园的相当部分属于规划设想而非真实，也证实了该地宋时确实为一园林，且水面大于明清[8]。1987年利用旧址以古迹主题首次进行沈园规划扩建；1994年在北端以陆游诗意主题规划扩建成诗境园；2001年在东端、南端，分别以爱情、爱国主题扩建东苑、南苑[6]，最终呈现为如今的面貌。

（2）总体布局

1）古代沈园

目前笔者所能考证清代沈园形象的图纸，见于魏仲华、徐冰若于1986年出版的《绍兴》一书中引用的清代《沈氏园图》[7]（见图3-70）。根据李敬佑在《绍兴日报》发表的《沈园前世考》一文的记载，这张《沈氏园图》绘制于清乾隆年间[9]。同时童寯《江南园林志》收录了南京工学院沈国尧于1980年绘制的绍兴沈园平面手稿[10]（见图3-71），这张图内容与清《沈氏园图》基本一致。

从清代《沈氏园图》可以看出沈园占地东起杨下街、北枕木莲巷（近禹迹寺）、西至春波桥以北的里街射圃、南临街衢与义园相邻，园地方正。沈氏园东宅西园，浚池辟溪，设假山飞瀑，建方轩飞阁，植林木花卉，造成一个以山水为主题的园林。全园景区以水域划分，大体由东、中、西三个部分组成。东部以住宅与"荷花池"（又称"葫芦池"）为主，东首住宅是规整的台门式建筑；中部水池，池上设以"卍"字形的飞阁，四周布置假山花木楼台；西部沿溪叠假山土阜，体现自然山水田园风光。各区布景，主题突出，层次分明，景观多变。

东部台门建筑坐北朝南，共四进，第一进门厅朝东，其后便是天井，后续从南向北依次为坐北朝南的正厅、明德堂和座楼，各进建筑之间均有明堂天井相隔。正厅三开间，左右各有厅房；明德堂三开间，左右亦有堂房，天井两侧各有东西厢房；后进座楼为五开间，座楼后是竹园。明德堂之西即为荷花池，形若葫芦，俗称"葫芦池"，池上架三曲平桥。葫芦池南筑有堂屋五间，其后是一带竹林。沈园现存部分即是在东部基础上修建而成，1986年出版的《绍兴》一书中留有当时"葫芦池"旧照，碧水依然，石桥如旧[7]。

中部现已不复，但据考证表明，此处景观与《沈氏园图》所记正相仿佛[7]。以水池为中心，一片桂花林将水池隔成南北两部分——北部隔出长方形鱼池；南池较大，类似正方形，在池中建飞阁，并通过"卍"形桥梁，与东南西北相沟通，起到将四周园景逐步展开的组织作用。北面长方形鱼池，三面建有楼阁，名"迎风""得月""双桂"，环境幽静，足见主人之风雅。西北角遍植有各类花卉果木，万紫千红中立一牡丹亭可赏群芳争艳。

西部景区区别于中部和东部的人工营造，尽显一派田园野趣，面积约占全园二分之一。其中溪流曲折，沿溪又筑山并植以果树，于山间水畔布置田地，间以茂林修竹、桃林夹岸，颇具山野氛围。

纵观沈氏古园，布局各有侧重，聚散各有分寸，疏密各有所体，层次丰富、构思精到、布局完整、主题鲜明[7]。

2）当代沈园

现在的沈园经设计和扩建后总面积约2.68公顷，由诗境园、古迹区、东苑和南苑四个部分组成（见图3-72）。诗境园位于北侧入口附近与古迹区相隔一荷池。古迹区保存了较多的古代遗迹，为全园的核心苑区；南苑为新开辟的陆游纪念园景区，二者仅一墙之隔；东苑为以陆、唐的爱情故事为主题重新规划设计的景区，与南苑和古迹区之间被洋河弄相隔。

诗境园属于沈园北入口景园，入园正对"诗境"石（见图3-73），既是入口的对景，又是该园的主景。该石被其东、南方向的长廊环绕，廊之西南端设一水榭名"问梅槛"；石之西面修竹环绕，形成东侧长廊西侧茂林修竹的围合空间。荷池作为诗境园与古迹区的过渡，"问梅槛"南侧的半岛亦将荷池水面划分成南北两个区域。

古迹区围绕核心建筑孤鹤轩展开布局，北侧临荷池，周围布置冷翠亭、石桥和六朝井亭等点景建筑；东有葫芦池（见图3-74）、如故亭和双桂堂，双桂堂是两进的独立小院，四周围以环廊；南有明代水池和宋代水井及与孤鹤轩中轴对称的遗物壁"钗头凤碑"（见图3-75），壁上镶有陆游、唐琬《钗头凤》各一阙；西侧用山石营造高地，山巅双亭"闲云亭"登高揽胜（见图3-76），其北侧假山瀑布曲水与荷池相通，假山北是两层楼屋"八咏楼"。该区域树木葱郁、花草掩映，呈现出一派自然风致。古迹区东门（见图3-77）临洋河弄，是之前沈园的主要出入口，有郭沫若题"沈氏园"门匾。出东门与古迹区一弄之隔即是东苑。

东苑是以爱情故事为主题设计的，中部水池，四周布置山石和建筑。池中有两座山体名为"吴山石""越山石"；池东北侧叠以假山，山巅筑双亭"相印亭"，并有拱廊桥"鹊桥"与其西侧岛屿相连，成为该景区的主要观赏点；水面西北有山石，中间立有"龛香石塔"，正西面是高台建筑"琴台"；水面南部是该区的主要建筑"广耜斋"，其南有琼瑶池和祈愿台。

南苑的主体是坐北朝南的两进建筑院落陆游纪念馆，第一进为安丰堂，第二进为务观堂，左右有连廊。院中东西各有"孤村夜雨"和"铁马冰河"两组雕塑，讲述着关于陆游的历史事迹。纪念馆东侧山水亭廊，花木掩映，如今已辟为舞台。

（3）造园特色

绍兴地处江南水乡，水网密布，千桥百街，从清代《沈氏园图》可以看出，古代沈园引北侧城内主河道之水，在园中形成南北向内河，河又被柳堤分隔成东西两半，其中西河向西北方向流入西部，营造山林溪流之景。东河向南盘曲，连通至葫芦池。园中水不仅有源有流，联结全园，更各有生动的形象和寓意。葫芦池形似葫芦，寓吉祥如意。内河弯曲狭长，形似龙身，盘伏园中。飞阁池上路成"卍"字，为佛教中"吉祥海云相"[11]。

现代沈园延续了古代沈园以水为心、因水分区的特色。四个部分皆以水为布局的核心，因循周围地势，依山水形势布置建筑，在有限的空间中营造出自然野趣之景，增添了园林意趣。另一方面，沈园植物种类丰富，四季有花，季相明显。大型乔木有松、香樟、柳等，小灌木有竹、梅、枫等。池中多植荷花，夏季观花春秋观叶。园中花木扶疏，蝶飞燕舞，梅影点点，垂柳依依，情系其中，堪称江南名园[12]。

现代沈园另一个突出成就即是以文为"魂"。如今的沈园之所以能流芳于世，与一则流传千年的爱情故事和两首催人泪下的《钗头凤》密不可分[12]。沈园不仅在《古今图书集成》园林篇中榜上有名，且几经沧桑依然有迹可循，正是不朽的文学因素，使沈园经久不衰。

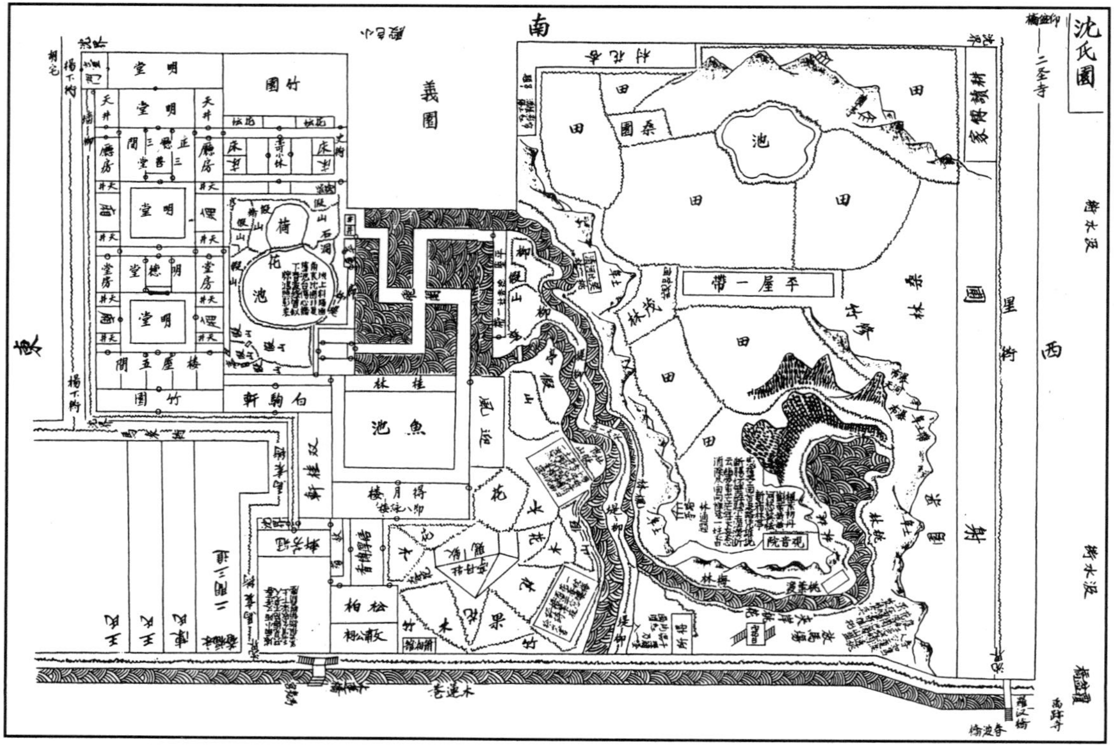

图3-70 清沈氏园图
（图片来源：魏仲华、徐冰若《绍兴》）

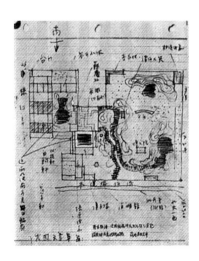

参考文献：

[1] 江俊美，丁少平．钟灵毓秀，越中奇葩——沈园的
造园特色分析[J]．福建建设科技，2008，22（2）：
18-21．

[2] （清）李亨特总裁；平恕等修．乾隆绍兴府志[M]．清
乾隆五十七年（1792年）刊本．台湾：成文出版社
影印本，1975．

[3] （清）悔堂老人著．越中杂识[M]．杭州：浙江人民
出版社，1983：158-159．

[4] 方华文著．中国园林 英汉对照[M]．合肥：安徽科
学技术出版社，2010：214．

[5] 曹汛．陆游《钗头凤》的错解和绍兴沈园的错定[J]．
中国典籍与文化，1993，1（2）：25-26．

[6] 绍兴文物管理局编．绍兴文物志[M]．北京：中华书
局，2006：160．

[7] 魏仲华，徐冰若主编．绍兴[M]．北京：中国建筑工
业出版社，1986：112-114．

[8] 朱光亚．沈园设计[J]．世界建筑导报，1995（02）：
27-28．

[9] 沈园前世考．绍兴日报2019年7月22日第07版．
http://epaper.sxnews.cn/sxrb/html/2019-07/22/
content_222577_1302704.htm．

[10] 童寯著．江南园林志 第2版 典藏版[M]．北京：
中国建筑工业出版社，2014：277．

[11] 邱志荣著．绍兴风景园林与水[M]．上海：学林出版
社，2008：44．

[12] 张斌．绍兴历史园林调查与研究[D]．杭州：浙江农
林大学，2011：59-61．

图3-71　沈园平面示意
（图片来源：《江南园林志》）

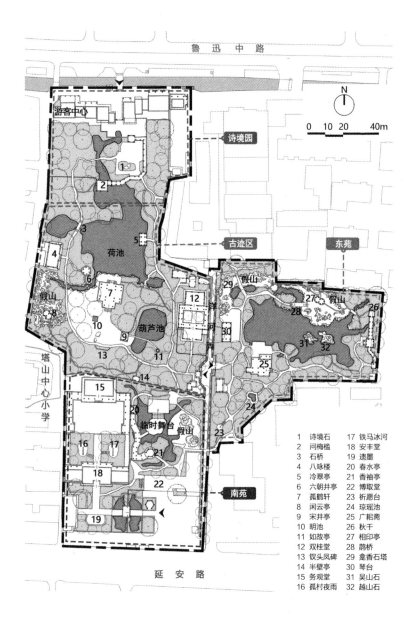

鲁 迅 中 路

N

0 10 20   40m

游客中心

诗境园

1

2

3

荷池

5

古迹区

东苑

4

假山

6

假山

29

27

假山

26

8

7

28

12

30

10

9

葫芦池

31

32

13

25

11

14

15

24

20

临时舞台

23

假山

16   17

21

22

18

南苑

19

延 安 路

塔山中心小学

1	诗境石	17	铁马冰河
2	问梅槛	18	安丰堂
3	石桥	19	遗墨
4	八咏楼	20	春水亭
5	冷翠亭	21	香袖亭
6	六朝井亭	22	博取堂
7	孤鹤轩	23	祈愿台
8	闲云亭	24	琼瑶池
9	宋井亭	25	广耜斋
10	明池	26	秋千
11	如故亭	27	相印亭
12	双桂堂	28	鹊桥
13	钗头凤碑	29	龛香石塔
14	半壁亭	30	琴台
15	务观堂	31	吴山石
16	孤村夜雨	32	越山石

图3-72 沈园现状平面图
（图片来源：张蕊、刘昕琰、张思琦 绘）

图3-73　沈园"诗境"石　　　图3-74　沈园葫芦池
　　　（图片来源：张蕊 摄）　　　　（图片来源：张蕊 摄）

图3-75　沈园"钗头凤碑"　　　图3-76　沈园"闲云亭"
　　　（图片来源：张蕊 摄）　　　　（图片来源：张蕊 摄）

图3-77　沈园古迹区东门
　　　（图片来源：张蕊 摄）

（1）背景资料

塔山（又名龟山、飞来山、怪山、宝林山）位于绍兴古城西南隅，解放南路西侧，高44米（见图3-46）。因远望山形似龟形名曰"龟山"[1]，《越绝书》卷八"龟山者，句践起怪游台也。东南司马门，因以炤龟。又仰望天气，观天怪（星辰、天气变化）也。高四十六丈五尺二寸，周五百三十二步，今东武里。一曰怪山。怪山者，往古一夜自来，民怪之，故谓怪山"[2]，因此又名"怪山"，亦名"飞来山"。《水经注·浙江水》："怪山，本琅邪郡之东武县山也，飞来徙此，压杀数百家……越王无疆为楚所伐，去琅邪，止东武，人随居山下……越起灵台于山上，又作三层楼以望云物，川土明秀，亦为胜地宝林"[1]，因此亦有"宝林山"之称。据明代《绍兴府志》卷四《山川志》载，"宝林者山麓有宝林寺，上有应天塔（见图3-78），俗今呼为"塔山"[3]。蒋礼鸿考证[4]认为王安石《登飞来峰》诗"飞来山上千寻塔，闻说鸡鸣见日升，不畏浮云遮望眼，自缘身在最高层"所写"飞来山"即为此山。

《越中园亭记》载，于宝林山寺西趾有"东武山房"（小琅琊），亦明代大学士朱赓（谥号朱文懿）所构[5]。东武者，公尊人别号。彼时因东武山房亦称此山为"东武山"。朱文懿曾作《逍遥楼记》描述当时府城内的三座山，并赞东武山形胜之美，认为"东武"最为幽静："越之山，度鉴湖而入郡城者八，其大而著者三，曰'卧龙'、曰'蕺'、曰'东武'，皆南向，秦望若鼎峙然，临观之美，他山莫及也。然'卧龙'为郡治，人不得时登；'蕺'稍东偏，一望累累，有北邙之感焉；惟'东武'地最幽，而于秦望最中，即'卧龙'且偃然拥其背，而'蕺'亦障其肩，互为兹山用义，二山所为逊美"[6]。又因"兹山从琅琊海中飞来"，曰"小琅琊"，示不忘本也。

明代"东武山房（小琅琊）"有东武山楼、逍遥楼、跂仙台、百畦圃、翠微径、采菊门、薜荔坡、白云馆等楼台风景。朱文懿《逍遥楼记》："环楼皆巘，环巘皆城，环城皆湖，环湖皆山。开巘四顾，则万堞之形，蜿蜒如带，鉴湖八百，错汇于田畴间，如飘练浮镜，而秦望一山领，诸峰隔湖而罗谒焉"[6]。描述了这里具有登高一览越中形胜之地理优势。

据史料记载"南朝宋元徽元年，制法华经维摩经疏僧遗教等与法师惠基于宝林山下建宝林寺。……山之巅有石岫，岫有灵幔，旁有巨人迹、锡杖痕"[3]。山巅之塔开始于晋末，沙门昙彦与许询玄度同造砖木二塔未成，至南朝梁天监年间，复修塔，塔加壮丽。唐会昌毁废，乾符元年重建，改题为"应天寺"。宋乾德初年，僧皓仁建塔九层，号"应天塔"。后塔几经改名和毁废，后重建。至明嘉靖三年复建塔。隆庆末

年间塔复将圮，万历六年寺僧真理募缘修之，又改其前殿，加高敞马寺，建有许询玄度祠[3]。塔平面呈六角形，共七层，底部边长3.37米，壁厚1.64米。上盖铁铸覆钵，刻有明嘉靖十三年（公元1534年）捐资建塔题记。清宣统二年（公元1910年）不慎于火，塔内缘梯尽毁。1985年市人民政府再次重修。塔实测高37.91米。现塔内可缘梯盘旋而上。1961年公布为绍兴市文物保护单位[7]。

（2）总体布局

中华人民共和国成立前夕，山上已树木凋零，曾经的东武山房、宝林寺、清凉寺、巨人迹、锡杖痕、灵鳗井等建筑倾废，只剩下一座应天塔[8]。20世纪80年代对塔山进行全面整修。山门造型典雅、朴素大方。山径园路主次结合，环山四通；绿化布局，观赏和遮荫相结合，以观赏为主[8]。如今的塔山已修整成一座植被茂密，活动及休息场地多样的公园，供市民休闲娱乐（见图3-79）。塔山东、西、北三面交通便利，且北有章学诚故居，南有秋瑾故居。塔山以山巅应天塔为核心，西北地势较缓，多布置以亭廊建筑；东南面多种植，营造茂密山林之景（见图3-80）。

157

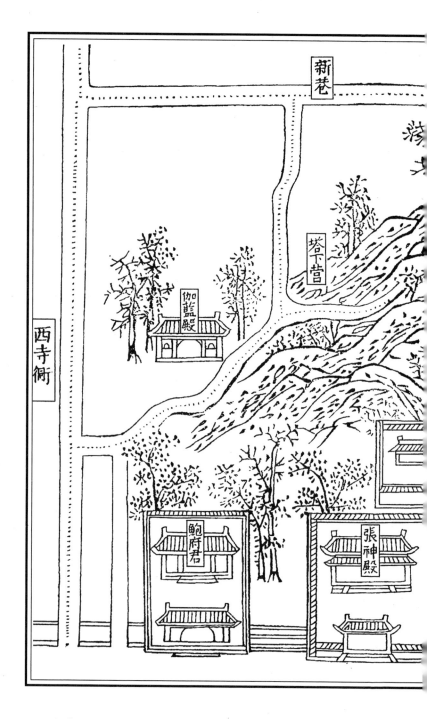

图3-78　应天塔图
（图片来源：明万历十五年
（公元1587年）《绍兴府志》）

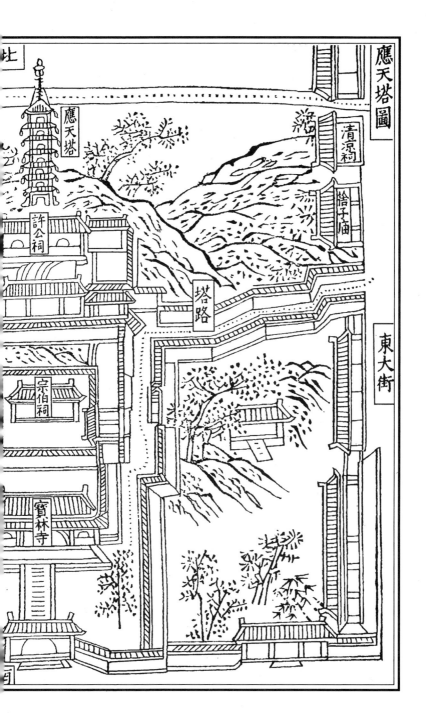

图3-79 塔山全景
（图片来源：刘昕瑛 摄）

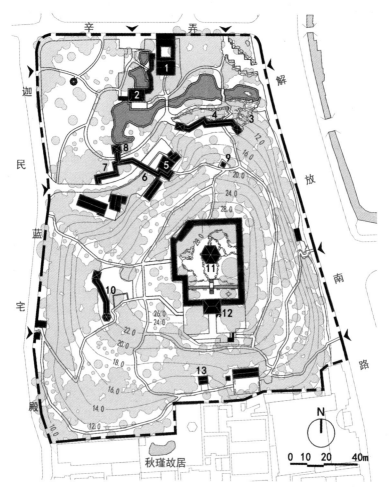

图3-80 塔山平面图
（图片来源：张蕊、刘昕琰、张畅 绘）

1　章学诚故居　　6　爬山廊　　11　应天塔
2　名人亭　　　　7　休息廊　　12　清凉寺
3　石潭叠瀑　　　8　戏曲角　　13　厕所
4　休息亭廊　　　9　石亭
5　原书画工作室　10　回廊

塔山北面平地处布置幽静的院落，池水蜿蜒、亭台楼阁点缀其间（见图3-81），水面东南侧依山体营造石潭叠瀑、假山蹬道及爬山廊。途中有石亭，设计特别，雕凿精致（见图3-82）。塔山东侧入口设计巧妙，结合山石崖壁布置蹬道（见图3-83），石壁上刻王安石《登飞来峰》诗句。

清凉寺应天塔位于塔山山巅，坐北朝南，周围环以廊庑。清凉寺大殿为仿唐式建筑，庑殿顶，三开间（见图3-84）。清凉寺殿宇后面横一条宽一米左右的溪流，有一石拱桥跨水而建，周围地面岩石裸露，藤本攀爬，颇有古意（见图3-85）。应天塔位于院内中心高地，为六角楼阁式塔，共七层，一层周扎副阶（见图3-86）。登塔可眺望越城风光。宋代张伯玉诗云"一峰来海上，高塔起天心"（《书应天寺壁》）。

（3）风景特征

早在唐代，人们就利用这座山优美的自然环境进行人工营建，莳花植树，建屋开路，形成风景胜地。唐代李绅《新楼诗二十首·龟山》："一峰凝黛当明镜，十仞乔松倚翠屏。秋月满时侵兔魄，素波摇处动龟形"形容塔山植被茂密，树木之苍翠。唐代诗人方干《题宝林山禅院》诗载"山捧亭台郭绕山，遥盘苍翠到山巅。岩中古井虽通海，窟里阴云不上天"、《题宝林寺禅者壁（山名飞来峰）》诗云："邃岩乔木夏藏寒，床下云溪枕上看。台殿渐多山更重，即令飞去即应难"[9]。赞颂塔山之林木锦绣、台殿众多。

塔山与府山（卧龙山）、蕺山（王家山）在古城内鼎足而立，互相资借，构成绍兴古城的风景结构。登塔远眺，北面城市地势平坦，川土明秀；南面古鉴湖绿野泛浮，河渠纵横；远处会稽山绵延起伏，层峦叠嶂。北宋文学家秦观登临此山称赞："宝林山巅南直秦望，北负卧龙，蕺山挟其左，鉴水趋其前。环视井邑，如阅图画，越之形胜，十得六七"（《代程给事乞祝圣表》）[10]。立于塔山之巅，可赏绍兴城市之壮美湖山。

参考文献：

[1] （北魏）郦道元著. 水经注·卷四十[M]. 长春：时代文艺出版社，2001.
[2] （东汉）袁康，（东汉）吴平著. 越绝书[M]. 杭州：浙江古籍出版社，2013.
[3] （明）萧良干等修；张元忭等纂. 万历绍兴府志[M]. 明万历十五年（公元1587年）刊本. 台湾：成文出版社，1983：303，1575-1578.
[4] 蒋礼鸿. 咬文嚼字·王安石诗飞来峰在绍兴证[M]. 杭州：浙江人民出版社，2000.
[5] （明）祁彪佳著. 祁彪佳集[M]. 北京：中华书局，1960.
[6] 朱赓编. 朱文懿公文集卷二影印本[M]. 台湾：文海出版社，1970.
[7] 绍兴县地方志编纂委员会. 绍兴县志[M]. 北京：中华书局，1999：1762.
[8] 魏仲华，徐冰若主编. 绍兴[M]. 北京：中国建筑工业出版社，1986：121.
[9] 李一龙主编. 方干诗集[M]. 上海：文汇出版社，2018：98.
[10] （宋）秦观著. 淮海集笺注·上·卷五[M]. 上海：上海古籍出版社，2000.

图3-81　塔山北面园景
（图片来源：刘昕瑛 摄）

图3-82　石亭
（图片来源：张蕊 摄）

图3-83　东侧入口
（图片来源：张蕊 摄）

图3-84　清凉寺
（图片来源：刘昕瑛 摄）

图3-85　石拱桥
（图片来源：张蕊 摄）

（1）背景资料

瀚云山房是章学诚晚年生活居所，位于绍兴市越城区解放南路，塔山北麓的辛弄1号（见图3-46），是一座占地面积约400平方米的清式建筑。章学诚（公元1738～1801年）原名文镳（biāo）、文酕（máo），字实斋，号少岩。会稽（今浙江绍兴）人，生于绍兴府城善法弄（后称禅法弄），晚年于塔山下建瀚云山房著书立说。清代著名史学家、思想家，中国古典史学的终结者，方志学奠基人[1, 2]。一生从事史学理论研究和地方志编纂，被梁启超认为"清代唯一之史学大师"。

章学诚故居如今被列为绍兴市文物保护单位，陈列方志之乡绍兴、章学诚生平事迹、学术成就与后世研究、绍兴历代志书等内容和实物，充分展示绍兴作为中国方志之乡的深厚历史文化底蕴。

（2）总体布局

章学诚故居背靠塔山，面临辛弄，坐南朝北，为两进宅邸，前进为门斗，后进为座楼[3]，中间天井相隔，两侧设左右廊庑（见图3-87）。建筑整体为砖木结构，保存完整，南北设前后两门，形成完整的封闭式四合院落，是典型的明清时期江南民居风格[4]（见图3-88）。

沿石阶步入大门（见图3-89），门厅较为宽敞，约80平方米。天井两侧廊庑峙立，沿廊墙壁上各嵌有一块书法砖刻。

后进两层座楼名"瀚云山房"，三开间。堂前室内一张清式的条案桌和一张旧时八仙桌，八仙桌两旁各放着一把木制太师椅,沿墙处对称地置放着茶几和椅子,再现了章学诚时代绍兴传统的生活气息(见图3-90)。正面隐门上悬挂张之光所书对联一副:"满座清风披玉尺,一钩明月映水壶"。堂前隐门后有一石库门斗,为瀹云山房的后门,直抵塔山北麓。东间曾是章学诚的书房,房中的书桌、书柜、木椅与文房四宝按原状布列。西间现辟为章学诚生平资料陈列,简要介绍了章学诚在绍兴及客居异乡、穷困坎坷却志于史学、勤于著述的生活情景和精神,有重点地反映出他的重要著作和主要学术观点,以及他的史学理论所产生的深远影响。

据《绍兴名人故居》[4]载,堂前隐门后还藏有一架小木梯,顺着窄小的木梯可登二楼。楼上为三开间,每间之间有门,彼此既可分隔又能相通。每个房间的南首靠墙处都有板壁相隔,设置小走廊,为江南典型的"走马楼"格局。

参考文献:

[1] 仓修良,叶建华. 章学诚评传[M]. 南京:南京大学出版社,1996.

[2] 王锦贵. 论章学诚的目录学知识创新[J]. 大学图书馆学报,2003(04):71-75.

[3] 屠剑虹. 绍兴街巷[M]. 杭州:西泠印社出版社,2006.

[4] 绍兴市文物管理局编. 绍兴名人故居[M]. 北京:文物出版社,2004:59,62.

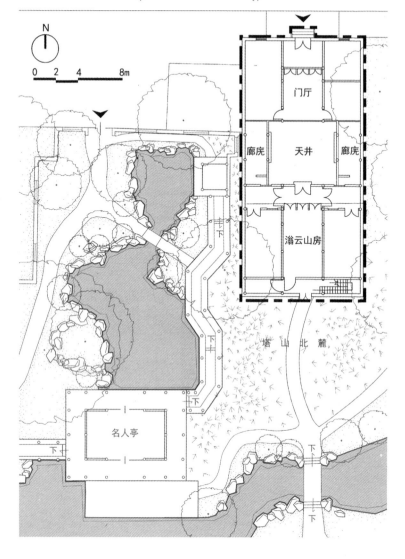

图3-87　章学诚故居平面图
（图片来源：刘昕琇、张蕊 绘）

图3-88 宅邸
（图片来源：张蕊 摄）

图3-89 入口
（图片来源：张蕊 摄）

图3-90 室内陈设
（图片来源：张蕊 摄）

（1）背景资料

秋瑾故居位于绍兴市越城区和畅堂35号（见图3-46）。

秋瑾（公元1875～1907年），字璿卿，号竞雄，又称鉴湖女侠，浙江山阴（今绍兴）人，是中国近代杰出的民主革命者。秋瑾故居坐北朝南，北倚风景秀丽的塔山。故居原为明大学士朱赓别业，建于明万历年间。清光绪十七年（公元1891年），秋瑾祖父秋嘉禾自闽还乡，乃向朱氏后人典其桂花厅之部分屋宇以为晚年憩隐之所[1]。先此，秋瑾已于光绪十六年（公元1890年）随母返绍，居老浒桥旧居（今八字桥直街24号）。新屋典入后，亦移此居住。少年时代的秋瑾在此读书习文，练拳舞剑。至光绪十九年（公元1893年）春，始随父入湘。光绪三十二年（公元1906年）秋瑾自日本回国，次年于绍兴轩亭口从容就义，在绍期间，这里曾是秋瑾生活和从事革命运动的主要场所[2]。

宣统元年（公元1909年）秋瑾故居又被朱氏家族赎回，后几经易主。中华人民共和国成立后，由人民政府进行保护和修缮，并于1963年公布为浙江省文物保护单位，1988年成为国家文物保护单位。

（2）总体布局

秋瑾故居依山势而建，坐北朝南，占地900多平方米（见图3-91）。故居门前原为东西走向的一街一河，中华人民共和国成立后将河填平拓宽为路[2]，如今故居由五进正屋及厢房组成，具有典型的绍兴民居特色[3]（见图3-92）。如今五进均布置原状陈列。

第一进为门厅，三开间，明间为入口门厅，东西次间又有柱子分隔为两小间，东首外接一小房间。明间门楣悬有何香凝题写"秋瑾故居"匾额。第二进共五开间，明间、次间通间为厅堂，名"和畅堂"（见图3-93），曾是秋家举行重大活动和接待客宾的场所；西梢间为会客室，陈设有圆桌、方凳等简朴的家具；东梢间为餐室；东首亦拼接一角楼，楼下为秋瑾卧室和书房。

二进与三进之间是一较为宽敞的天井，布置简约淡雅（见图3-94）。第三进为平屋，三开间，西间为兄嫂卧室，东间为书房，上悬"又补斋"匾，墙上有楹联"住山缘塾尘机息，养气功深道味甘"，为曾国藩所书。第四进为三开间平屋，西首为家塾，东首为父母住处。第五进平屋三间，西首一间为柴间，另外两间为厨房。2004年恢复了故居东厢与后花园，其中东厢辟为展室，内布置《秋瑾生平事迹陈列》[4]。厨房与东厢房之间有门可直接通往后花园。

后花园被白墙包围，松林竹园，湖石山亭，花木丛生，曲径通幽（见图3-95）。园分东西两部分造景，西部以水景为主，北侧布置水池，池北有假山，下有洞可连通东西，周围山石散点，花木点缀其间；

东部地势略高，以悲秋亭为主景，香樟如盖，周围植有山茶、紫薇、桂花等，墙角布置芭蕉与翠竹。北借塔山林木之景，更显花园幽静淡雅，颇有野趣。花园靠近宅的一侧共有两门，东南门直接与故居东侧的弄堂相通，方便出入。

（3）造园特色

秋瑾故居的建筑是典型的五进砖木结构清代台门建筑，具有典型的绍兴民居特色。建筑顺山势从南由北逐渐升高，地形的变化使得故居左右并不对称，更显布局之灵活。后花园借北侧塔山山林，更显自然山野氛围，松树挺立、茂林修竹。园内园外山水相映成趣，宅园清幽雅致。

参考文献：

[1]　绍兴县地方志编纂委员会编. 绍兴县志[M]. 北京：中华书局，1999：1784.
[2]　周进，吴京华. 浙江文史资料第77辑浙江名人故居[M]. 杭州：浙江人民出版社，2006.
[3]　绍兴市文物管理局编. 绍兴名人故居[M]. 北京：文物出版社，2004：89.
[4]　绍兴文物管理局编. 绍兴文物志[M]. 北京：中华书局，2006：60.

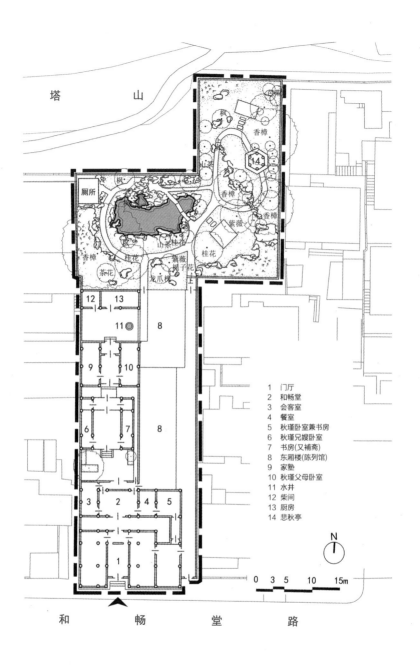

塔　山

厕所

1 门厅
2 和畅堂
3 会客室
4 餐室
5 秋瑾卧室兼书房
6 秋瑾兄嫂卧室
7 书房(又補斋)
8 东厢楼(陈列馆)
9 家塾
10 秋瑾父母卧室
11 水井
12 柴间
13 厨房
14 悲秋亭

N

0　3　5　10　15m

和　畅　堂　路

图3-91　秋瑾故居平面图
（图片来源：张蕊、刘昕瑛 绘）

图3-92　秋瑾故居入口
　　（图片来源：张蕊 摄）

图3-93　和畅堂
　　（图片来源：张蕊 摄）

图3-94　秋瑾故居天井
　　（图片来源：张蕊 摄）

图3-95　后花园
（图片来源：张蕊 摄）

第四章

古城外

壶瓶山古
安昌古镇
礼陀山
大尖山
九岩越窑窑址
越王峥
萧
柯桥古镇
瓜
柯山
曹
东浦
古鉴湖
柯岩
陈半丁故
浦
阳
江
安基岗
香林禅寺
紫严山
九峰寺
翠峰禅寺
豆腐尖
大牛岭
欢潭岭
凉帽尖
华岩尖
兰
母岭
双尖峰
大岗山
秦
橡皮山
图例
台门
故居
寺庙
山峰
河湖
陵墓
遗址
胜迹
古镇

图4-1 绍兴古城外园林及胜迹遗址分布总图
（图片来源：张蕊、成晨 绘）

杭　州　湾

N

0   2.5   5   10 km

亭山 ▲ ▲ 真如禅寺
驼峰山
弗

狭搽湖
衣冠冢
🔖镜湖
故居
🏛豆姜鲍氏建筑群
🏛梅山陈家台门

🏛朝北台门（鲁迅外婆家）

陶成章故居
🏛邵力子故居   竺可桢故居

🏛西施山遗址   杭甬运河   萧
绍兴   🏛东湖
古城   吼山原始青瓷遗址▲ ▲吼山
                    吼山摩崖石刻
                跳山汉建初买地刻石

曹娥庙

运   河

▲龙梅山

🏛大禹陵   ▲万岁山
🏛龙瑞宫   🏛宋六陵
炉峰禅寺   马一浮故居 ▲井冈峰
香炉峰 🏛宛委山   ▲五龙山
        🏛宛委山飞来石摩崖石刻

娥

江

🏛陈洪绶墓

▲大笠帽   平水江（若耶溪）   ▲后青山
                        ▲诸葛山
▲长山 ▲凤凰山   🏛谢安墓
🏛秦望山   🏛陈伯平故居   ▲大坟山
云门禅寺🏛 ▲袋头山 ▲栗子岗 ▲木斗岗 ▲金龙山
明角山

平水江水库

汤浦水库

▲大雷山尖
▲红岩尖山   🏛王充墓

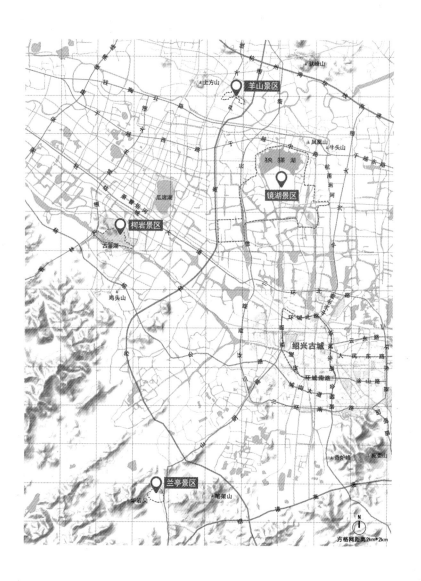

图4-2　古城外西北向区位索引图
（图片来源：刘昕瑛 绘）

第一节　西北向

十
六
羊
山

（1）背景资料

羊山又称羊石山，位于绍兴市柯桥区齐贤街道山头村，占地约1300亩，连贯数里（见图4-2）。《嘉泰会稽志》卷九中曾记载"羊石山在县西三十六里。山有石如羊"[1]，故名。由于羊山石质坚硬耐磨且抗压力强，呈现出黄、青、灰、黑、白五色，易开采大幅条石板和石条，为闻名方圆百里的石宕。绍兴较大的采石场有吼山、绕门山（鸟门山）、柯山及羊山，就采凿、运输塘石等诸项权衡利弊，羊山是极理想的采石点，此去海塘不过十里，又有西小江顺江而下运输之便，因此一直到清末，羊山都是官方采办塘石的重要宕口[2]。

羊山采石历史悠久，相传可以追溯到春秋越王句践时代。《越绝书》卷八记载："石塘者，越所害军船也。……去县四十里。"石塘今日考证为当时越国的水军基地和码头，距羊山较近，筑塘的石头很大部分来自羊山。另《下方桥陈氏宗谱》记载："昔范大夫凿此山之石以城会稽，故今称蠡城"[3]。说明越国大夫范蠡筑山阴小城后又采羊山石而筑大城。据刻于石佛寺崖壁上的《羊石山石佛庵碑记》记载："隋开皇时，越国公杨素采羊山之石以筑罗城，好事者因山凿石为佛，合以石庵，庵壁有古字，字隋唐间迹也"。说明隋文帝时期便对羊山进行大规模开采，留下残岩剩石并进行人工雕凿。明崇祯八年（公元1635年），祁彪佳游羊山发出"向年所见石宕已湮没为洪波矣"[4]的感叹。到了清嘉庆十九年（公元1814年），羊山当地人韩潮目睹万世采石后的羊山景象[5]，已成"残山剩水，碧涧深潭"（韩潮《羊山祖居记》）。

羊山石佛凿于一峰孤岩之上。隋代依岩建寺，初名"灵鹫禅院"，隋炀帝大业年间（公元605～618年）赐额为"石佛禅院"，孤岩也随之称作"石佛峰"[6]。而后羊山也因石佛寺而出名。相传唐乾宁二年（公元895年），董昌僭位，钱镠率兵讨平。里人就立庙于石佛峰左侧，以为城隍，故称城隍峰[7]。南宋时期《嘉泰会稽志》中对建造于隋代的石佛寺并无记载，说明当时羊山石佛寺既无规模，也不闻名。明嘉靖四十三年（公元1564年）有僧泫贤开拓其基址。明万历十四年（公元1586年）有僧人捐资，"装严石佛金相"，至三十二年渐臻规模。清康熙二十三年（公元1684年）大树禅师从京师还，卓锡于寺，募建大悲殿。清嘉庆二十四年（公元1819年）再次重修石佛寺，至道光三年（公元1823年）竣工。民国时期，石佛寺内建筑依旧。但"文革"期间，寺被村办丝织厂占有，直至1980年才逐一归还。1989年在石佛寺成立佛教协会，寺内殿宇才渐次修复[8]。如今，此地已被建设成为羊山石佛风景名胜区。

（2）总体布局

羊山景区是以石景观为特色、人文宗教为内容、水乡田园风光为依托的游憩风景名胜区，其主要由石佛寺、羊山公园和羊山石城三部分组成，总面积88.5公顷[9]（见图4-3）。2017年羊山造像及摩崖（含石佛寺）被公布为浙江省重点文物保护单位。

风景区西面的山地区是羊山石城，四周摩崖孤峰，岩石兀突起伏，小径曲弯石室，绿萝蔓绕岩间，整体气势磅礴。东面为水景区，由羊山公园和石佛景区组成。水景因采石形成，水深数丈，水质清冽，水池有数百亩之广，水中也有孤峰兀立。以水中有石，石中有寺（石佛寺），寺中有洞，洞中有佛（浙江四大石佛之一）这一特色而出名。

1）羊山石城

羊山石城四周群峰迭起，怪石林立，其形状千姿百态，气势颇为壮观，有好事者各取其名如：大王峰，龟峰，鸭嘴峰，骆驼峰，天柱峰等（见图4-4）。城内有众多奇形怪状的岩石，迂回纵横的幽径，数不清的石宕石潭（见图4-5），弯弯曲曲的石径小道，山巅草木披绿，山谷奇石峥嵘，朝夕时光鸟语蛙鸣，展示着一连串雄奇俊秀、独有魅力的天然石景奇观（见图4-6、图4-7）。

2）羊山公园

羊山公园与石城隔街相望，以羊山湖为中心进行布置。湖洲相托、孤石罗列，更有挺拔雄奇的灵鹫峰、城隍峰、普渡峰等石宕奇峰耸峙。峰顶古柏苍劲、奇趣盎然，峰壁石刻成群，底蕴深厚。由于湖、岛、岩是在大山石中用减法凿空，浑然一体的形象别有苍古之意。湖岸有成片的桂花，湖边有兀突起伏的九曲崖壁。园中有三座形态不一、各具特色的桥梁飞架南北，把岸、湖、洲、岛贯通一线，游客乘船可穿桥洞、环岛屿、绕岩峰、攀驳岸、登孤石、上绿洲，观赏石雕大佛和奇峰秀水[9]。

3）石佛寺

羊山经过上百年不断地开凿，形成了一片残岩剩水，经自然风蚀造化，留下了一幅孤峰兀立、碧波叠翠、怪石林立的奇趣美景，石佛寺就在这依岩傍水独特的环境上建造起来。寺周围湖水环绕，呈西北至东南向伸展（见图4-8）。寺前放生池是石宕剩水与人工池岸相互结合的产物，其斧劈池壁褶皱凹凸变化丰富[10]。湖中石峰耸起，峰顶岩缝长有古柏，巍然挺立。曾有人在这高28.5米的石峰上开凿一个阔约40步的石窟[9]，窟离水面11米，高8米，顶呈穹隆状，内雕琢气韵生动的释迦

牟尼石像一座，即为"羊山造像"。据传石佛历经七世而成，石佛高约6米，脸形丰满，螺发内髻，披通肩袈裟，作全跏趺坐于莲台上，莲瓣稍窄（见图4-9、图4-10）。由于年岁久远，佛像面部泥塑剥落较甚，双手亦残。1989年绍兴宗教部门曾作修缮，惜两手比例不当，鼻孔与颐部亦多异样。从佛像造型及服饰观察，属唐晚期风格。1961年公布为绍兴县级文物保护单位[11]。

石佛寺前后傍水，寺以石壁为屏，坐西朝东。自东向西依次是山门、大殿（大雄宝殿）、后殿（城隍殿）及与其并立的石窟石峰（见图4-11、图4-12）。山门三开间，明间塑有四大金刚，前有石柱镌有楹联"石破长天灵鹫飞来下界，筏通小海蓬莱宛在中央"，表达了石佛寺之岛中建寺的特点，小中见大，芥子纳须弥，颇有佛国仙境之感。山门后面为一天井，登数步石级过宝莲桥是大殿（大雄宝殿），正中供奉释迦牟尼佛像，两旁为十八罗汉，殿内有沈定庵所书："三尊妙相见金身梵宇重光欣睹神州昌盛，九级浮屠显古迹海音远播同祈世界和平"[8]。大殿后有高台，与大殿中间有一狭窄天井，因近求高，凸显高台之上后殿城隍殿之威严。此处设计巧思在于进入城隍殿的两种方式：其一

即前述出大殿后天井面前一堵高台石壁引导人向左偏折，登百余步盘旋向上的石阶进入后殿；其二为大殿南首有一间类似通道的房屋可直接与该石阶相通，此路径由暗转明，使得方寸之地游观体验更加丰富。城隍殿正中门悬有"武肃王殿"匾一块，因后人纪念钱镠平定节度使董昌僭位之乱，尊钱镠为城隍菩萨，故又称"武肃王殿"[9]。左右双峰夹峙，北为石佛峰，南为城隍峰（见图4-13）。后殿在石洞的基础上通体石柱，承托木梁，为三开间一通间平屋，镌旧联于殿柱："偕石佛以佑民群玉集贤沾沛泽，挖新河而作带羊山抱角拥道寨"[8]。石佛峰内即是有名的石佛造像，与后殿室内有石墙相隔，凿三级石阶与拱圈式门洞相互沟通（见图4-14）。殿外南峭壁上，历代题咏甚多（见图4-15），其中"飞跃"两字，传为南宋韩世忠所书，或谓北宋韩杲卿所书。此外尚有清咸丰、光绪及民国间题咏多处。在造像石窟内，左壁有"羊石山石佛庵碑记"一处，刻于明万历三十二年（公元1604年）；右壁又有成化十二年（公元1476年）至弘治元年（公元1488年）韩仕能同侄韩枚创开东新河记述[11]。

石佛寺北侧有石佛庵的旧址"灵鹫庵"，廊壁嵌"云机圣府碑记"一通，大约记述了下方桥丝绸史及祀机神王诸事。寺南侧原有接待名人游客休憩品茗之处，名"胜厅"，厅内有明徐渭题行书"入胜"二字，1996年改建为斋堂[8]。

（3）造园特色

羊山石佛寺景观源于自然山体开采形成的残山剩水，石宕湖依残山环绕，石佛寺依残山而建，建筑与山石浑然天成，形成"佛在石中，石在水中，水在山中"的旖旎风光。通过山水环境的奇绝来烘托寺庙摩云接天的意境，是将人工伟力和自然伟力以及宗教文化完美结合的典范，"石刹更兼石山拥，佛殿巧筑似神工。寺内幽绝胜仙境，游澄鸟瞰景惊人"。展现了绍兴传统造园艺术中景物因人成胜概的特点，真正做到了"虽由人作，宛自天开"（《园冶·园说》）。

参考文献：

[1] （宋）施宿撰. 嘉泰会稽志[M]. 台湾：成文出版
社，1983.

[2] 孙伟良. 从清代告示碑窥管窥羊山采石史[J]. 浙江方
志，2010（03）：45.

[3] 何信恩，钱茂竹主编. 绍兴石文化[M]. 呼和浩特：
远方出版社，2003.

[4] （明）祁彪佳著. 祁彪佳集[M]. 北京：中华书局，
1960.

[5] 孙伟良. 羊山与钱塘江海塘[J]. 绍兴文理学院第八
版本，2016.

[6] 绍兴市社会科学界联合会，绍兴市社会科学院编；
陈岩丛书主编. 绍兴名胜丛谈[M]. 宁波：宁波出版
社，2012：94.

[7] 任桂全等. 古城绍兴[M]. 杭州：浙江人民出版社，
1984：67.

[8] 孟田灿编著. 绍兴寺院[M]. 杭州：西泠印社出版
社，2007：90-95.

[9] 绍兴文物管理局编. 绍兴文物志[M]. 北京：中华书
局，2006：54.

[10] 心匠. 深山藏古寺（八）——古宕石佛寺. 豆瓣网
https：//www.douban.com/note/644413788/.

[11] 绍兴县地方志编纂委员会编. 绍兴县志[M]. 北京：
中华书局，1999：1789-1790.

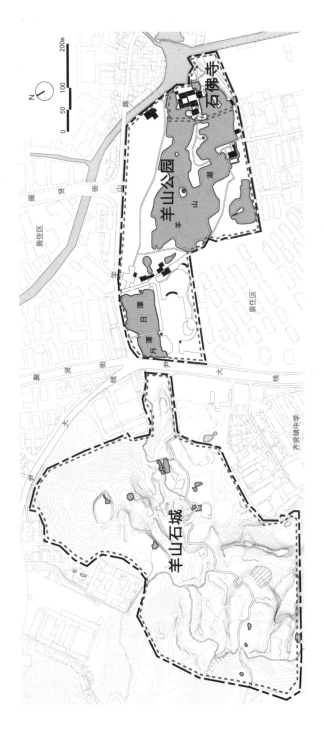

图4-3 羊山景区总体布局分区图
（图片来源：刘昕张、张蕊 绘）

图4-4　羊山石城群峰
　　　（图片来源：张蕊 摄）

图4-5　羊山石城石潭
　　　（图片来源：张蕊 摄）

图4-6　羊山石城 顶
　　（图片来源：张蕊 摄）

图4-7　羊山石城 中
　　（图片来源：张蕊 摄）

图4-8　羊山山水
　　（图片来源：张蕊　摄）

图4-9 羊山石佛像
　　（图片来源：张蕊 摄）

图4-10 羊山石佛像立面图
　　（图片来源：刘昕暎改绘自柯桥区
　　文物管理所供图）

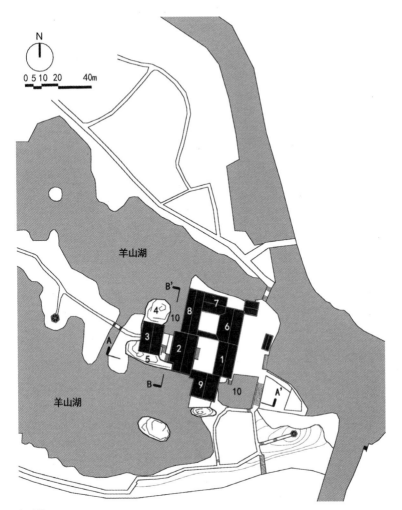

N

0 5 10 20   40m

羊山湖

羊山湖

B'

A

B

A'

1 山门
2 大殿
3 后殿
4 石佛峰(石佛造像)
5 城隍峰
6 北辅房山门(灵鹫庵)
7 北辅房厢房
8 北辅房大殿
9 辅房
10 放生池

图4-11 羊山石佛寺平面图
      （图片来源：刘昕璇、张蕊 改绘自
      柯桥区文物管理所供图）

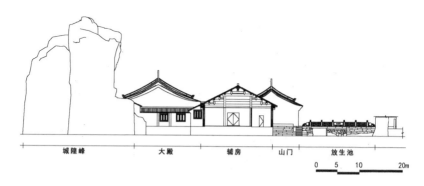

城隍峰　　　　　大殿　　　　辅房　　山门　　　放生池

0　5　10　　　20m

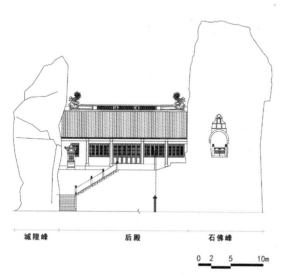

城隍峰　　　　　　后殿　　　　　石佛峰

0　2　5　　　10m

图4-12　石佛寺A-A'剖面图
　　　（图片来源：刘昕瑛、张蕊 改绘自
　　　柯桥区文物管理所供图）

图4-13　石佛寺B-B'剖面图
　　　（图片来源：刘昕瑛、张蕊 改绘自
　　　柯桥区文物管理所供图）

图4-14　后殿室内空间沟通石佛造像空间
　　　　（图片来源：张蕊 摄）

图4-15　石佛寺摩崖石刻
　　　　（图片来源：张蕊 摄）

（1）背景资料

镜湖国家湿地公园位于绍兴中心城市三大组团越城、柯桥、袍江之间，是淡水湖泊型国家城市湿地公园（见图4-2）。其前身是古代绍兴最为宏大的鉴湖水利工程。

镜湖是鉴湖的古称。又名长湖、太湖、庆湖、贺监湖，北宋称鉴湖、照湖[1]。刘宋孔灵符《会稽记》载："汉顺帝永和五年，会稽太守马臻创立镜湖，在会稽、山阴两县界，筑塘蓄水，高（田）丈余，田又高海丈余。若水少，则泄湖灌田，如水多，则闭湖泄田中水入海。所以无凶年"[2]。据《嘉泰会稽志》卷十描述，镜湖在县东二里，周围三百一十里，溉田九千余顷[3]。

魏晋南北朝时期，由于鉴湖水利的持续发展，为推动会稽地区经济、扩大灌溉航运效益，开凿了西兴运河。宋《嘉泰会稽志》有云"运河在府西一里，属山阴县，自会稽东流县五十余里入萧山县，《旧经》云：晋司徒贺循临郡，凿此以溉田"[3]。至明代"运河自西兴抵曹娥，横亘二百余里，历三县"[4]。

隋唐时期，随着绍兴行政地位的提升，鉴湖水利发展也到达高峰期（见图4-16）。在修筑运河堤塘的过程中，留下石宕、石佛、石纤道等景致。持续的水利改造带来优美的山水风光，吸引唐代众多文人雅士前来，形成以鉴湖为中心的"浙东唐诗之路"。诗仙李白一生三次徜徉其间，写下多首名诗，其中一首《送贺宾客归越》描述道："镜湖流水漾清波，狂客归舟逸兴多。山阴道士如相见，应写黄庭换白鹅。"贺知章回乡后，写了两首

《回乡偶书》，其中一首则为"离别家乡岁月多，近来人事半消磨。惟有门前镜湖水，春风不改旧时波。"可见其对鉴湖的感情之深。孟浩然在《与崔二十一游镜湖寄包贺二公》也提到镜湖："试览镜湖物，中流到底清。不知鲈鱼味，但识鸥鸟情。帆得樵风送，春逢谷雨晴。将探夏禹穴，稍背越王城。府掾有包子，文章推贺生。沧浪醉后唱，因此寄同声。"

两宋时期，鉴湖遭到大规模围垦而逐渐湮废。宋大中祥符年间（公元1008～1016年），对鉴湖的围垦处于初期尚不成规模，后来围垦逐渐猖獗。至熙宁末年（公元1077年）湖田面积已达到900顷。到政和年间（公元1111～1117年）越州太守王仲嶷为奉迎徽宗皇帝，以政府的名义对鉴湖实行围垦，所得湖田租税上交皇帝私库，供皇帝享用。如此以往，豪强富室也开始了大规模掠夺式围垦。十年之中，鉴湖2/3以上面积被垦殖，水利效益丧失殆尽。至南宋嘉定十五年（公元1222年）古鉴湖的绝大部分已被围垦，"所余仅一衣带水耳"[5]。究其原因，一方面随着西兴运河开凿，后海塘修筑，稽北丘陵原始森林砍伐殆尽，水土流失严重，鉴湖淤积加剧，鉴湖河床不断提升，不少湖田直接在自然形成的湖面淤积区进行开垦。另一方面则是宋时地方长官分湖田献作皇室私产，及宋氏南迁带来区域人口爆发式增长，围垦湖田成为缓解人地矛盾的一个重要途径。《嘉泰会稽志》卷十三描述此现象："非特无取土之地，亦用工役若干乃得而塞，虽国力不能，而谓民之盗耕者能之乎"[3]？鉴湖衰落以后，山会平原失去了一座大型调洪蓄水的灌溉工程，直接影响到区域内的水旱灾害不断增加。

明嘉靖十六年（公元1537年）建成三江闸，很大程度上缓解了水旱灾害，中北部平原逐渐形成狭猄湖、瓜渚湖、贺家池和众多河流组成之运河水系，以灌溉、排涝、御潮、航行、养殖之利，取代鉴湖作用。尤其是狭猄湖，成为绍兴平原上第一大淡水湖泊。明《万历绍兴府志》卷七载："狭猄湖，在府城北十里，周迴约广十余里，俗又呼为黄鳞湖，是舟楫往来之道。镜湖既废，此湖宜以蓄水，乃近稍为有力者侵焉"[4]。1996年版《绍兴市志》载："狭猄湖，别名黄鳞湖，原有面积6425亩，1969年围湖造田，湖面面积减至4425亩。湖的东、西、北三面与9条河流相连，具有抗旱、防涝、通航和养殖等多种功能，有班轮直达绍兴城。湖有避塘，全长3.5公里，

图4-16 鉴湖图
　[图片来源：明万历十五年（公元1587年）
《绍兴府志》刻本]

鑑湖圖

秦望山

鑑湖亭

道士庄

和尚橋

舖湖塤

西塘門

則水碑

廣陵斗門

白搨閘

陶家堰

新埭斗門

抱姑堰

章家堰

賓舍堰

中堰

白楡堰

石堰

胡桑堰

沉釀堰

燕家堰

許堰

栗家堰

西小江

离岸丈许，塘内舟行既可避风涛之险，兼以捍卫沿湖田囿。明末张思溪建，属省级文物保护单位"[6]。

2005年5月20日，国家建设部批准，将狭猻湖及周边环境设立为绍兴市镜湖国家城市湿地公园。

（2）镜湖国家城市湿地公园总体布局

绍兴市镜湖国家城市湿地公园，总面积15.63平方公里，约23468亩，其中水面8064亩，浅滩地15381亩，东西长约3700米，南北宽约5460米[7]（见图4-17）。其北侧狭猻湖属天然淡水湖，原面积4.29平方公里，现存面积2.23平方公里；东侧有历史名山梅山；西侧是浙江省历史文化名镇东浦镇。

目前湿地公园建设有梅山景区、十里荷塘景区以及儿童公园三个部分。梅山景区以梅山为中心，梅山面积约16.94公顷，主峰海拔79.6米，因汉代名士梅福隐居此山而得名。山为水所环绕，山体之形平缓而弯曲多岩坡，植被丰富，树种颇多。越国时期，越王句践在山上建有斋戒台；唐代在山的西侧建有永觉寺。清代《嘉庆山阴县志》卷三载："在县北一十五里……陆农师《适南亭记》云'昔子真之所居也'。少西有里曰梅市。西南有永觉、梅子真泉、适南亭、竹径、茶坞"[8]。

梅山的东侧是白鹭保护区，梅山西侧是崖壁广场，西面梅园种有梅花2000多株，6个品系，9个品种。十里荷塘景区占地面积约760亩，以"荷花"为主题，因公园内堤湖交织，纵横十余里，故而得名曰："十里荷塘"，其"荷叶"地貌之优全国仅存，独特的地形充分展示平原河网地区丰富的湿地景观。

（3）狭猻湖避塘

湿地公园北侧乃是狭猻湖，湖上有国家级文保单位避塘。避塘始建于明崇祯十五年（1642年），清代重修。清《康熙山阴县志》卷十二载："狭猻湖避风塘，湖周围四十里，傍湖而居者二十余村，舟楫往来之孔道也……崇祯年间，会稽善士张贤臣，号思溪者，闻而悯焉，即鸠工筑塘。度自南至北长四千余丈，为桥者三，乃罄赀鬻产以成之。费石料、工食六千余金，历五载有奇，而塘始竣。自后，波患既息，舟得挽纤行，而塘之内，更饶菱芡鱼蒲之利，邑人感其德，立祠于塘南，置田岁祀之"[9]。详细记录了建造避风塘的时间、经过、缘由、出资者等。

避塘造型大气宏壮，厚重朴质，宛如一条玉龙起伏跃腾，可谓越中奇观（见图4-18）。常水位下避塘距水面约仅1米，行人行走于上，极具亲水之感。又经清代几次修缮，至今犹存。塘全长3.5公里，上有5座石桥梁，均与避风塘同建。其中天济桥、普济桥处于避风塘南北端，横向三孔平梁，东连避风塘，西接湖岸。今废。其余3桥名为中济桥、德济桥、平济桥，均在塘上，各为一孔平梁。新中国成立后分别进行修理或重建，更换桥名，今存[10]。

参考文献：

[1] 绍兴县地方志编纂委员会编. 绍兴县志[M]. 北京：中华书局，1999.

[2] 孔灵符. 会稽记·一卷[M]. 北京：中国书店，1986.

[3] （宋）施宿撰. 嘉泰会稽志 卷十，卷十三[M]. 台湾：成文出版社，1983.

[4] （明）萧良干等修；张元忭等纂. 万历绍兴府志·卷七[M]. 明万历十五年（1587年）刊本. 台湾：成文出版社，1983：606，626.

[5] 黄杉栅. 绍兴鉴湖文化景观历史变迁研究[D]. 杭州：浙江农林大学，2018.

[6] 任桂全总纂；绍兴市地方志编纂委员会编. 绍兴市志[M]. 杭州：浙江人民出版社，1996.

[7] 绍兴市镜湖国家城市湿地公园-景区简. http://www.jinghushidi.com/about.asp.

[8] （清）徐元梅修；（清）朱文翰等纂. 嘉庆山阴县志[M]. 上海：上海书店出版社，1993.

[9] （清）高登先修；（清）沈麟趾纂. 康熙山阴县志[M]. 清康熙十年（1671年）刻本.

[10] 《齐贤镇志》编纂委员会. 齐贤镇志[M]. 北京：中华书局，2005.

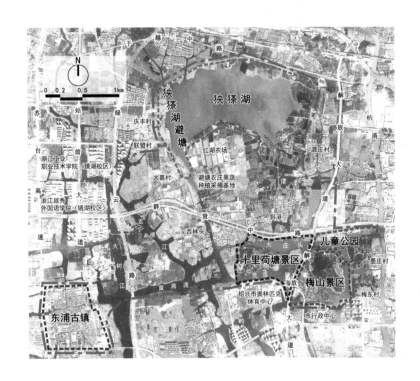

图4-17　镜湖国家城市湿地公园分区图
（图片来源：刘昕琰、张蕊 绘）

图4-18　狭猛湖避塘

（图片来源：张蕊 摄）

（1）背景资料

柯岩风景区位于绍兴柯桥区柯岩大道518号，坐落在柯山脚下，鉴湖之畔（见图4-2）。明《万历绍兴府志》卷四记载："柯山在府城西南三十五里。山皆石，其下有水，曰柯水。上有胜览亭，今废。东有石佛，高十余丈"[1]。柯山之名，缘于汉代时在此所设的柯亭。"蔡邕昔经会稽高迁亭，见屋椽竹可以为笛，取用之有异声。《伏滔长笛赋序》云：柯亭之观（馆）以竹为椽，邕取为笛，其声独绝"[2]，柯山得名以此。可见柯山、柯岩是以石景水景闻名，集风景、宗教于一体的山水胜地。清代周铭鼎撰《柯山小志》言及此处周围地望曰"不甚高峻，自具一种秀丽磅礴之致。山外群峰林列，南湖镜涵下有溪水土名柯溪"，谈及柯岩"石荡十余处，岩壁孤峭，潭影清冷，望之窈然深曲。绕山多花木竹石，梵宇禅居，堪为憩息之所"[3]。

柯岩原是一座青石山，其采石历史可上溯到春秋战国，明代祁彪佳《越中园亭记》载："柯山石宕，传系范少伯筑越城时所凿"[4]（范少伯是春秋战国时越国大臣范蠡）。而后人工取石不息，形成孤岩峭壁、石潭深塘。晋时建柯山寺。"柯山寺在县西三十里，晋永和年间敕建"[5]。寺依石而建，以覆石佛，后废[6]。至隋代，因开挖西兴运河，石材需求量大增，柯岩开采规模成倍扩大，并将留下的岩石雕琢成佛。"石佛高五丈六尺……相传隋开皇间有石工发愿为此，未成而逝。以禅之子，子复禅孙，三世讫功"[3]。至宋代柯岩已成为著名的旅游胜地，诗人陆游曾游柯山，作出《柯山道上作》咏柯岩的诗作"道路如绳直，郊园似砥平。山为翠螺踊，桥作彩虹明。午酌金丸橘，晨炊玉粒粳。江村好时节，及我疾初平"[7]。至明末，山仅存半壁，山崖、峭壁、峰石、岩洞、水潭，虽凿于不经意间，却渐成佳景，成为文人墨客流连忘返之地。张岱曾卜居于此，祁彪佳筑寓园于柯山之左，又设通霞台巧借柯山之景。他在《寓山注·通霞台》中极力颂赞柯山的灵奇秀美："绝壁竦立，势若霞褰，秀出层岩，罩络群山之表，而飞注流堑，常如猛兽攫人，窥深魂悸，颓崖卧虹，悬栈蚁引，一小亭翩然峙之，昂首石佛，高数十丈，绀宇覆焉，金碧鲜丽，盖巧工以锤凿破浑沌，而劈石奔峦，更能补造化所不及"[4]。清代时有"柯岩八景"——东山春望、炉柱晴烟、七岩观鱼、清潭看竹、石室烹泉、南洋秋泛、五桥步月、棋坪残雪[3]。抗日战争期间，寺复毁于兵烟，只剩下石佛和云骨造像两块造型奇特的巨石矗立在稻田中央[6]。柯岩造像与柯岩摩崖题刻一起构成了绍兴古代采石文化与佛教文化相结合的独特景观，于2013年公布为全国重点文物保护单位。现如今的柯岩风景名胜区为在此基础上于20世纪90年代重新规划设计[8]。

（2）总体布局

如今柯岩风景区共分为柯岩、鉴湖以及鲁镇三大景区（见图4-19）。柯岩景区主要展现集千年来自然和人工完美结合、宗教文化与文人墨客点染于一体的石佛景观；鉴湖景区主要以再现稽山鉴水、田园风光、越地风情为特色的鉴湖景观；鲁镇景区则融汇了绍兴水乡的民俗风情、建筑风韵、自然风光，体现以人文景观为主的古镇景观。其中柯岩景区为柯岩风景名胜区的核心景区。

1）柯岩景区。分为石佛景区和镜水湾景区。

石佛景区以炉柱晴烟（云骨）、天工大佛（石佛）为中心，经过轴线和水面的处理形成开朗有序的景观序列（见图4-20）。起景是一座石亭，亭中有石碑，上镌"柯岩绝胜"四个大字（见图4-21），乃书圣王羲之手迹。碑亭东是由一柱烛天、莲花听音、炉柱晴烟三个节点组成的南北轴线。炉柱晴烟（见图4-22）位于南北轴线的最北端，形成坐北朝南之势，体现"石魂"的崇高形象，并与"一炷烛天"的青砖照壁形成对景（见图4-23），两者相互呼应[9]。

图4-19 柯岩风景区分区平面图
（图片来源：刘昕乘、张蕊 绘）

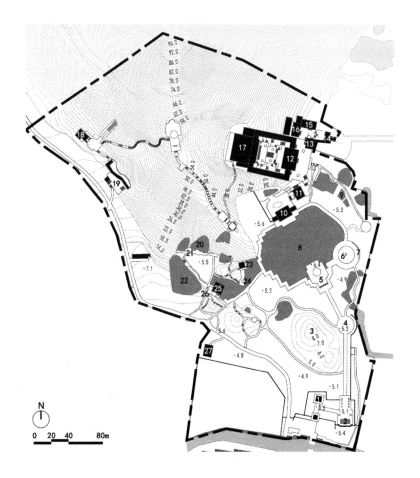

N

0 20 40   80m

1	碑亭	10	普照寺	19	十八罗汉堂
2	一炷烛天影壁	11	财神殿	20	蚕花洞
3	人工小丘	12	弥勒殿	21	七星岩
4	莲花听音	13	钟楼	22	放生池
5	拜台	14	天王殿	23	文昌阁
6	炉柱晴烟(云骨)	15	经堂	24	八卦台
7	天下第一石影壁	16	客堂	25	七星岩茶室
8	天工大佛	17	大雄宝殿	26	抗战英雄纪念碑
9	古采石遗址	18	龙腰茶室	27	厕所

图4-20　柯岩景区（石佛景区）平面图
　　　　（图片来源：刘昕瑛、张蕊 绘）

距云骨西面数十米，有一孤岩雕刻而成的天工大佛，乃隋唐僧人依岩开凿而成，弥勒坐像，通体一石（见图4-24）。岩下碧水环绕，名"大佛池"。天工大佛所在是另一条西北东南向的轴线（莲花听音、拜台、天工大佛、普照禅寺）与云骨南北轴相交于莲花听音。"莲花听音"是以巨大的圆形石雕莲花满铺（见图4-25），共99块石头拼接而成，象征着"九九归一"，东侧筑有一堵弧形回音壁，壁上镌刻《金刚经》全文，若人立莲心上对壁发声，便能听见琅琅回声[10]。普照禅寺位于大石佛西北面柯山山麓，寺院与柯岩山体紧密结合（见图4-26）。

天工大佛西翼是自然山水景观，位于柯山东麓，有八卦台、文昌阁、七星岩和蚕花洞等景。"蚕花洞"因形似卧蚕而得名，洞内有一方池，两侧百尺悬崖，为古代采石遗留石宕，距今已1300余年；岩壁陡峭如削，潭水清亮如镜，洞顶露一线天色；陡壁上有"化鹤飞来"石刻，另有"蚕花洞"三字。"蚕花洞"南为"七星岩"（见图4-27），亦为1300年前遗留石宕，此处原有七个相连开采的石宕，大者如石屋，小者似幽洞，布局如北斗七星，因名"七星岩"；洞壑之间，有数道石墙支撑岩壁，岩间流泉不断，岩下碧水数

潭，古人以水阔处为放生池，养鱼数千条，形成柯岩八景中著名的"七岩观鱼"之景[11]；明嘉靖年间兵部尚书吴兑为此题"天然广厦"留于石壁之上。

石佛景区西南侧为镜水湾景区（见图4-28），它集中展示了绍兴水乡风光及风土人情，与石佛景区水石交融、相映成趣。镜水湾景区的起点是名为"三聚同源"的广场。中心景区是"越女春晓"，此景为一人工湖，湖形平面好似古代越女形象，名"越女池"，头枕"杏花坡"，一座拱形横跨水桥梁，好似束于腰间，高桥向南与湖中古戏台相对。越女池西侧，乃柯岩八景中的"清潭看竹"，仅存清水一潭，面积亩许，建有石竹居，四周遍植翠竹，环境清幽。石竹居北为古代柯岩八景之"石室烹泉"，石室其石如覆盖横撑，半岭悬悬欲坠，下可容百许人，有泉从石罅溢出，终年不绝，水味清冽，尤宜烹茶。镜水湾景区西面是"越中名士苑"，此处是具有高品位文化内涵的爱国主义教育基地和雕塑艺术园林景区[10]（见图4-29）。

图4-21 "柯岩绝胜"石碑
（图片来源：牟乐怡 摄）

图4-22 炉柱晴烟（云骨）
（图片来源：张蕊 摄）

图4-23 "一柱烛天"影壁
（图片来源：牟乐怡 摄）

图4-24 天工大佛
（图片来源：牟乐怡 摄）

图4-25 莲花听音
（图片来源：牟乐怡 摄）

图4-26　普照禅寺
　　　　（图片来源：刘昕琰 摄）

图4-27　七星岩
　　　　（图片来源：张蕊 摄）

图4-28　镜水湾景区
　　　　（图片来源：张蕊 摄）

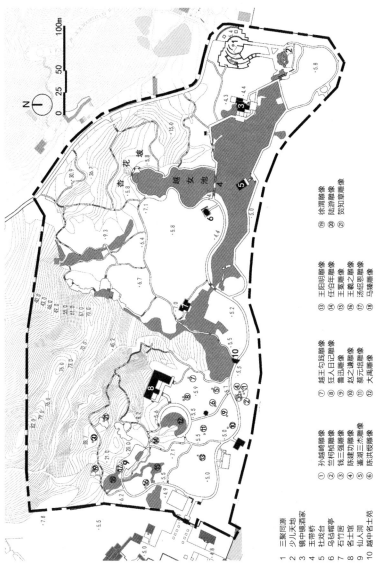

图4-29 柯岩景区（镜水湾景区）平面图

（图片来源：刘昕秉 张添 绘）

1 三聚同源
2 少儿天地
3 镜中镜酒家
4 玉带桥
5 社戏台
6 乌毡帽亭
7 石竹居
8 名士馆
9 仙人洞
10 越中名士苑

① 孙越崎雕像
② 竺柯桢雕像
③ 钱三强雕像
④ 陈建功雕像
⑤ 鉴湖三杰雕像
⑥ 陈洪绶雕像

⑦ 越王勾践雕像
⑧ 狂人日记雕像
⑨ 鲁迅雕像
⑩ 赵之谦雕像
⑪ 蔡元培雕像
⑫ 大禹雕像

⑬ 王阳明雕像
⑭ 任伯年雕像
⑮ 王冕雕像
⑯ 王羲之雕像
⑰ 汤绍恩雕像
⑱ 马臻雕像

⑲ 徐渭雕像
⑳ 陆游雕像
㉑ 贺知章雕像

· 211 ·

2）鉴湖景区

柯岩南临鉴湖，即柯岩八景中"南洋秋泛"（见图4-30）。鉴湖创建后历一千余年至衰落，失去了浩渺无垠的鉴湖水体，又归复到原来的阡陌纵横，河湖成网的形态。现今所称的鉴湖，位于古鉴湖的西湖区域，实已成为一条较宽的河道，西起湖塘西跨湖桥，东至亭山东跨湖桥，长约20.3公里[12]。鉴湖景区一大特色即是古纤道，古称官塘、运道塘、新堤，始建于唐元和十年（公元815年）。《嘉庆山阴县志》卷二十记载："官塘在县西十里，自西郭门起至萧山县三百里。旧名新堤，即运道塘。唐元和十年，观察使孟简听筑。明弘治中知县李良重修，甃以石。后有僧湛然修之，国朝康熙年间邑庠生余国瑞倡修，首捐资产，远近乐输万余金，数年工竣"[5]。今古纤道以柯桥镇西斜桥至湖塘板桥约7.5公里长作文物保护。该段纤道，可分单面临水及双面临水两部分。纤道上每隔里许，建有拱桥或梁桥多座，古人对此曾有"白玉长堤路"之赞叹（见图4-31）。

3）鲁镇景区

位于柯岩景区东南，占地150亩，建筑面积3万多平方米，采用了绍兴古建筑典型的白墙黑瓦、一河一湖两街的建筑格局（见图4-32）。

目前呈现了赵府、钱府、阿Q、祥林嫂、赵老太爷、假洋鬼子以及茶馆、临河戏台和孔乙己光顾的酒楼等一系列景点[11]。

（3）造园理法

1）山水

柯岩景区背倚柯山，南临鉴湖，景区主要呈山环水抱之势。其中石佛景区将废弃的采石宕口辟为大水面将石佛包围其中。辽阔的水面营造出以云骨和石佛为中心的空间形态，开朗而有序，又为观赏石峰以及水池四周的峭壁、山林和建筑增添动人倒影；水池开掘出的土石合理地"安置"在环境之中，使平坦的环境增添了自然的层次[9]。景区天工石佛所在轴线依柯山为轴，将水体自然镶嵌在柯山之中，形成山中有水、水中有佛、佛在山水中的自然人工相结合、山水相映之势。

镜水湾区"越女池"景区之山水景象，反映了陆游诗"道路如绳直，郊园似砥平。山为翠螺踊，桥作彩虹明"（《柯山道上作》）的意象。东汉笛亭景点背倚柯山，位于鉴湖景区东北隅，廊院的布局使它在开阔的鉴湖景区的景观空间中起到"结"的作用。

2）建筑

明万历年间曾于大佛前建有寺庙名曰普照寺，后来毁于战火。20世纪90年代对普照寺进行重建。寺院建筑群置于石佛和云骨之后的柯山东麓，成为大佛峰的背景，凸显柯岩的主景。重建后的普照寺建筑群采用唐代风格，建筑群依山而建。山门、钟楼、弥勒殿、大雄宝殿等随山势渐次升起，并由罗汉廊连接。其中大雄宝殿屋顶造型似展翅欲飞的雄鹰，翘首于柯山。整座寺院规模宏大，建筑总面积达8600平方米，体量分散、隐于山中，既是大佛、云骨的优美背景，自身又具备丰富的韵味[9]。

3）植物

柯岩风景名胜区植物种类多样，主要景观植物共计273种，四季有花，植物颜色的搭配、形状的组合、落叶与常绿植物的应用比例较合理[13]。营造出不同开敞程度的植物空间以及较为丰富的植物季相效果，结合深厚的传统园林植物文化，衬托出柯岩风景区自然景观与文化景观相结合的特点。

4）小品（置石）

云骨，高30余米，底围4米，最薄处不足1米。云骨状上丰下瘦，宛若锤子倒立，又如一灶烟霭袅袅升空，故称"炉柱晴烟"。上有清光绪二年（公元1876年）所刻隶书"云骨"二字，后有题记曰："太初孕，赤乌辟。削峻铲阜，磐石竭。不受秦

粮，足当米笏。踆嵯指翠微，烟煴覆原隰。毋论山之精，气之核，吾直字之以云骨。光堵二年。瘦生铭、啸梅书"[6]。以"云骨"为代表的石文化具有更深的思想内涵，最坚忍的精神气质乃石之统帅，历来有"石魂""绝胜""天下第一石"之誉[5]。相传宋代书法家米芾来此，见此奇景"癫狂"数日，不舍离去。

天工大佛，距云骨数十步，佛像离地5.5米起雕，高11.3米，正面端坐，宽颊广额，佛相慈祥[6]。头顶有螺形发髻，左手抚膝，右手屈指做阐经说法状，仪态端庄。大佛造像具有三大特点：其一，佛像与佛龛、华盖、莲台及佛殿、石阶均在一石之中，说明造此佛像所用之石相当大。其二，佛身圆雕，佛背与佛龛不相连缀，立体感极强，表明雕造的难度非常高。其三，据传大佛两耳贯通，可容一人往来左右，足以证明柯岩大佛的奇特[14]。

（4）园林艺术特色

柯岩历经各朝各代的人工开采，使自然山体成为刀劈斧削的千仞绝壁，并在千年开山采石的回响中，历代文人之传颂更加丰富了柯岩人工石宕的文化价值。可以认为柯岩的竞秀千岩是天人合一、文以载道的典范，自然景物因人成胜，展现了绍兴传统理景艺术中人工与

自然完美结合的特点。

值得一提的是，柯岩运用石宕景观突出塑造了宗教文化，现存的"云骨"和"天工大佛"是将石文化与宗教文化结合的范例[15]。古代采石后遗留的两座石峰经过巧妙构思、合理布局，成为宗教文化的象征物，体现了浸润至深的天人合一观念。

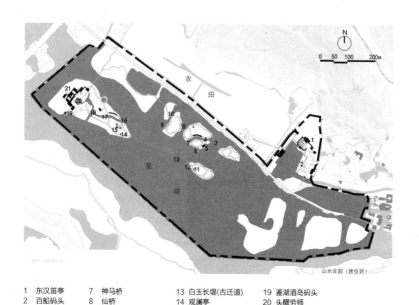

1	东汉笛亭	7	神马桥	13	白玉长堤(古迁道)	19	鉴湖酒岛码头
2	百船码头	8	仙桥	14	观澜亭	20	头醪劳师
3	镜水桥	9	湖畔居	15	唐宋雕镂	21	鉴湖黄酒文化中心
4	杜甫桥	10	五桥月步	16	蔡壅桥		
5	揽月榭	11	步月亭	17	柯山桥		
6	画桥	12	鉴湖古迁道码头	18	会龙桥		

图4-30 柯岩景区（鉴湖景区）平面图
（图片来源：刘昕珧、张蕊 绘）

参考文献：

[1] （明）萧良干等修；张元忭等纂. 万历绍兴府志[M]. 明万历十五年（公元1587年）刊本. 台湾：成文出版社，1983.

[2] （清）李亨特总裁；平恕等修. 乾隆绍兴府志·卷三[M]. 清乾隆五十七年（公元1792年）刊本. 台湾：成文出版社影印本，1975.

[3] 绍兴县修志委员会. 浙江省绍兴县志资料第1辑《柯山小志》[M]. 民国二十六年（公元1937年）铅印本. 台湾：成文出版社，1983：1021.

[4] （明）祁彪佳著. 祁彪佳集[M]. 北京：中华书局，1960.

[5] （清）徐元梅修；（清）朱文翰等纂. 嘉庆山阴县志[M]. 上海：上海书店出版社，1993.

[6] 绍兴县地方志编纂委员会. 绍兴县志[M]. 北京：中华书局，1999.

[7] 黄逸之选注；王新才校订. 陆游诗[M]. 武汉：崇文书局，2014.

[8] 戴秋思主编. 古典园林建筑设计[M]. 重庆：重庆大学出版社，2014.

[9] 孙茹雁，杜顺宝. 原环境的超越——柯岩石佛景区环境创作思考[J]. 建筑学报，1998（04）：9-13+73-74.

[10] 绍兴市社会科学界联合会，绍兴市社会科学院编；陈岩丛书主编. 绍兴名胜丛谈[M]. 宁波：宁波出版社，2012.

[11] 魏仲华，徐冰若主编. 绍兴[M]. 北京：中国建筑工业出版社，1986.

[12] 黄杉栅. 绍兴鉴湖文化景观历史变迁研究[D]. 杭州：浙江农林大学，2018.

[13] 杨玲玲，王小德，许涛，吴静. 浙江柯岩风景名胜区植物景观调查分析[J]. 浙江农业科学，2014（08）：1194-1197.

[14] 沈一萍. 绍兴石窟造像研究[J]. 东方博物，2008（02）：120-124.

[15] 张斌. 绍兴历史园林调查与研究[D]. 杭州：浙江农林大学，2011.

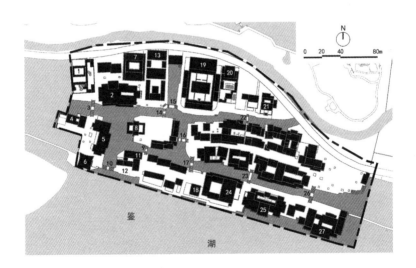

1	钱府	7	利济当铺	13	鲁氏宋祠	19	鲁府	25	鲁家客栈
2	一石居酒家	8	双面戏台	14	安吉桥	20	历代名臣馆	26	谢公桥
3	迎恩桥	9	大川桥	15	祈福桥	21	静修庵	27	停云馆
4	越艺馆	10	含镜桥	16	鲁镇桥	22	利济桥		
5	陈半丁纪念馆	11	美猴王文化馆	17	承德桥	23	大木桥		
6	奎文阁	12	鲁镇码头	18	土谷祠	24	赵府		

图4-32　柯岩景区（鲁镇景区）平面图
（图片来源：刘昕琰、张蕊 绘）

图4-31　鉴湖景区
（图片来源：张磊 摄）

（1）背景资料

兰亭位于浙江省绍兴市西南13公里的兰渚山麓（见图4-2）。其在历史上几经迁址。现在的兰亭为明嘉靖二十七年（公元1548年）所建，1980年在明清原址上重修，是一处幽雅别致的古代风景园林。

据《越绝书》卷一记载，早在春秋战国时代，越王句践就在此植兰渚田，修身养性[1]。东汉时在此建有驿亭，兰亭由此得名[2]。兰亭因以东晋永和九年（公元353年）暮春之初，王羲之与朋辈修禊于此（所谓"修禊"是古代习俗，于阴历三月初三，临水为祭，以清除不祥[3]。曲水流觞、人各赋诗，王羲之欣然作序《兰亭集序》并传为千古妙墨，兰亭亦因此闻名。据清于敏中《浙程备览》："或云兰亭，非右军始，旧有兰亭，即亭埭之亭，如邮铺相似，因右军禊会，名遂著于天下"[4]。

自东晋后，兰亭曾经数度移址。从湖口迁到湖中，又从湖中迁到天柱山山顶。《水经注·浙江水》称："浙江又东与兰溪合，湖南有天柱山，湖口有亭，号曰兰亭，亦曰兰上里。太守王羲之，谢安兄弟，数往造焉。吴郡太守谢勖封兰亭侯，盖取此亭以为封号也。太守王廙之移亭在水中。晋司空何无忌之临郡也，起亭于山椒，极高尽眺矣。亭宇虽坏，基陛尚存"[5]。此处"湖"乃指鉴湖，说明东晋时期兰亭在天柱山附近的鉴湖湖口，但如今鉴湖湮废已无法考证。

《太平寰宇记》卷九十六引顾野王《舆地志》云："山阴郭西有兰渚，渚有兰亭，王羲之所谓曲水之胜境，制序于此"[6]。兰渚是鉴湖中的一个小岛，说明在南北朝梁、陈期间兰亭又迁回湖中直至宋代[7]。宋叶延珪《海录碎事·地理下·陂泽门》卷三曰："山阴县西南有三十里有兰渚，渚有亭曰兰亭羲之旧迹"[8]。可见宋时，兰亭还在湖中兰渚之上。宋代在兰亭的基础上营建天章寺，北宋元丰年代华镇《兰亭记》记载："右军上巳日修禊处在天章寺，有墨、鹅池皆遗迹，池不甚深广，引溪为源"[9]。宋吕祖谦游览兰亭后，记下宋天章寺的环境和纪念方式："寺右王右军书堂，庭下皆杉竹，观右军遗像，出书堂，径田间百余步，至曲水亭，对凿两小池，云是羲之鹅池墨池……"（《入越录》）[10]说明宋代在原"曲水流觞"处建天章寺，同时营造兰亭周围环境，多为堂、亭、池之类的人工造景。可见，宋代的"曲水流觞"已非昔日之所，而是引水入渠，无论形制、规模、情趣都已不同王羲之时[11]。从南宋至元末，兰亭都在天章寺，但此处天章寺和兰亭在元末均焚于火[12]。

明嘉靖二十七年（公元1548年）"知府沈启遂移兰亭曲水于天章寺前"[13]，陈桥驿考证出"此次重建，实际上已非宋代故址"[7]，据明末人张岱云："因其地有池，乃构亭其上，甃石为沟，引田水灌入，摹仿

曲水流觞，尤为儿戏"[12]。所以兰亭其址至此又变，以后虽历经重修，其亭址未再变迁，乃为今兰亭址。

清康熙三十四年（公元1695年）"奉敕重修"规模较大（见图4-33）。据《嘉庆山阴县志》卷七："有御书《兰亭序》勒石于天章寺侧，上覆以亭，三十七年复御书'兰亭'二大字悬之，其前疏为曲水，后为右军祠，密室回廊，清流碧沼，入门架以小桥，翠竹千竿环绕左右"[14]。清嘉庆三年（公元1798年），知县伍士备，偕绅士吴寿昌、茹棻等筹资重修兰亭、曲水流觞处、右军祠等。并查明旧兰亭址在东北隅石壁下，已垦为农田，于是将垦为农田的旧址重新纳入兰亭[15]。

民国时期，天章寺已荒凉败落，兰亭也日益为草木所湮没。姚轩卿记载他在民国二十八年六月（公元1939年）时在兰亭所见天章寺状况："兰亭之右后方，为天章古刹，民初来游，尚见规模，今则瓦砾蔓草，一片荒凉，惟殿门残剩，而罗宏载坤所书'胜地名蓝'一匾，于无人过问中，硕果仅存。夫罗汉铸像与寺钟，当事者犹以废铜烂铁，不无出息，移而置之右军祠庑，而是匾则视之无值，任其在风雨中剥蚀以尽"[16]。

图4-33　兰亭图
（来源：清《康熙山阴县志》）

蘭亭圖

洗墨池

浴硯池

廚行裏竹

蘭亭

東至官路

七眼橋

古蹟志二

月池

至1980年兰亭在明清原址上重修后，成为由右军祠、流觞亭、御碑亭、兰亭、碑亭及鹅池碑亭等建筑组成的一座占地约一公顷的小型园林[17]。于1963年公布为浙江省文物保护单位，兰亭西侧，有建于1985年的中国书法博物馆，2005年绍兴市人民政府实施兰亭保护工程，在兰亭外围新建之镇、书苑里、停车场等[18]。兰亭于2013年公布为全国重点文物保护单位。

（2）总体布局

如今兰亭景区核心部分总体布局错落有致，基本保持明清格局。自东南向西北分为入口区、曲水流觞区和建筑区（见图4-34）。入口区茂林修竹以鹅池作为其景观核心；中间曲水流觞以山岗和溪流为主，营造自然山林氛围，重现《兰亭集序》所写"此地有崇山峻岭，茂林修竹，又有清流激湍，映带左右"幽雅别致的景象；最后建筑区以规则式水体和建筑相结合的方式呈现，空间开合有度。

入口处，修篁夹道，溪流激湍。迎面一池碧水，即为鹅池。池畔有一三角攒尖亭，亭内立石碑，刻"鹅池"两个赫赫大字，字体雄浑，笔力遒劲（见图4-35）。向西过三曲平桥，沿路直行，修竹掩映处尽端为四角攒尖亭，即兰亭碑亭，

碑上镌"兰亭"两字，为清康熙帝御笔，亭位居荷花池东南端，三面环水（见图4-36）。

兰亭碑亭北部，山岗西侧是"流觞亭"（见图4-37），单檐歇山造，三开间，体型秀丽，色彩古朴，亭内有"曲水邀饮水"一匾，下挂《兰亭修褉图》。流觞亭前布置有之字形曲水，立"曲水流觞"刻石，曲水弯环，山石参差，清泉碧流。流觞亭后为御碑亭，重檐八角攒尖，原亭在1956年毁于台风，今为1983年重建钢筋混凝土仿木结构[18]。

由鹅池、曲水流觞、流觞亭、御碑亭构成核心景区的主要轴线。主轴线之东北方向跨过荷池小桥，有一园中园，即王右军祠（见图4-38）。建筑设计别致，呈画舫式院落布局，祠在池中、祠中有池、池上建亭，形成建筑与水体的复层结构。

（3）造园理法

1）山水

兰亭地处一片山林之中，西屏兰渚山，山下有兰亭江顺流而下，实现了园林依山傍水之势，在兰亭园景内多处都可仰借兰渚山景。雄伟壮丽的青山与雅致独特的景园形成了强烈的对比[15]。其环境仰观自然山景，俯瞰盈盈流水，正如王羲之《兰亭诗》中所言"仰望碧天际，俯

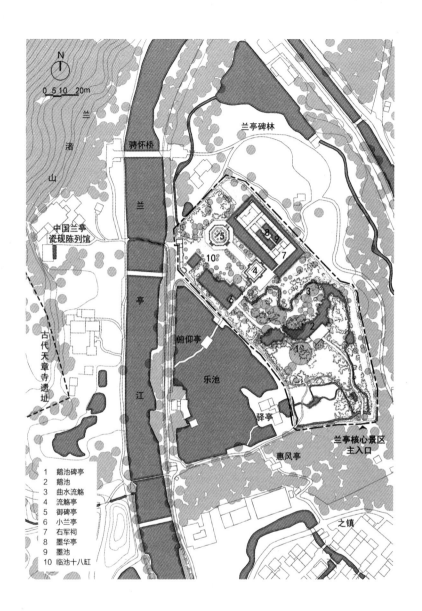

N

0 5 10 20m

兰渚山

中国兰亭瓷砚陈列馆

鹅怀桥

兰亭碑林

兰亭江

古代天章寺遗址

俯仰亭

乐池

驿亭

之镇

惠风亭

兰亭核心景区
主入口

1 鹅池碑亭
2 鹅池
3 曲水流觞
4 流觞亭
5 御碑亭
6 小兰亭
7 右军祠
8 墨华亭
9 墨池
10 临池十八缸

图4-34 兰亭平面图
（图片来源：张畅、张蕊 绘，其中
核心景区摹自《江南理景艺术》[19]）

磐绿水滨。寥朗无厓观，寓目理自陈。大矣造化功，万殊莫不均。群籁虽参差，适我无非新。"

在水体营造上，鹅池之水经曲水之蜿蜒流淌最后至方池（墨池）形成一个动态且灵动的水流。水体形态灵活多变，动静结合，造园者用水系连通整个景园空间，用水带动园内的景物，在另一方面也相当于赋予了它们生命力这种处理手法，可谓精妙巧妙。

2）建筑

建筑布局因循中心轴线展开，随地形高低错落，空间层次丰富。王右军祠四周环以荷池，祠共有门斗和香火堂两进，祠内设墨池，墨池四周环以回廊，左右廊壁上嵌有历代书家临摹《兰亭集序》的石刻。池中建墨华亭，墨华亭前后架桥，可直通池北右军祠正厅香火堂。香火堂五开间，中悬"尽得风流"匾，正中挂王羲之画像，内有"唐人摹王羲之墨迹"和"王羲之传本墨迹"[20]等书法陈列。

3）植物

兰亭植物种类丰富，有人工布置设计的，也有依托兰渚山野外自然生长的。园内采用了四季常青的竹子作为兰亭的主基调。入口处茂林修竹，曲径通幽；曲水流觞处竹丛散植，野趣顿生。竹子高雅、超

然独立的品质正好符合王羲之等文人的气节，他们聚会于水滨之处，寄托着自己的情感，向往自然，向往自由，感叹时光易逝，渴望及时行乐[15]。园内除了蕙兰和毛竹以外，譬如桂花、杜鹃花、荷花等很多植物都是象征中国传统文化的植物品种，深化了园林内涵。

4）小品

鹅池碑，碑高1.93米，宽0.86米，厚0.28米，上镌"鹅池"两字，相传为王羲之、王献之父子合笔，故肥瘦有别。

兰亭碑上"兰亭"二字，系康熙皇帝御笔。此碑在"文化大革命"时期被砸成三截，现在虽经修补，但未能完全复原，"兰"字少尾，"亭"字缺头，然而古意犹存[20]。

御碑亭内立有御碑，通高6.86米，宽2.64米，厚0.4米，重18吨，碑的阳面镌刻着清代康熙皇帝书写的《兰亭集序》全文，碑的阴面是清朝乾隆皇帝书写的《兰亭即事》诗一律。祖孙两位皇帝书迹同一块碑，堪称国宝，有"天下第一御碑"之美称[18]，碑底为须弥座，碑冠勒云龙浮雕，为我国东南罕见碑刻。

（4）园林艺术特色

传承场所精神，塑造地域文化。通过对兰亭相关史料的考察，发现兰亭数历迁址、重建、扩建，

现址并非真实历史的发生地。因此可以认为兰亭的历史并非直接因承真实历史，而是结合着变迁的社会历史文化、后世对历史的借用、不同的物化营造手法这些因素，进行的一段"虚构"的历史，其本质是借用历史资源，通过地表营造活动，对地域文化进行一种强有力的再创造[21, 22]，兰亭的造园思想和造园手法是绍兴历史文化的浓缩，反映了各个时期的文人思想和园林成就（见图4-39）。

"曲水流觞"由取法自然的园林形式到程式化的园林景观，在中国古代园林中经历了长期的演变和发展，演化为一种园林理法程式[23]。

从魏晋以来，园林中流觞曲水畔，或临流或跨水，常有"禊堂"、"曲水殿"、"流杯殿"、"凉殿"等配置，其原型显然源自郊野被禊时临水张设的帐幕。纵观"曲水流觞"的出现和发展，其内容、形式和意趣逐渐固定，成为我国传统园林的重要程式化景观之一，并对其后世中国、日本、韩国的园林理景都产生了深远的影响。

参考文献：

[1]　（东汉）袁康，（东汉）吴平著. 越绝书[M]. 杭州：浙江古籍出版社，2013.

[2]　龙松亮，王丽娴，王欣. 千年兰亭的沧桑和无奈——从文献分析探析兰亭曲水变迁及其蕴含的场所精神[J]. 中国园林，2011，27（04）：15-20.

[3]　魏仲华，徐冰若主编. 绍兴[M]. 北京：中国建筑工业出版社，1986.

[4]　于敏中. 滆程备览[M]. 上海：上海古籍出版社，1889.

[5]　（北魏）郦道元著. 水经注·卷四十[M]. 长春：时代文艺出版社，2001.

[6]　（宋）乐史撰. 王文楚等点校. 太平寰宇记[M]. 北京：中华书局，2007（2013.6重印）.

[7]　陈桥驿. 兰亭及其历史文献（1985普发表）[M]//兰亭及其吴越文化论丛. 北京：中华书局，1999：130-136.

[8]　（宋）叶廷珪撰. 海录碎事[M]. 上海：上海辞书出版社，1989：70.

[9]　（宋）施宿撰. 嘉泰会稽志[M]. 台湾：成文出版社，1983.

[10]　曹文趣等选注. 两浙游记选[M]. 杭州：浙江古籍出版社，1987：135-147.

[11]　邱志荣. 兰亭遗址新考[J]. 浙江水利水电学院学报，2014，26（01）：7-12.

[12]　（明）张岱著；云告点校. 琅嬛文集[M]. 长沙：岳麓书社，2016：87-88.

[13]　（明）文徵明著；陆晓冬点校. 中国古代书画家诗文集丛书·甫田集[M]. 杭州：西泠印社出版社，2012：264.

[14]　（清）徐元梅修；（清）朱文翰等纂. 嘉庆山阴县志·卷七[M]. 上海：上海书店出版社，1993.

[15]　冯璋斐，陈波，陈中铭，卢山. 兰亭造园艺术特征分析[J]. 浙江林业科技，2019，39（05）：45-53.

[16]　姚轩卿. 蠡膏随笔[M]. 北京：北京燕山出版社，2001：11.

[17]　绍兴县地方志编纂委员会编. 绍兴县志[M]. 北京：中华书局，1999.

[18]　绍兴文物管理局编. 绍兴文物志[M]. 北京：中华书局，2006：159.

[19]　潘谷西. 江南理景艺术[M]. 南京：东南大学出版社，2001：284.

[20]　绍兴市社会科学界联合会，绍兴市社会科学院编；陈岩丛书主编. 绍兴名胜丛谈[M]. 宁波：宁波出版社，2012.

[21]　周维权著. 中国古典园林史 第三版[M]. 北京：清华大学出版社，2008：166-168.

[22]　张斌. 绍兴历史园林调查与研究[D]. 杭州：浙江农林大学，2011.

[23]　王欣. 从民俗活动走向园林游赏——曲水流觞演变初探[J]. 北京林业大学学报（社会科学版），2005（01）：30-33.

图4-35 鹅池碑亭
（图片来源：张蕊 摄）

图4-36 兰亭碑亭
（图片来源：张蕊 摄）

图4-37 流觞亭
（图片来源：张蕊 摄）

图4-38 王右军祠内墨华亭
（图片来源：张蕊 摄）

图4-39　明　文徵明　兰亭修契图（全卷）纸本
（图片来源：故宫博物院馆藏）

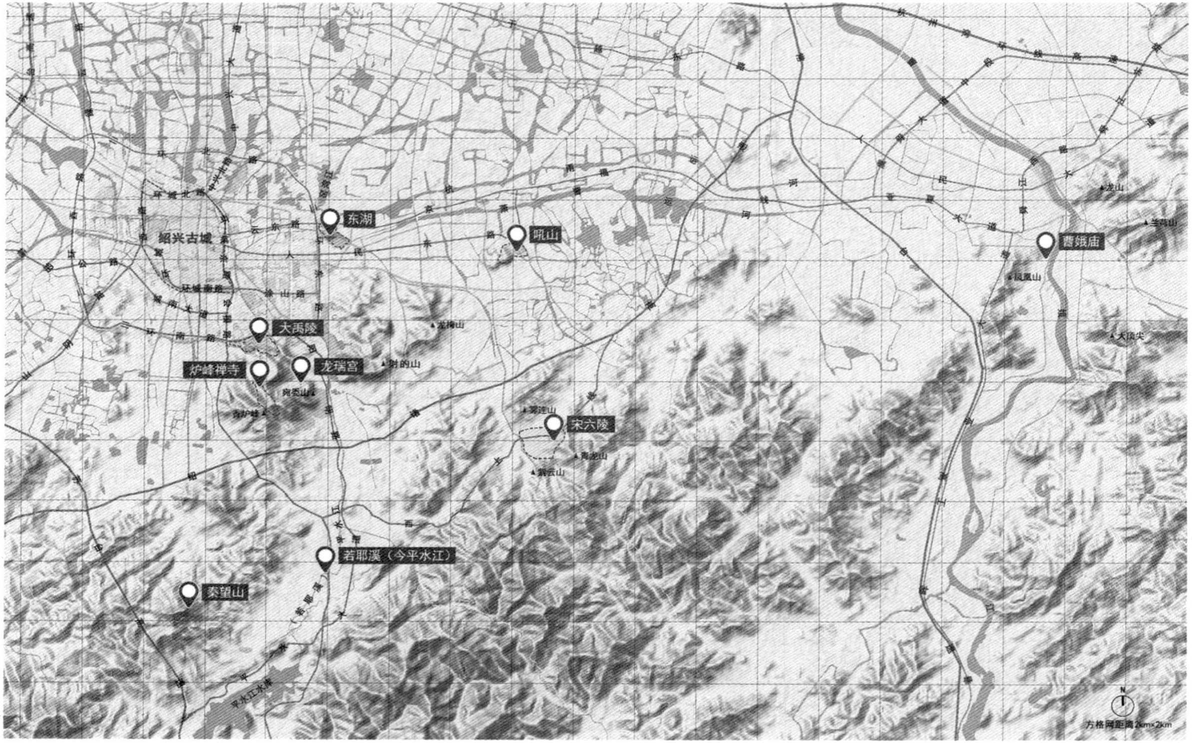

图4-40 古城外东南向区位索引图
（图片来源：刘昕婕 绘）

~~~~~~~~~~

（1）背景资料

若耶溪位于绍兴城东南，是绍兴历史上得名最早的一条河流（见图4-40）。《山海经》卷一载："会稽之山，四方……勺水出焉"[1]。勺水，当是若耶溪的简称。《嘉泰会稽志》卷十记载："若耶溪在县南二十五里，溪北流入镜湖"[2]。其支流众多，水量充沛，水道交错纵横，蜿蜒流淌于会稽群山之间，是绍兴的母亲河。与浣纱溪、剡溪并称为越中三大名溪。风景秀丽，沿岸景观丰富，郦道元《水经注》卷四十描述若耶溪"水至清照，众山倒影，窥之如画"[3]。

相传越国始祖无余的都邑在秦望山南。《越绝书》卷八记载："无余初封大越，都秦余望南，千有余岁而至句践"[4]。句践"徙治山北"，将都邑迁到今平水镇附近的平阳。主导春秋越国的核心力量于越部族沿着若耶溪从会稽山腹地的深山老林中走出来[5]。越族政治中心一直以若耶溪为中轴线发展。而古代绍兴的山阴、会稽两县历来与州府合城而治，两县之交也是以南北向的若耶溪下游河道为界[6]。

越国时期若耶溪不仅只是部落中心，更是重要的生产、冶炼基地。《越绝书》记载："若耶之溪涸而出铜"；《战国策》记载："涸若耶而取铜，破堇山而取锡"；《嘉泰会稽志》记载："若耶溪乃欧冶铸剑之所"[7]。唐代李绅《若耶溪》诗中也有提道"凿山良冶铸炉深"，描述的是欧冶子在若耶溪边为句践铸造传世名剑。

公元前210年，秦始皇东游大越。登秦望山以望南海、于禹庙"配食夏禹"等众多有关秦始皇的传说和古迹（如秦望山石刻）都主要集中在若耶溪沿线。东汉时期，会稽太守马臻因若耶溪洪灾频繁，在若耶溪畔宛委山东侧修筑了一座滞洪水库，即回涌湖，后虽淤积成农田，但至今仍有部分湖区残留[7]。汉魏以后，若耶溪良好的自然生态和浓郁的文化氛围吸引了诸多隐士，此地隐逸之风盛行。东汉郑弘年少时便居于此，两晋时云门寺本为王献之居所，而葛玄、葛洪则在宛委山阳明洞天学道。南朝诗人王籍曾见若耶溪风景如画，作一首《入若耶溪》："艅艎何泛泛，空水共悠悠。阴霞生远岫，阳景逐回流。蝉噪林逾静，鸟鸣山更幽。此地动归念，长年悲倦游"作为古代山水诗名作流传至今。因若耶溪历史文化底蕴极其深厚，有众多历史记载与传说。这里既是道教"洞天福地"，又有佛教寺院，唐宋时期文人来绍时也多会游历于此，留下众多广为传诵的诗文。李白《子夜吴歌（夏歌）》曰："镜湖三百里，菡萏发荷花。五月西施采，人看隘若耶。回舟不待月，归去越王家"[8]，以短短数行字描述了西施采莲的景象。

1958年，在若耶溪上游兴建山会平原南部最大的蓄水工程平水江水库，于1964年完工，有效地遏制了

洪涝灾害的发生。水库区生态环境良好，水质清澈，其间原山峰形成诸多孤岛，山盘水绕，山水相连，环境更显幽雅，被誉为"平水湖"。每至假日，游客接踵而至，饱览湖光山色[6]。

（2）山水结构

根据历代方志的记载，若耶溪发源于绍兴古城东南四十四里的若耶山（见图4-41、图4-42）。从若耶山向北，若耶溪流经云门山（见图4-43）。山中有云门寺——云门寺前身为王献之隐居练字之所，后王献之舍宅为寺，建云门寺，至今仍留有清代重建起来的一部分殿宇，清代的木构建筑两进及东厢房数间。作为一处林泉秀美、环境清幽的寺院丛林，云门寺成为历代文人雅士山水游赏的对象。云门山南有明觉山——因明觉寺而得名，山中崖壁兀立，盛夏爽然如秋。山顶有池，终年不涸。明觉山南今为平水江水库（见图4-44），库周群山环抱，库中有诸岛，库面上波光岚影宛然天池。平水江水库之南，又有平阳古寺。云门山西为秦望山，秦望山北为望秦山，秦望山西南十里又有刻石山，此三山均缘于秦王游越的史事而得名。

云门山北六七里是若耶溪流经的千年古镇——平水镇（见图4-45），

此镇素为南部山区茶笋聚集之地。今天被誉为"绿色珍珠"的平水珠茶，就因旧时集散地在平水镇而得名。

平水镇北侧，沿若耶溪六七里是铸铺岙，即著名的赤堇山所在。《越绝书》卷十一引薛烛云："赤堇之山，破而出锡；若耶之溪，涸而出铜"[4]。相传，此山是欧冶子为越王句践铸剑的地方。浦上昔有欧冶祠、欧冶井等古迹，今已不存。北四里许，溪水流经昌峰，峰南名双园里，即昌园之故址，昌园历史上盛产梅花。《康熙会稽县志》卷五载："昌园在县东南二十里，有梅万余株，雪色可爱，香闻数里，居人以梅为业"[9]。

沿若耶溪再北，至宛委山。山之西有香炉峰，峰顶巨岩耸峙，形若炉鼎，云雾常年缭绕不绝。唐代大诗人白居易有"峰峭佛香炉"的形容，宋代文学家王十朋也有"香炉自烟"的名句。其北面便是龙瑞宫遗址及大禹陵。

若耶溪的东面，有上灶、中灶和下灶三个自然村，三村成扇面形与铸铺岙隔溪东西相望，相传都是欧冶子当年铸剑时的设灶之处。其北面是射的山，山半有一白石，形圆，望之如镜，宛若"射侯"，故名"射的"。此石随天气而有明暗的变化，历史上当地农人常利用此石

的这个特点来占卜年成的丰歉。俗谚云："射的白，米斛百；射的玄，米斛千。"从中约略看到从狩猎文化向农耕文化的嬗变轨迹。射的山之北为葛山，以越王句践在此种葛或采葛而得名。若耶溪至龙舌嘴分为东、西两江，东江过大禹陵东侧，进入平原河网；西江沿环城东河，进入绍兴平原，流注泗汇头、外官塘至三江口入海，可谓山会平原南北向的中心河。

（3）山水意趣

若耶溪在越民族发展的历史上占有重要地位，被称为越民族的母亲河。其景色风光秀丽，以清幽著称。越族政治经济一直以若耶溪为中轴发展，当时著名的美人宫、乐野均依溪而建；中部及东北部平原地区，以湖泊为中心，营建园林。

若耶溪山水风光（见图4-46）幽远秀美，在诸多以若耶溪为主题的诗篇中，山水诗占了最大比例，可见其山水风光之秀丽。明张元忭云："吾越岩壑之胜甲天下，鼓棹而出游，远近数十里之内，其为奇峰、邃谷、怪石、好泉者信步皆是"（《游秦望山记》）。宋之问在《泛镜湖南溪》（南溪即若耶溪）一诗记录了作者泛舟溪上所见景观："岩花候冬发，谷鸟作春啼。杳嶂开天小，

丛篁夹路迷[10]。"表现若耶溪某些河段山峦夹岸而立，竹林密布的景观特征，印证了其"幽远"的特点。李白《送王屋山人魏万还王屋》中描写到若耶溪的夜景"人游月边去，舟在空中行"[11]，以新奇的比喻勾勒出若耶溪水澄净通透的梦幻之美。

参考文献：

[1]　（晋）郭璞注；（清）郝懿行笺疏；沈海波校点. 山海经[M]. 上海：上海古籍出版社，2015.
[2]　（宋）施宿撰. 嘉泰会稽志[M]. 台湾：成文出版社，1983.
[3]　（北魏）郦道元著. 水经注·卷四十[M]. 长春：时代文艺出版社，2001.
[4]　（东汉）袁康，（东汉）吴平著. 越绝书[M]. 杭州：浙江古籍出版社，2013.
[5]　绍兴市社会科学界联合会，绍兴市社会科学院编；陈岩丛书主编. 绍兴名胜丛谈[M]. 宁波：宁波出版社，2012.
[6]　邱志荣著. 绍兴风景园林与水[M]. 上海：学林出版社，2008：261.
[7]　余中樑."浙东唐诗之路"视域下若耶溪景区的深度开发研究[J]. 宁波职业技术学报，2020，24（01）.
[8]　曾凡王编著. 唐诗译注鉴赏辞典[M]. 武汉：崇文书局，2017.
[9]　（清）董钦德. 康熙会稽县志[M]. 台湾：成文出版社，1983.
[10]　陈伯海主编；孙菊园，刘初棠副主编；陈伯海书系工编；朱易安，查清华副主编. 唐诗汇评 增订本 1[M]. 上海：上海古籍出版社，2015.
[11]　（唐）李白著；郁贤皓注评. 李白全集注评中[M]. 南京：凤凰出版社，2018.

图4-41　若耶溪图
（图片来源：摹自清《康熙会稽县志》）

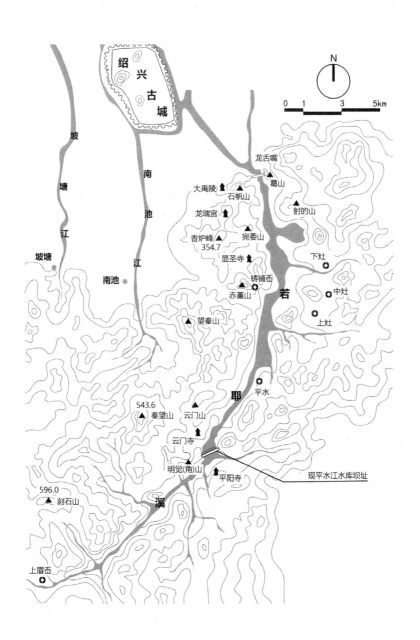

图4-42 若耶溪平面图
（图片来源：摹自《绍兴风景园林与水》）

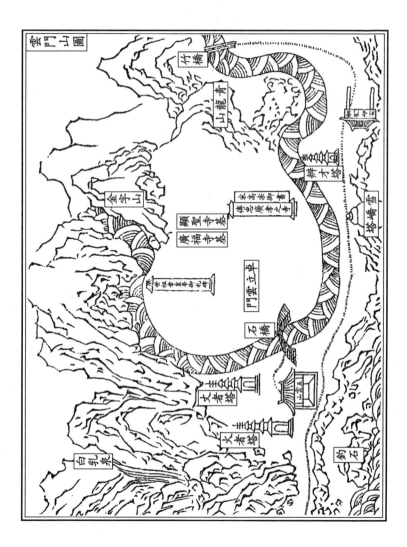

图4-43　云门山图

（图片来源：事自清《康熙会稽县志》）

图4-44 平水江水库
　　（图片来源：张蕊 摄）

图4-45 平水镇王化村风景
　　（图片来源：张蕊 摄）

图4-46 若耶溪山水风光
　　（图片来源：张蕊 摄）

（1）背景资料

大禹陵位于绍兴市越城区稽山街道禹陵村，地处绍兴城东南15里的会稽山麓（见图4-40）。大禹陵背靠会稽山，山势坐东南朝西北，东南有石帆山、宛委诸峰环抱，西临禹池。史载："禹巡守江南，上苗山，会记诸侯，死而葬焉……刘向书云禹葬会稽，不改其列，谓不改林木百物之列也。苗山自禹葬后，更名会稽。是山之东，有陇隐若剑脊，西向而下，下有窆石，或云此正葬处，疑未敢信。然《檀弓》注'天子六纤四碑，所以下棺'，则窆石者，固碑之制度。至其数不同，或由繁简异宜，或世代悠远所存止此，皆不可知也。窆石之左，是为禹庙，背湖而南向。然则古之宫庙，固有依丘陇而立者。案《皇览》：禹冢在会稽山。自先秦古书，帝王墓皆不称陵，而陵之名实自汉始。旧经云：禹陵在会稽县南一十三里"[1]。

大禹陵由南北轴线上的禹庙和东西轴线的禹陵、禹祠组成，禹庙位于北侧，是大禹陵区的主要建筑群（见图4-47）。始建于夏启之时，《吴越春秋》：禹子启即位后，"启使使以岁时春秋而祭禹于越，立宗庙于南山之上"。据《嘉泰会稽志》记载，南朝梁时，禹庙曾有过兴修。到北宋政和四年（公元1114年），禹庙改为告成观，意谓大禹治水大功告成[2]。绍兴元年（公元1131年），宋高宗赵构驻跸于越州，命祠禹于越州，又于绍兴三年（公元1133年）重修禹庙，禹庙祭祀逐渐恢复。"明嘉靖间，有闽人郑善夫定在庙南数十武，知府南大吉信之，立石刻'大禹陵'三字"[3]。清顺治九年（公元1652年）重修，清康熙二十八年（公元1689年）康熙皇帝南巡至绍兴，亲自致祭大禹[4]（见图4-48）。后经过历代修建，庙宇扩大，成为一组宫殿式建筑群。

禹庙、禹陵、禹祠比邻，依山布局、规模宏大。1996年公布为全国重点文物保护单位[5]。1986年在原址上重建禹祠，2003年大禹陵扩建，2007年禹陵享殿建筑重建，保持明清规制。

（2）总体布局

大禹陵前有小山分列左右，会稽主峰环抱其后，核心景区由禹陵、禹祠、禹庙三部分组成，占地40余亩（见图4-49）。建筑均顺依山势，错落有致，禹陵居高，祠、庙居下，各抱地势、互为映衬（见图4-50），构成了大禹陵庙古朴神奇、雄伟壮丽两者兼有的建筑风貌[6]。

1）禹陵

禹陵，夏禹陵寝。据《史记·夏本纪》载："禹为诸侯江南，计功而崩，因葬焉，命曰会稽。会稽者，会计也"[7]。大禹葬地，墓在会稽山下，《越绝书》卷八记载禹的墓址："禹始也，忧民救水……因病亡死，葬会稽。苇椁桐棺，穿圹七尺；上无漏泄，下无即水；坛高三尺，土阶三等，延衮一亩"[8]。

如今位于禹池西侧的禹陵景区入口处牌坊前一横卧的青铜柱子，名龙杠。龙杠两侧各有一柱，名拴马桩。凡进入陵区拜谒者，上至皇帝下至百姓，须在此下马下轿步行入内，以示对大禹的尊崇。龙杠上有"宿禹之域，礼禹之区"的铭文（见图4-51）。跨过禹池告成桥南折可入禹陵核心景区，禹陵坐东朝西，因山势而筑。西首是长123.60米、宽2.30米逐级递升的青石墓道，两旁松、柏夹峙。尽处为明代嘉靖初年，绍兴知府南大吉考证大禹陵的位置后所立"大禹陵"碑，并在碑后建享殿三间，至清代光绪年间倾圮。1979年按原状重建大禹陵碑亭，2007年复建享殿五开间，重檐歇山顶（见图4-52）。

"大禹陵"碑亭乃方形歇山顶，斗栱环侍，角檐飞翘，具有庄严肃穆的陵寝气氛。亭周翠柏簇拥，古槐蟠郁，环境幽雅，气氛肃穆（见图4-53）。内竖"大禹陵"碑，系明嘉靖十九年（公元1540年）绍兴知府南大吉题写，整块碑高4.1米，宽1.9米。碑文镌刻竖行楷书，每字约1.23米见方，气势磅礴。亭南侧有清康熙五十一年（公元1712年）所立石碑两方，一为"禹穴"碑，另一为"禹穴辨"碑，意为大禹于此得治水之诀（黄帝玉册）及其考证，《禹穴辨》一文为清代"浙派"篆刻创始人、"西泠八家"之一的丁敬所作[5]。北侧咸若亭，始建于南宋隆兴二年（公元1164年），石质六角形重檐攒尖顶，亭西额枋镌"咸若古亭"，亭东额枋镌"好生遗化"，意在颂扬大禹教化、天下万物皆顺应之[5]（见图4-54）。

2）禹庙

禹庙在大禹陵碑西北侧，是大禹陵的主要建筑群。中轴线上照壁、岣嵝碑亭、午门、拜厅、大殿自南而北依次依山势升高，为清至民国建筑，基本保留了明清建筑风貌，轴线清晰，错落有致（见图4-55）。

禹庙入口处为东、西两辕门，辕门作悬山顶，前檐有垂莲双柱，远望屋脊高耸，朱门耀眼，蔚为壮观。两辕门之间有"岣嵝碑"，上覆石亭，内竖岣嵝碑，高一丈一尺七寸，宽五尺六寸，刻七十七字，内容为歌颂大禹治水之功，字体奇古，洵属罕见（见图4-56）。岣嵝碑亭后为照壁，壁上有一幅名之为"贪兽顾日"的圆形浮雕。岣嵝碑的对面，有棂星门，现存乃2017年原址重建（见图4-57）。棂星门内为午门，单檐歇山顶木构建筑，已有400多年的历史。过午门，登上百步金阶，为拜厅。拜厅的柱子上悬有一联："三过其门，虚度辛壬癸甲；八

年于外，平成江淮河汉"概括大禹治水的奉献精神和丰功伟绩。在拜厅的东西两侧建有配殿，在东配殿中存放着30多方历代祭禹的碑刻。于拜厅北望，即见气势宏大的禹王殿迎面矗立。正殿位居小山之巅，为禹庙的主体建筑，1935年仿清代木结构建筑形式，用钢筋混凝土重建。五开间23.96米，进深21.55米，重檐歇山顶，正脊有"地平天成"四字，楷书，系清康熙帝所书。筒瓦滴水，悉仿古制。脊梁所塑吻兽与双龙，为绍兴最大之屋脊装饰[6]（见图4-58）。出大殿前廊东侧坡地上，即著名的"窆石"所在（见图4-59）。石上覆亭，名"窆石亭"（见图4-60）。窆石呈秤锤形，高2.09米，底围2.30米，上小下大，顶端有一圆孔，传为大禹下葬工具。窆石四周刻有不少文字，按其内容可分篆书刻辞原文、后人题咏和题名，由于年代久远，有些文字早已模糊，而篆书刻辞尤难辨认[5]。其下有清代碑亭、明代碑亭，三亭间均有曲折石径相通。从窆石亭西下，复进拜厅，旋出东辕门，东围墙外有"菲饮泉"（见图4-61）及"菲饮泉亭"[9]，取自《论语·泰伯》："禹，吾无间然矣。菲饮食，而致孝乎鬼神；恶衣服，而致美乎黼冕；卑宫室，而尽力乎沟

泏。禹，吾无间然矣!"。"菲饮"赞扬大禹饮食节俭而奉祀祖先，穿着朴素却讲究祭服，居住简陋却不遗余力兴修水利等美德，在孔子看来大禹无可挑剔。

3）禹祠

禹陵碑的南侧约数十米处有一片古朴典雅的平房，为禹祠。据传始立于夏少康之时，原为姒姓家庙，为大禹姒姓宗族祭祀、供奉大禹的宗祠家庙，后几经兴废，今祠为1986年重建。祠坐东朝西，为三开间两进仿清砖木结构建筑。第一进陈列"大禹治水"、"计功封赏"两块砖雕；第二进中央为头戴斗笠手持耒耜的禹塑像，高约2米，左右陈列大禹在绍兴活动的传说和古迹资料。禹祠左前侧有禹井，相传大禹治水在此居住，凿井取水，后人饮水思源，称为"禹井"[10]，井圈乃六朝遗物。《嘉泰会稽志》卷十一"禹井在县东南会稽山，《山海经》注会稽郡山阴县南山上有禹井。《水经》

云：山南有硎，去庙七里，谓之禹井"[11]。

大禹为民治水的英雄业绩和献身精神，作为民族传统的象征，在古越这块土地上，被人们一代一代地传颂。古越文明始于大禹，《史记·越王句践世家》记载，"越王句践，其先禹之苗裔，而夏后帝少康之庶子也。封于会稽，以奉守禹之祀"。秦始皇东巡会稽来此祭拜；清康熙帝致祭禹陵，手书"地平天成"四字；清乾隆南巡至此亲自到禹庙祭祀。大禹陵为我们留下的不仅是历史印迹，更是深层次的精神文化价值。

参考文献：

[1] 浙江省地方志编纂委员会编. 宋元浙江方志集成 第4册[M]. 杭州：杭州出版社，2009：1742.
[2] 沈建中编著. 大禹陵志[M]. 北京：研究出版社，2005.
[3] （清）董钦德. 康熙会稽县志[M]. 台湾：成文出版社，1983.
[4] 孔昭明. 台湾文献史料丛刊 第4辑 62 清圣祖实录选辑[M]. 台湾：大通书局，1984.
[5] 绍兴文物管理局编. 绍兴文物志[M]. 北京：中华书局，2006：24，204.
[6] 魏仲华，徐冰若主编. 绍兴[M]. 北京：中国建筑工业出版社，1986.
[7] （汉）司马迁撰；（南朝宋）裴骃集解；（唐）司马贞索引；（唐）张守节正义. 史记[M]. 上海：上海古籍出版社，2011.
[8] （东汉）袁康，（东汉）吴平著. 越绝书[M]. 杭州：浙江古籍出版社，2013.
[9] 绍兴市社会科学界联合会，绍兴市社会科学院编；陈岩丛书主编. 绍兴名胜丛谈[M]. 宁波：宁波出版社，2012.
[10] 邱志荣著. 绍兴风景园林与水[M]. 上海：学林出版社，2008.
[11] （宋）施宿撰. 嘉泰会稽志[M]. 台湾：成文出版社，1983.

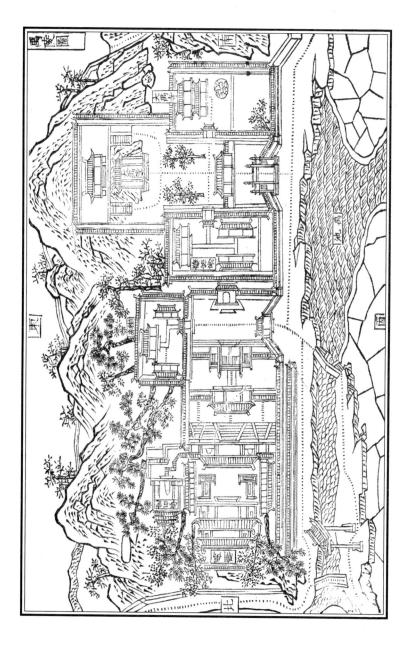

图4-47 禹陵图
（图片来源：明《万历
绍兴府志》刻本）

图4-48 康熙南巡图局部·大禹陵
（图片来源：《中国绘画史图鉴》）

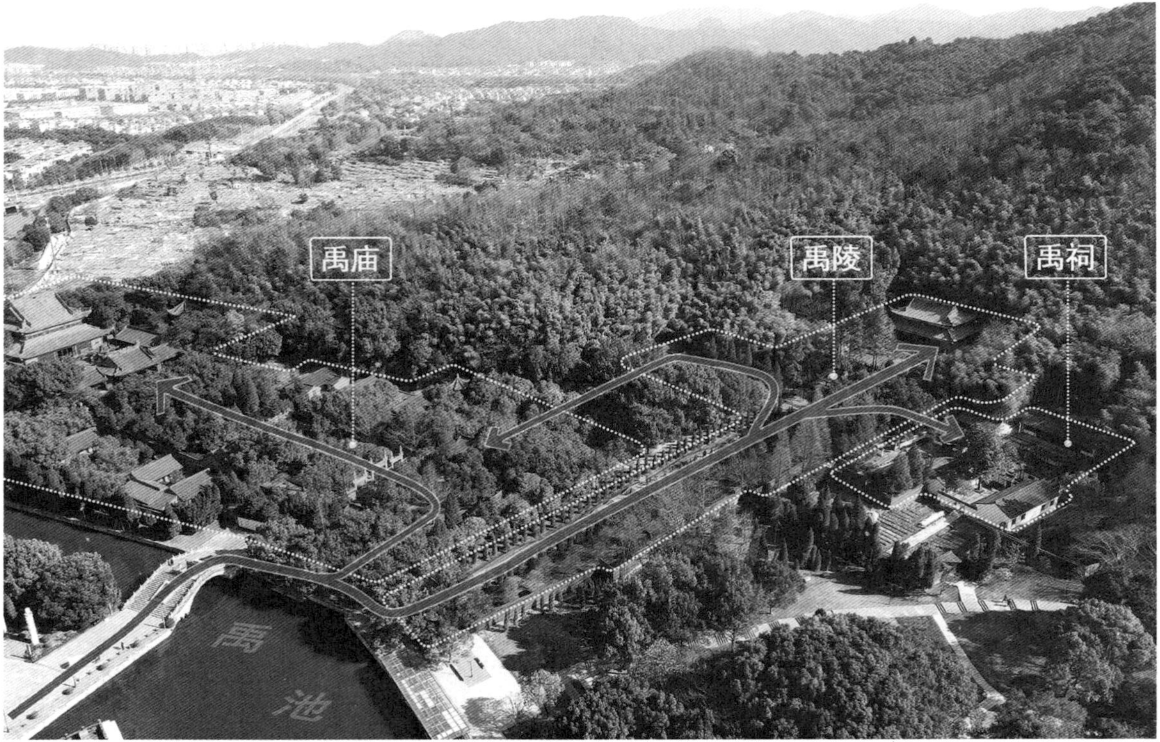

图4-49　大禹陵核心景区布局分析图
（图片来源：刘昕琰、张蕊 绘）

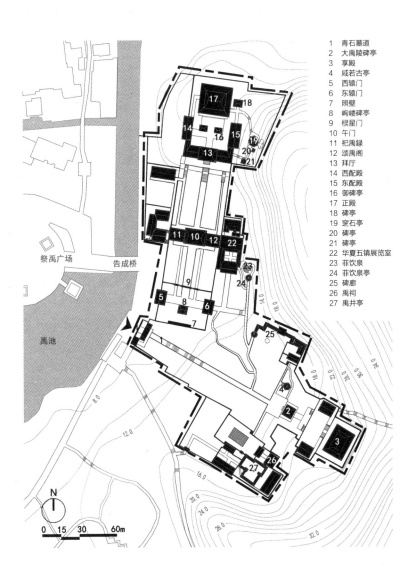

1 青石墓道
2 大禹陵碑亭
3 享殿
4 咸若古亭
5 西辕门
6 东辕门
7 照壁
8 岣嵝碑亭
9 棂星门
10 午门
11 祀禹录
12 颂禹阁
13 拜厅
14 西配殿
15 东配殿
16 御碑亭
17 正殿
18 碑亭
19 窆石亭
20 碑亭
21 碑亭
22 华夏五镇展览室
23 菲饮泉
24 菲饮泉亭
25 碑廊
26 禹祠
27 禹井亭

祭禹广场

告成桥

禹池

N

0　15　30　　60m

图4-50　大禹陵核心景区平面图
（图片来源：刘昕琰、张蕊 绘）

图4-51　大禹陵入口牌坊及龙杠　　图4-52　享殿
　　　　（图片来源：成晨　摄）　　　　　　　（图片来源：成晨　摄）

图4-53　大禹陵碑亭　　　　　　　图4-54　咸若古亭
　　　　（图片来源：成晨　摄）　　　　　　　（图片来源：成晨　摄）

图4-55　禹庙
　　　　（图片来源：刘昕琰　摄）

图4-56　岣嵝碑亭　　　　　图4-57　棂星门
　　　（图片来源：成晨　摄）　　　　（图片来源：成晨　摄）

图4-58　禹庙正殿　　　　　图4-59　窆石
　　　（图片来源：成晨　摄）　　　　（图片来源：《支那文化史迹》第三辑）

图4-60　窆石亭旧照　　　　图4-61　菲饮泉
　　　（图片来源：《绍兴历史图说》）　　（图片来源：刘昕瑛　摄）

二十二　龙瑞宫

（1）背景资料

　　龙瑞宫是中国唯一洞天福地双栖处（阳明洞为第十洞天、若耶溪为第十七福地），宫址在今绍兴会稽山东南宛委山景区（见图4-40）。《嘉泰会稽志》卷九记载："宛委山在县东南一十五里……山下有栖神馆，唐改为怀仙馆，今为龙瑞宫"[1]。《康熙会稽县志》卷十六的记载："龙瑞宫在宛委山下，其旁为阳明洞天"[2]。

　　唐贺知章龙瑞宫记刻石其文《唐龙瑞宫记》曰："宫记：秘书监贺知章。宫自皇帝建候神馆，宋尚书孔灵产入道奏改怀仙馆。神龙元年再置。开元二年敕叶天师醮，龙现。敕改龙瑞宫。管山界至东秦皇酒瓮射的□西石山，南望海、玉笥、香炉峰，北禹陵，由射的潭、五□□□白鹤山、淘砂径、茗□、宫山、□□潭、葑田、菱池□洞天第十，名天帝阳明紫府真仙会处，黄帝藏书，□□□阙，□□□□，禹至阙得书治水，□禹之"[3]。可以看出，黄帝时便在宛委山下建候神馆，南朝宋尚书孔灵产将其名奏改为怀仙馆。唐神龙元年（公元705年）重建怀仙馆；开元二年（公元714年）朝廷下令叶天师在此设醮祈福，因见神龙故改名为龙瑞宫[4]。

　　南宋嘉定年间汪纲重建龙瑞宫，南宋《宝庆会稽续志》卷三记载"嘉定十四年，浙东提刑汪纲，以旱来祷设醮于宫，忽有物蜿蜒于坛上，体状殊异，不类凡虺，人皆知神龙所变化也。继而雨如倾注……汪既领郡事，遂重建龙祠，颇为严饰。又请于朝，赐龙神庙额为嘉应庙。"又云："嘉应庙即龙瑞宫，龙神之祠。十七年七月，

· 250 ·

汪纲有请于朝，赐庙额为嘉应，盖以祷雨有应云"[5]。

根据留下的大量诗词考证，龙瑞宫直至明末彻底衰败，至今遗址尚存，故其位置从未有变[6]。清顺治年间的《云门显圣寺志》有《龙瑞宫》诗云："翠微深处白云空，今日荒烟旧日宫。野鹤不回松月静，花侵残碣为谁红"。又："乘鸾人不返，深草见遗宫。云卧星坛冷，虫吟丹灶空"[7]。说明在清以前龙瑞宫已是遗宫埋深草，丹灶野虫吟。

（2）风景特征

宛委山乃越中名胜，是文化意义上的会稽山主峰。其南麓山谷为"阳明洞天"，在道教设置的36小洞天中排名第十。洞天的北部，横亘着一组山峦。根据《水经注》的记载，自西南向东北，可以区分出会稽、石匮、射的、石帆四山。其主峰"石匮"，据《越绝书》，有"覆釜"之名；据《吴越春秋》，有"宛委"、"天柱"之名；据《十道志》，有"玉笥"之名。从方志记载看，此峰的形状，一是"壁立干云，有悬度之险，升者累梯而至焉"；一是"其上有石，俗呼石匮"。实地考察今天的宛委山，但见其主峰从谷底平地拔起，直冲霄汉，确如"天柱"壁立。峰身上阶痕累累，应了王十朋诗中"天柱可梯"一句。仰望峰

顶，但见盘石于上，重叠峥嵘。相传其岩之巅，盘石之下，藏有"金简玉字之书"，夏禹发之，通治水之理。据《绍兴文物志》宛委山南麓谷地中最开阔处，东西向中轴线偏北高阜上为龙瑞宫遗址[8]。据《绍兴县志》对贺知章《唐龙瑞宫记》摩崖的记载，其周围山水环境，东有秦皇、酒瓮、射的山；西有石箦山；南有望海、玉笥、香炉峰；北有禹陵、射的潭、五云溪、水府、白鹤山、淘砂径、茗坞、宫山、鹿迹潭、蓴田、菱池[9]（见图4-62、图4-63）。

龙瑞宫作为越中著名道观，曾保存不少古代碑刻，其中最为出名的便是贺知章的《唐龙瑞宫记》摩崖石刻。《唐龙瑞宫记》摩崖在龙瑞宫西，宛委山南坡飞来石上。《嘉泰会稽志》卷十六载："龙瑞宫记贺知章撰并正书，刻于宫后葛仙公炼丹井侧飞来石上，漫灭。仅存宫内有重刻本"[1]。题记所刻削壁形状突兀，势若前倾，高约4米，宽达8.8米。题记高0.76米，宽0.69米。飞来石上除《龙瑞宫记》题刻外，尚有宋后摩崖题刻20余处，惜均漫漶不清。仅清光绪十九年（公元1893年）三月，会稽陶浚宣访寻此石所刻题记尚可通读。宫记亦因长期风雨剥蚀，字迹模糊。1963年公布为浙江省文物保护单位[9]。

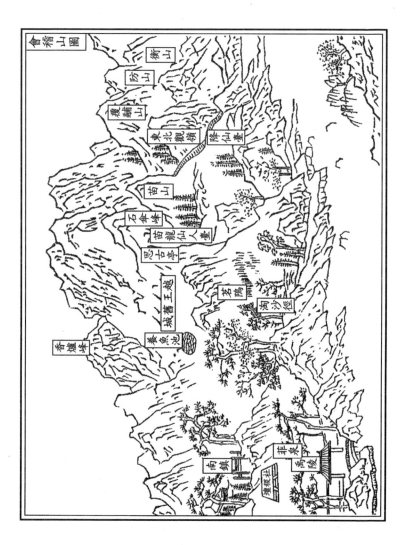

图4-62 会稽山图
（图片来源：摹自清《康熙会稽县志》）

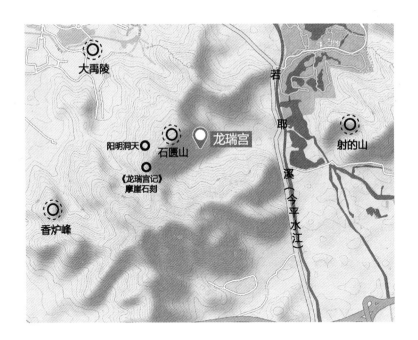

大禹陵

若耶溪（今平水江）

阳明洞天 ○ 石匮山 ● 龙瑞宫 射的山

《龙瑞宫记》摩崖石刻

香炉峰

参考文献：

[1] （宋）施宿撰. 嘉泰会稽志[M]. 台湾：成文出版社，1983.

[2] （清）董钦德. 康熙会稽县志[M]. 台湾：成文出版社，1983.

[3] （清）董诰等编. 全唐文（卷三百）[M]. 上海：上海古籍出版社，1990：1344.

[4] "中国方志丛书"华中地方. 民国绍兴县志第1辑[M]. 台湾：成文出版社，1983.

[5] （宋）张淏撰. 宝庆会稽续志[M]. 民国十五年（1926年）影印清嘉庆十三年（1808年）刊本. 台湾：成文出版社，1983.

[6] 柳哲霖.《嘉泰会稽志》勘误一则[J]. 中国地方志，2019（01）：67.

[7] 小梅田赵甸编辑；清溪释智睿校阅. 云门显圣寺志[M]. 清顺治十六年（1659年）刻本.

[8] 绍兴文物管理局. 绍兴文物志[M]. 北京：中华书局，2006.

[9] 绍兴县地方志编纂委员会编. 绍兴县志[M]. 北京：中华书局，1999：1787.

图4-63　龙瑞宫周边环境分析图
（图片来源：刘昕瑛 绘）

（1）背景资料

香炉峰，在绍兴市东南八里（见图4-40），为会稽山脉东白山沿主脉向东北延伸之尽处，海拔354.7米。一般称为会稽山主峰，因峰顶仅数十米见方，状如香炉得名，唐代诗人元稹在《春分投简阳明洞天作》诗中便以香炉相称："堤形弯熨斗，峰势踊香炉"。旧时香炉峰西为山阴，东为会稽，溪壑幽邃，山径曲折蜿蜒，奇俏引人入胜，峰顶若炉生烟，氤氲不绝[1]（见图4-64）。唐代孟浩然曾描述其"户外一峰秀，阶前众壑深"（《题大禹寺义公禅房》）。

香炉峰建寺溯源深远，其始建时间不详。据史书记载，距今1500多年前的南朝宋年间（公元420～479年），即建有天柱山寺，僧慧静住寺弘法多年，并著《文翰集》10卷行世。继有僧法慧"持律甚严，隐禹穴天柱峰，诵法华经，足不履人间者三十年"[2]。唐朝时期，白居易登攀香炉峰，参谒寺院，写下"石凹仙药臼，峰峭佛香炉"（《和微之春日投简阳明洞天五十韵》）[3]的诗句。著名诗僧灵澈晚年亦驻锡天柱山寺，后卒于山中。当时寺内有观音峰观音殿等[1, 2]。到宋代，寺院供奉玉雕观音像，始称"南天竺"，王十朋曾入寺瞻仰，留下"香炉自烟，天柱可梯"（《会稽风俗赋》）[4]之佳句。明代寺院一度为比丘尼修持之所。故邑人张汝霖登香炉峰留诗云："松盘佛顶巢刍尼，藤挂袈裟生简子"（《香炉峰》）[5]。清代，寺院又称"螺庵"，因寺前巨石环抱，直竖似炉，逆旋如螺，故名[2]。清咸丰年间（公元1851～1861年），在北坡建四面观音殿。清光绪七年（公元1881年），重建峰顶殿宇，复称南天竺。在此期间，山脊摩崖上相继题刻"云门"、"海上飞来"、"门对浙江潮"等。

民国三十年（公元1941年），侵华日军重兵盘踞香炉峰，修建工事，寺院遭废。日军投降后，寺宇渐次重建。20世纪60年代初，香炉峰顶尚有殿宇、僧舍十数间，至"文化大革命"结束时，僧尼无剩，殿宇拆毁，几成平地。改革开放后，香炉峰周边村民自发集资，修缮废圮殿宇，造佛塑像，供奉香火。至1988年，已重建殿舍800多平方米，寺院建设，初具规模。1990年，原中国佛教协会会长赵朴初居士亲笔为"炉峰禅寺"题匾赐名[2]。至2006年夏，寺域从北麓渐升峰顶，绵长四里，地广百亩，建筑面积达2万平方米。

（2）总体布局

炉峰禅寺是集佛教文化、古越文化于一体的越中名胜，炉峰禅寺屏香炉峰北麓而建，依山麓、山腰、山顶布置建筑，沿途可赏山地自然景观。山下为寺院建筑群，循三条登山路可登山，山腰中部平地为登山的过渡地带，山顶平台布置峰顶殿宇"南天竺"序列景观及炉峰禅寺（见图4-65）。

入山主要通道，步移景换，陡峭危岸。穿过山下寺院建筑群后登香炉峰，越吉祥亭（见图4-66）、如意桥（见图4-67）后拾级而上可抵达香炉峰中部山腰平地，主要殿宇前有一池水库，其西侧普济桥（见图4-68）横跨山谷"龙门"流出的山泉而建，水系与中心水库相通。沿西侧登山道向西而上过金惠亭、双馀亭、凤仙亭，可抵御风楼。而后蹬道顺山向东行。过妙通亭、青翠亭，即可看到立于山巅的思远塔，此塔也可作为"南天竺"山顶景观序列的开端。入"南天竺"牌坊（见图4-69），一路登攀，郁郁苍苍，岩岩嵬嵬，磅礴蜿蜒，1508级石阶，总长1988米，一气呵成，有"天柱可梯"之感。途中遇巨石森然，有半月岩、一片石、云门石、飞来石等奇峰异石，景色壮观（见图4-70）。山脊最窄处不过三四米，两侧悬崖峭壁。山脊石壁上有摩崖石刻七处，尤以晚清大书法家徐生翁《般若波罗蜜多心经》崖刻最为有名[2]。峰顶山寺门楣上旧有"慈云广被"匾额一方，系学界泰斗蔡元培所撰，今已不存，当代书法大家沈定庵居士重书，两代才俊，名刹留名[2]。

（3）风景特征

1）越中胜景——炉峰烟雨

"炉峰烟雨"被列为越中十二景之一。越中十二景分别是卧龙春晓、蕺山晴眺、秦望积雪、炉峰烟

图4-64　香炉峰图
（图片来源：清康熙十年（公元1671年）
《山阴县志》）

香爐峰圖

山

雨、若耶春涨、鉴湖秋水、禹庙苍松、兰亭修竹、星闸锦涛、柯亭夜月、曹江竞渡、吼山云石。其起源于清代嘉庆年间周恩来高祖周元棠写的《海巢书屋诗稿》，对当时绍兴十二处风景命名并诗，统称为"越州十二景"。其中对于"炉峰烟雨"的描述："不是巫山十二峰，淡烟细雨锁重重。岩封几点残痕系，树绕千丝密影浓。石径消残三尺雪，碧天穿破一声钟。竹林深处开图画，妙手难摹擘玉容"[6]。香炉峰之景在云雨天气观赏性最佳，具有淡烟细雨之特点；山间青山壁立，石径如挂，丹崖苍松，云雾缭绕[7]。抬眼远眺，南有稽山回峦，可点雄峰百数；北有鉴水碧波，古城新貌；西有绿野平畴，乡村美景；东北麓有大禹陵庙、宛委山阳明洞天和若耶溪诸多古迹胜景，格局特色，令人神往。

2）佛国圣境

炉峰禅寺古称天柱精舍、天柱山寺，又叫南天竺，以观音道场闻名遐迩，有"越中佛国"、"天竺胜境"之称。历史上，寺院屡经兴废。宋代，寺院供奉玉雕观音像，始称"南天竺"。明时寺院一度为比丘尼修持之所。清代寺院又称"螺庵"。清光绪七年（公元1881年），寺宇重建。自1984年起，寺院开始逐渐修缮，形成如今一大佛教建筑群。炉峰禅寺依山而建，山下有大雄宝殿、天王殿、三门殿、钟楼、鼓楼、报恩堂、会贤楼、丈室、放生池，山腰有四面观音殿、护法殿，山顶有观音宝殿、三圣佛殿等建筑。全寺绵长四里，地广百亩，建筑面积2万多平方米。

3）摩崖石刻

香炉峰摩崖：在城东南6公里会稽山香炉峰顶山道两侧石壁间，其中"云门"（见图4-71）"海上飞来"（见图4-72），行书。为清同治八年（公元1869年）孙庆所书。"门对浙江潮"五字（见图4-73），行书，清光绪二十四年（公元1898年）孙鼎烈书。"南无阿弥陀佛"六字，行书，无年款。另有"般若波罗蜜多心经"（见图4-74），共42行。前24行160余字，字径24×23公分，为开元寺僧商请徐生翁所书。刻于壁间后，徐不甚满意，故不再续书，现后18行120余字，为后人补写[8]。

参考文献：

[1] 孟田灿编著. 绍兴寺院[M]. 杭州：西泠印社出版社，2007.

[2] 宋自强. 越中佛国——绍兴炉峰禅寺[J]. 法音，2014（08）：60-62.

[3] （唐）李白等著. 中国古代名家诗文集·白居易集·卷1[M]. 哈尔滨：黑龙江人民出版社，2009：276-277.

[4] （宋）王十朋著；梅溪集重刊委员会编. 王十朋全集[M]. 上海：上海古籍出版社，1998.

[5] 郭学焕著. 浙江古寺寻迹[M]. 杭州：浙江古籍出版社，2018.

[6] 潘荣江，邹志方注析. 海巢书屋诗稿注析[M]. 杭州：浙江古籍出版社，2010：114-141.

[7] 张嘉兴著. 绍兴旅游[M]. 北京：中国旅游出版社，2004.

[8] 绍兴县地方志编纂委员会编. 绍兴县志[M]. 北京：中华书局，1999.

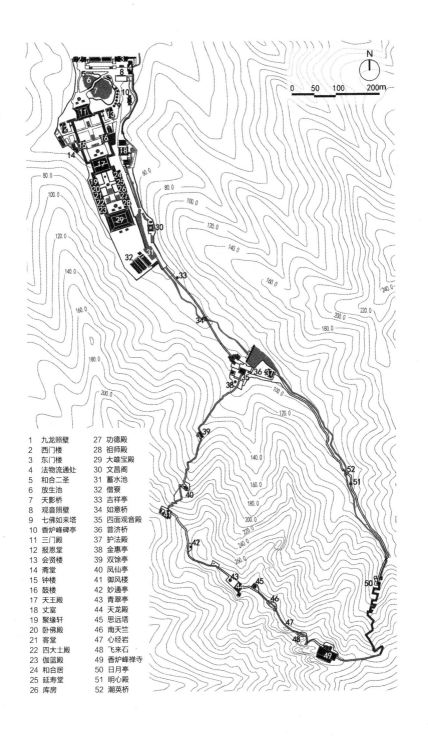

1	九龙照壁	27	功德殿
2	西门楼	28	祖师殿
3	东门楼	29	大雄宝殿
4	法物流通处	30	文昌阁
5	和合二圣	31	蓄水池
6	放生池	32	僧寮
7	天影桥	33	吉祥亭
8	观音照壁	34	如意桥
9	七佛如来塔	35	四面观音殿
10	香炉峰碑亭	36	普济桥
11	三门殿	37	护法殿
12	报恩堂	38	金惠亭
13	会贤楼	39	双馀亭
14	斋堂	40	凤仙亭
15	钟楼	41	御风楼
16	鼓楼	42	妙通亭
17	天王殿	43	青翠亭
18	丈室	44	天龙殿
19	聚缘轩	45	思远塔
20	卧佛殿	46	南天竺
21	客堂	47	心经岩
22	四大士殿	48	飞来石
23	伽蓝殿	49	香炉峰禅寺
24	和合居	50	日月亭
25	延寿堂	51	明心殿
26	库房	52	潮英桥

图4-65　炉峰禅寺平面图
（图片来源：项婕好、刘昕琰、张蕊 绘）

图4-66 吉祥亭
 　　（图片来源：张蕊 摄）

图4-67 如意桥
 　　（图片来源：张蕊 摄）

图4-68 普济桥
 　　（图片来源：张蕊 摄）

图4-69 南天竺
 　　（图片来源：张蕊 摄）

图4-70 香炉峰石景
 　　（图片来源：张蕊 摄）

图4-71 云门
（图片来源：张蕊 摄）

图4-72 海上飞来
（图片来源：张蕊 摄）

图4-73 门对浙江潮
（图片来源：张蕊 摄）

图4-74 般若波罗蜜多心经岩
（图片来源：张蕊 摄）

（1）背景资料

秦望山脉，坐落在绍兴城区南部和西南部（见图4-40），为古越文明之摇篮，文化积淀甚厚，包含秦望山、凤凰山、香炉峰等多座山峰、山岗，其中秦望山为众峰之极。

《越中杂识》记载："秦望山，在会稽县东南四十里，高出群山之表，秦始皇登此以望东海。其东南隶会稽，西北隶山阴，与城中卧龙山屹对，为府治屏障"[1]。《嘉泰会稽志》卷九载"越城凡三山，能与秦望山为主客者，卧龙、宝林、蕺山也"[2]。说明秦望山为会稽山脉众峰之杰，其海拔543.6米，是越地的标志。绍兴民谣有"香炉总算高，不及秦望一层腰"。峰顶方不过十余步，无高木，怪石嶙峋，因地迥多风所致。《史记·秦始皇本纪》载："三十七年十月癸丑，始皇出游……上会稽，祭大禹，望于南海，而立石刻颂秦德"[3]。秦望山因秦始皇嬴政曾登览于此而得名，闻名于世。据《高僧传》记载，晋义熙十三年（公元417年）高僧昙翼游会稽，履访山水，至秦望山西北，见五岫骈峰，有耆阇之状，乃结草成庵，称法华精舍[4]（见图4-75）。

秦望山山势挺拔巍峨，是俯瞰越中胜景的最佳所在，以其优美的自然风光及深厚的历史底蕴，受到历代文人骚客的赞咏。郦道元《水经注》卷四十提到："秦望山在州城正南，为众峰之杰，陟境便见。《史记》云：'自平地以取山顶七里，悬隥孤危，径路险绝；扳萝扪葛，然后能升。山上无甚高木，当由地迥多风所致'"[5]。唐朝以降，罗隐、薛据、萧翼、白居易、陆游、王阳明、徐渭等文人名家都曾登临秦望山并留下千古诗文及动人传说。唐朝诗人薛据《登秦望山》载："南登秦望山，目极大海空。朝阳半荡漾，晃朗天水红。黔鳌争喷薄，江湖递交通。而多渔商客，不悟岁月穷。振缉迎早潮，弭棹候长风"[6]。唐朝萧翼《留题云门》载："绝顶高峰路不分，岚烟长锁绿苔纹。狝猴推落临崖石，打破下方遮月云"[7]。描述了他眼中云蒸霞蔚，气吞碧湖，势入东溟的秦望山。明朝王阳明《登秦望山》载："秦望独出万山雄，萦纡鸟道盘苍空。飞泉百道泻碧玉，翠壁千仞削古铜"[8]。在清代"秦望积雪"被列为越中十二景之一，清代周元棠《秦望积雪》诗云："东风有信倩谁投？寒锁稽山尚白头。玉女调脂新晕印，藐姑傅粉旧痕留。添多柳絮影偏住，剩有梅花香已收。深僻云岩春到晚，梦成高士尽悠悠"[9]。

（2）交通游线

如今秦望山已重修古道，全长29公里。从南登顶（平水镇覆釜岭古道-云门步道-秦望山古道环线徒步）可追随唐代萧翼行迹游观迄今有1700多年历史的悠久古刹——云门寺。从西南登顶（平水镇五联村后岭—后岭顶—秦望山顶）可游经崇福寺即绍兴府城隍庙，也是会稽、山阴之分界岭。从东南道场庵步道、水库坪到秦望山则是一条禅宗与爱国之路，有佛教之宗《三论宗》诞生地嘉祥寺遗址，也有抗日战争时期弹坑遗迹。经妃子岭步道、妃子庙、天衣寺、后岭到达秦望山，可感受宋高宗赵构的颠沛历史，了解妃子岭典故由来。经过五联村兵康进入法华步道、天衣寺、后岭到秦望山，可经浙东唐诗之路的重要节点——天衣寺，唐代诗人白居易《题法华山天衣寺》中"山为莲宫作画屏，楼台迤逦插青冥"描写这一带风光，许多唐代诗人亦在此一带留下诗词。此外，也有其他可欣赏秀美自然风光的路线，如：从西南苹果山步道到达秦望山顶，一路竹林、溪流、飞瀑相伴，亦称为秦望山大峡谷。

（3）秦望山石刻

秦会稽刻石（见图4-76），俗称《李斯碑》，是秦代李斯在秦望山巅留下的289字篆。在大禹陵碑廊内，原刻立于县南12公里秦望山。《越中杂识·碑版》曰："始皇三十七年，东巡会稽，刻石纪功，丞相李斯书之，取钱塘岑石刻文，石长丈四尺，广六尺，立于越东山上"[1]。宋绍兴初（公元1131年）姚岑威上秦

图4-75　秦望山图
（图片来源：清《康熙会稽县志》刻本）　　·264·

秦望山圖

李斯碑

錢公巖

崇福庙

望，又至鹅鼻山，见一碑，文仅隐约可见。后二十余年，鹅鼻山仅存插碑石屋，而碑已无。梁安世至秦望东南何山，见一碑，但字迹磨灭已尽。元至正元年（公元1341年），绍兴路总管府推官申屠駉以家藏旧本摹勒，小篆。清康熙年间为石工磨损。清乾隆五十七年（公元1792年）知府李亨特以申屠氏本重刻，置于郡庠之稽古阁（今稽山中学内）。有李亨特自跋及翁方纲、阮元、陈焯等题名。碑高2.20米，宽1.05米。1987年始移入碑廊[10]。

法华寺碑：在南池秦望山法华寺遗址旁。碑高3.05米，宽1米，厚0.3米。碑下设梯形基座，上有碑额，碑额正中镌有"唐秦望山法华寺碑"八字，两侧为深雕双龙戏珠图案。碑文22行，满行54字，行书。唐开元二十三年（公元735年）十二月八日李邕撰并书。碑文记述佛教教义及法华寺建造年代和修缮经过。会昌年间，寺碑俱毁，不久重建，并复刻碑文。明初寺碑又毁。万历年间（公元1573～1619年），陶文简复建寺，并重镌法华寺碑。然将建碑时间误刻为"唐开元十三年二月廿八日"。碑文中"基"字缺笔，以避李隆基之讳。1987年公布为绍兴县级文物保护单位[10]。

参考文献：

[1] （清）悔堂老人著. 越中杂识[M]. 杭州：浙江人民出版社，1983.
[2] （宋）施宿撰. 嘉泰会稽志[M]. 台湾：成文出版社，1983.
[3] （汉）司马迁著. 史记本纪[M]. 西安：三秦出版社，2008.
[4] 丁柏恩. 秦望山访禅记[J]. 野草，2007（05）：54-55.
[5] （北魏）郦道元著. 水经注·卷四十[M]. 长春：时代文艺出版社，2001.
[6] （清）彭定求主编；陈书良，周柳燕选编. 御定全唐诗简编 中[M]. 海口：海南出版社，2014.
[7] 洪丕谟著. 佛诗三百首[M]. 合肥：安徽文艺出版社，2015.
[8] 束景南，查明昊辑编. 王阳明全集补编[M]. 上海：上海古籍出版社，2016.
[9] 潘荣江，邹志方注析. 海巢书屋诗稿注析[M]. 杭州：浙江古籍出版社，2010：120.
[10] 绍兴县地方志编纂委员会编. 绍兴县志[M]. 北京：中华书局，1999.

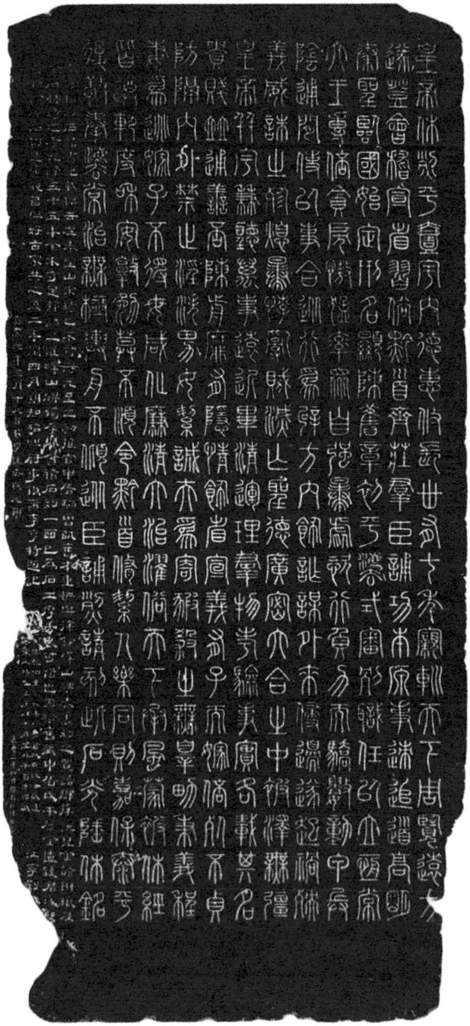

图4-76　李斯碑刻文
（图片来源：《绍兴文物志》）

（1）背景资料

绍兴东湖，位于浙江绍兴城东6公里处的箬篑山北麓（见图4-40）。相传公元前210年，秦始皇到绍兴会稽山南巡，曾在此处停车，用当地生长的"箬草"饲马，故名箬篑山，东湖园林中的"秦桥"得名于此。

箬篑山又名绕门山，是一座树竹繁盛的青石山，开山取石由来已久。自汉代起，绍兴城因兴建城墙，开挖运河所需，一代代石工经年累月在箬篑山采石[1]；至隋代因筑州城所需，山之东北尽被削去，竟凿出峭壁陡立、湖水幽泓的东湖园林雏形[2]。清光绪二十二年至二十五年间（公元1896~1899年），清末著名书法家、学者陶浚宣回乡隐居，在其族兄陶在宽、陶仲彝等协助下，筹得银元8000余块购地造景，仿桃源意境营建园林，筑堤围湖，将东湖与浙东古运河一分为二；并修桥建亭，在东部立书院学堂，在中部造别业，形成东湖园林面貌[3]，其以岩石、岩洞、石桥、湖面、长堤的巧妙组合，素有"水石大盆景"[4]之美誉。

民国三年（公元1914年），为纪念遇难的民主革命家陶成章（陶浚宣侄孙），住宅部分花厅被辟为专祠"陶社"。民国三十年至民国三十四年（公元1941~1945年），东湖是日伪军的驻扎地点，陶社等建筑被毁。抗战胜利后，在东湖西部择地重建陶社。中华人民共和国成立后东湖园林多有变迁，曾一度散为东湖农场和村民农居地。1979年绍兴市园林部门对东湖公园进行了较大规模的建设：挖掘河道、砌筑堤岸、改建围墙、铺设道路、修建桥亭、加固假山塘池,新建寒碧亭、揽越亭、静趣亭、小稽轩等建筑。1981年辛亥革命70周年之际,市政府拨款在湖西重建陶社。1986~1989年间,新建扬帆舫、稷寿楼、东湖餐厅,并改造主入口,拓扩道路等[5]。20世纪90年代初借部分箬篑山山地,山水景观联成一体;90年代末又增建了入口景区,逐步呈现今日东湖风景区风貌[3]。2011年,东湖石宕遗址被公布为浙江省文物保护单位。

（2）总体布局

从整体山水结构（见图4-77）来看,由北往南景观层次依次为河、堤、湖、山。东湖园林北面利用长堤与园墙将园内与园外古运河分隔开来,南面就原有自然"残山剩水"造景,形成东湖园林"外堤-外湖-内堤-内湖-山区"的复层水石空间结构（见图4-78）。堤、桥不仅起到分隔水面、组织交通的作用,更成为一条绝佳的观赏湖山风景的游线。

1）外堤外湖区

外堤长约二百余丈（实测620米）,将东湖与浙东古运河一分为二,湖堤上有"静趣桥""万柳桥"沟通内外水系。入院跨"揽月桥",即可抵达园之入口西仪门,亦是外堤的西端,额题篆书"陶园",其联曰:"崖壁千寻此是大斧壁画法,渔舫一叶如入小桃源图中",以文点题。外

堤东端为东仪门,联曰"此是山阴道上,如来西子湖头"。两门之间,长堤串起陶社、静趣桥、万柳桥等。陶社位于东湖外堤以南的竹林之中,是为纪念辛亥革命烈士陶成章而建的祠堂。坐北朝南,三开间单檐歇山顶。南面前廊金柱楹联:"半生奔走,有志竟成,开中华民主邦基,君子六千齐下拜;万古馨香,于今为烈,是吴越英雄人物,湖山八百并争光",堂上悬挂民国五年（公元1916年）孙中山先生所提的"气壮山河"四字横匾。东侧有亭桥名"静趣",面阔三间,中部抬高处为歇山式屋顶。稍前是"万柳桥"。外堤尽处是东仪门,门前有稷寿楼、扬帆舫、东湖书院等学堂院落建筑群,院中有水池"墨池",台前叠湖石假山题陶浚宣手书"此峰自蓬岛飞来"（见图4-79）,东侧这里是原来东湖的入口处。

外湖狭长水面自西向东被半岛、秦桥和霞川桥划分为3段水面,长约160~190米,宽约80米。秦桥为14级石阶形似满月的马蹄形拱桥,南北两端各连三孔平桥,造型优美（见图4-80）;霞川桥为3孔石梁桥,形体轻灵简洁,镌刻"剪取鉴湖一曲水,缩成瀛海三山图"桥联;外湖区园桥形态各不相同,体现了绍兴极高的石桥建造艺术水平[3]。

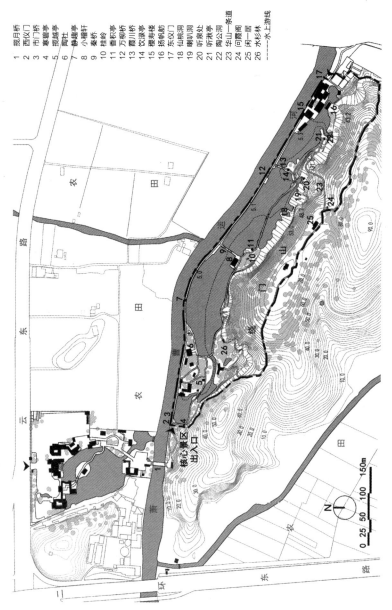

图4-77　东湖平面图
（图片来源：张畅、张蕊　绘）

1　揽月桥
2　西仪门
3　市门桥
4　襄碧亭
5　揽越亭
6　陶社
7　静趣轩
8　小稽轩
9　秦桥
10　桂岭
11　香积亭
12　万柳桥
13　霞川桥
14　饮渌亭
15　樱寿楼
16　扬帆舫
17　东仪门
18　仙桃洞
19　喇叭洞
20　听泉处
21　听湫亭
22　陶公洞
23　华山一条道
24　问霞阁
25　闲居
26　水杉林
----　水上游线

· 270 ·

图4-78　东湖风貌

（图片来源：刘昕雨 摄）

· 271 ·

2）内堤内湖区

内堤由假山、散礁石矶、石板、汀步、跨桥等组成，将湖面分为内湖和外湖，也构成近距离观赏富于变化的核心景观崖壁与内湖的主要场所。内堤下横向铺展的散礁以及几处紧贴地面的石矶峭壁，使箸簧山的延伸之势与挺拔之势再一次得到映衬[6]。内堤西端接秦桥南首小稽轩与"香积亭"，东端与霞川桥南首"饮渌亭"相连，其间可赏"桂岭""仙桃洞""喇叭洞"等核心景观。

小稽轩位于秦桥西南端，是一处临水砖石建筑（见图4-81），坐南朝北，三开间单檐硬山造，面湖一侧有出挑露台，面山一侧设置屋外走廊、台阶。轩东南侧"桂岭"假山起伏（见图4-82），遍植金桂丛丛，秋季丹桂飘香，其附近临水处四角攒尖亭"香积亭"便因此得名。"仙桃洞"是两个石宕间留下的石壁，石壁中央凿出一门，两侧石刻"洞五百尺不见底，桃三千年一开花"联，额镌"仙桃洞"三字（见图4-83）。向东则是下大上小状的锥形洞口，似喇叭状，故名"喇叭洞"（见图4-84），因可回音传声，故又名"空谷传声洞"，洞一侧石壁亦有"空谷回声"石刻。东行则至"饮渌亭"，系六角攒尖顶建筑，楹联"崖壁千寻，此是大斧劈画法；渔舫一叶，如入古桃源图中"。

亭北即与霞川桥相通。

3）山麓区

山麓西首角落"寒碧亭"，系新中国成立后修缮时所建，三角攒尖亭，因坐落在山北角落终年少见阳光而得名；东侧水杉林北侧半岛的山坡上有"揽越亭"，四角攒尖顶，登揽越亭可俯瞰东湖西侧曲水湖面，竹林水杉，一幅水乡野趣。

山麓东首陶公洞，为竖井式洞穴，洞离湖面高47米，水深18米[6]，水面窄小似带，洞内天光骤暗清凉无比。出陶公洞，水畔半岛有六角攒尖亭"听湫亭"，以静听洞内水珠入潭之声。亭东有船停登岸的河埠石阶，亭西接登山栈道"华山一条道"，悬崖临水，陡峭峻险，可俯瞰东湖全貌。过问霞阁、闲一居、茶园，最后下山到西边水杉林[7]，山上绿茶翠竹，饶有山林意趣。

（3）园林意匠

1）残山剩水，匠意独具

东湖原为采石的石宕遗址，这些"残山"开采完成形成湖塘，共同形成"残山剩水"的别样景致。古代的石匠们独具匠心，具有高超的技艺和丰富的想象力，将遗留的石壁进行加工处理，化腐朽为神奇。陶浚宣独具慧眼的相地，充分利用场地的景观特质，以极高的文化艺术修养创造出意蕴深刻、独树一帜的舟游水石园林景观。使得该园充分表达了绍兴私家园林有别于苏州私家园林的真山真水舟游其中的越中特色。潘谷西先生曾言:"匠意独运,巧加斧凿,整理开采出来的洞壑崖壁,会使人重新领略到自然山石景观的意韵,即所谓'知不是天造,良工匠意成。千年云气老,七日混沌生'"[8]。

2)寄情于景,意味深求

园林建筑的楹联题词既表明了陶浚宣对东湖山水美学的深刻理解,也寄托了园主人的情感和理想,文学艺术与园林意境很好地结合在一起,使东湖园林景观超越了简单的自然风景审美,上升到艺术美和意境美的高度。郭沫若先生早年秋游东湖镌刻题诗"箬篑东湖,凿自人工,壁立千尺,路隘难通。大舟入洞,坐井观空。勿谓湖小,天在其中"。景物虚实互应,处理的妙处在于其深远不尽的表达,而非一览无余。我国风景园林学著名教育家孟兆祯院士曾对东湖仙桃洞等景赞赏不已,赞叹其设计"不仅科学,而且浪漫"。

参考文献:

[1] 孙伟良. 从清代告示碑文管窥羊山采石史[J]. 浙江方志, 2011(3): 43-46.

[2] 绍兴文物管理局编. 绍兴文物志[M]. 北京: 中华书局, 2006: 161.

[3] 王欣, 陈明明, 张斌. 绍兴东湖造园历史及园林艺术研究[J]. 中国园林, 2013, 29(03): 109-114.

[4] 陈从周. 书带集[M]. 广州: 花城出版社, 1984: 5-8.

[5] 任桂全总纂; 绍兴市地方志编纂委员会编. 绍兴市志[M]. 杭州: 浙江人民出版社, 1996.

[6] 沈超然. 绍兴东湖理景艺术研究[D]. 北京: 北京林业大学, 2013.

[7] 沈超然, 刘晓明. 奇山秀水美天下——论绍兴石宕园林的代表作东湖的理景艺术[J]. 中国园林, 2015, 31(07): 83-87.

[8] 潘谷西. 江南理景艺术[M]. 南京: 东南大学出版社, 2001.

图4-79 "此峰自蓬岛飞来"湖石假山　　图4-80 陶浚宣时期东湖秦桥
　　　（图片来源：张蕊 摄）　　　　　　　　（图片来源：参考文献[3]）

图4-81 今小稽轩与秦桥　　　　　　　图4-82 桂岭
　　　（图片来源：成晨 摄）　　　　　　　　（图片来源：成晨 摄）

图4-83 仙桃洞
　　　（图片来源：成晨 摄）

图4-84　喇叭洞（"空谷传声洞"）
（图片来源：张蕊 摄）

（1）背景资料

吼山，位于绍兴城东皋埠街道境内。古名犬山，今作吼山（见图4-40）。史载："犬亭山，在府城东南三十里，宝山北……呼为狗山，又曰吼山"[1]。越王句践时这里曾是一个畜养基地。《越绝书》卷八载："犬山者，句践罢吴，畜犬猎南山白鹿，欲得献吴，神不可得，故曰犬山"[2]。

从汉代开始，吼山就被先人们看中其石质优良，在此大规模开山采石，用来铺设纤道、建造桥梁、构筑城池等。后经历代开山采石，这里成为了越地胜景之一。宋时吼山是爱国诗人陆游的故居，"陆氏自迁徙至吼山后，子孙显贵，故各建第宅"，分别有"太傅宅""宣奉宅""左丞宅""祠部宅"和"渭南宅"等，成为一组较大的建筑群[3]。明代徐渭喜游吼山，特别留恋放生池，直呼其"幽奇"，并赋诗一首："小桥一洞莲花巘，大唇残虹撑水面。江妃水面不胜寒，却来人间开宫殿"[4]。陶氏望族视吼山为风水宝地，历经几代数十人上百年购置田产，或筑屋建阁，或隐居，或著作，或会友，从文从义从佛，蜚声一方文明[3]。清嘉庆年间，周元棠来吼山避暑，赋《吼山曹溪避暑》诗一首："江涵山影近如帆，势接蓬莱迥不凡。波涨半篙通小约，雪封双柱护灵岩"[4]。近代蔡元培回绍兴曾逗留于吼山，见吼山风景秀丽但花木稀少，便率领乡亲在此引种蟠桃。现吼山已辟为风景区，经过开发建设，成为具有深厚文化内涵的旅游胜地。

（2）总体布局

如今吼山风景区包含东北部的曹山及西南部的吼山两个部分，两山之间夹有溪流（见图4-85）。

曹山小而奇秀，山上竹木成林，四季常青。《万历绍兴府志》记载："山之北岸有小山，曰曹家山，旧亦伐石，玲珑若户牖。岁久，萝木蔓之，而积水成深潭，移舟其中，一洞天妙景也"[1]。山上原有一楼阁，凌空而起，名曰"石篑山房"，据说是明朝陶望龄读书处，现已不存。山脚是采石留下的石宕，蓄水成潭，潭深水清，名水石宕，岩壁上刻有"放生池""观鱼跃"等摩崖石刻。潭上西侧有一条石梁横跨水面，梁长二十余米，形如青狮翘首，憨态可掬[5]。洞中镌有清康熙年间名人所书"武陵源"行草一首，"霹雳何年古洞开，白云缭绕水紫洄。渔郎去后桃花尽，谁引诗人入洞来。"岩壁延伸至东侧，一孤岩自山顶悬空而下，直探水底，酷似"象鼻吸水"。潭中残石，形态各异，水石相映成辉，使人流连忘返（见图4-86）。

沿道路西行跨过石桥便可至吼山脚下。沿桃园小径，穿过类似城门的拱形石门，便抵达"烟萝洞"，遂觉豁然开朗，仿若别有洞天。洞名为明代兵部员外郎陶允宜命名，并在此撰写《镜心堂稿》十五部。明代文学家张岱的《陶庵梦忆》亦成书于此。

烟萝洞面积约8000平方米，四周陡壁屹立，形如一口竖井，为采石留下的空谷[5]。中部一汪池潭，潭偏南部架一石桥"莲花桥"，桥西有六角亭攒尖亭曰"烟萝亭"，亭北有二层水榭；南端有一块与岩壁相连的巨石向外延伸，由石柱支撑，似伞似屋，顶有小洞，仰视洞口一线天色，如刀斧凿成，石壁上刻有"一洞天"（见图4-87）。其北侧拾级而上，山腰处有三角亭名曰醉亭，一股山泉自山顶而下，飞瀑缀帘，曰"龙涎水"。

烟萝洞南便是著名的"剩水荡"，一个独立的水石宕。张岱赞之曰："谁云鬼刻神镂，竟是残山剩水"。它三面陡壁矗立，深十余米，水清见底。四周草木丛生，郁郁葱葱。峭壁顶端，银色瀑帘飞流直泻，如钻石和珍珠撒在眼帘前。荡中一块耸拔而起的山岩称为"中流砥柱"，像刀削斧砍似的方正挺直[5]（见图4-88）。剩水荡南靠山一侧开辟一条曲尺平桥可通往石宕内部的空谷，见一石柱耸峙，其上爬满藤蔓，取名"藤抱石"。荡东有临水回廊"环碧轩"，西有山间"望云亭"，望云亭楹联"一崖高欲说云，一潭碧自评月"，道出了它所在环境，仰观其上行崖壁"神犬护山"，俯瞰其下水荡之景。

沿登山道继续南上路旁有"仙人亭"，此亭为六角攒尖石亭，上有楹联"仙人谷罢留香去，骚客吟成后世评"。亭后有"神仙浴池"，池小明净，其旁有一陡壁，仿若屏风（见图4-89）。传说，神仙在棋盘石上对弈毕，顺梯下池沐浴，小憩之所乃"仙人亭"。

山顶是依山而建的寿宁禅寺，寺为北宋宣和五年（公元1123年）陆游的二祖父陆傅出资在吼山建造，寺内建筑风格独特，气势恢宏，富于古意（见图4-90）。大雄宝殿飞檐凌空，鱼珠脊顶；落地廊柱，合人可抱；白玉栏杆，青石铺地。殿内佛像皆是香樟雕刻，纯金贴身。中间如来大佛，高五米，安详凝重，端坐在九品莲台上。整座寺院，透刻敷彩，金碧辉煌。

出寿宁禅寺沿栈道拾级而下至吼山石景之精华的"云石"和"棋盘石"，被誉为"天下奇石"（见图4-91）。"云石"据《康熙会稽县志》卷三记载："好事者摭其景为八，题咏颇多，曰犬亭云石者缘此尽白石，为工人所伐，独有孤存者，一笋矗霄，可数十丈，亭亭如云"[6]。仰观云石，倒立如锥，上搁一飞碟形巨石。其西侧"棋盘石"上有横石三块，崔嵬离奇，传说曾有两位神仙在此弈棋。棋盘石高二十余米，

周十余米，底部瘦削，上覆三块犬牙交错的巨石，拔地而起，**巍峨雄奇**[7]。其旁"尽览亭"联"登此亭也碧山秀水皆尽览，入其壑乎幽窟奇岩任悠游"，视为欣赏奇石的最佳观景点，亦可登高揽胜。尽览亭东有吼山桃林，为蔡元培先生所开辟，享有盛名，至今已有七十多年历史，一俟春天，数千棵桃树争相怒放，景象蔚为壮观。

（3）造园意匠

吼山，石秀、水秀、洞幽、花艳，堪称江南一绝[4]。人工采石所残留的云石、棋盘石，经过千百年的风霜洗礼，成为一大奇观；曹山小而奇秀，放生池深而幽奇，青山环秀水，白象伴青狮，有"江南武陵源"之美称；烟萝洞看飞瀑流云、千岩万壑，渴饮清泉、累坐洞穴，是微型的中国古园小景；剩水荡真山真水，崔嵬离奇，虽是人工凿凿，却胜似自然；果树满坡，桃林果园与山水相映成趣。吼山历史悠久、景观独特，吸引了众多名人大家来此探胜觅幽，就明朝来说先有徐渭留恋放生池赋诗，后有陶允宜在吼山烟萝洞读书，再有陶望龄在曹山石岩建书房，袁宏道逗留吼山写传记，张岱留下"谁云鬼刻神镂，竟是残山剩水"的千古绝唱。自然与人文的完美结合，使吼山成为具有深厚文化内涵的风景胜地。

参考文献:

[1] （明）萧良干等修；张元忭等纂. 万历绍兴府志·卷四[M]. 明万历十五年（1587年）刊本. 台湾：成文出版社, 1983.

[2] （东汉）袁康,（东汉）吴平著. 越绝书[M]. 杭州：浙江古籍出版社, 2013.

[3] 沈国军, 张国良, 严依勒, 张王印, 叶金龙. 多元奇特之风景园林——绍兴吼山风景区探秘[J]. 中国园艺文摘, 2009, 25（03）: 147-148.

[4] 何信恩, 钱茂竹主编. 绍兴石文化[M]. 呼和浩特：远方出版社, 2003.

[5] 绍兴文物管理局编. 绍兴文物志[M]. 北京：中华书局, 2006.

[6] （清）董钦德. 康熙会稽县志[M]. 台湾：成文出版社, 1983.

[7] 魏仲华, 徐冰若主编. 绍兴[M]. 北京：中国建筑工业出版社, 1986.

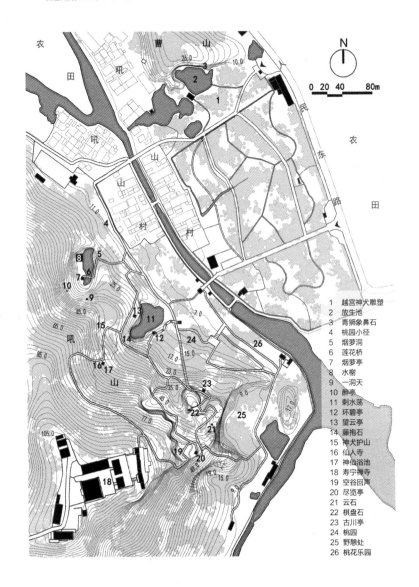

1 越宫神犬雕塑
2 放生池
3 青狮象鼻石
4 桃园小径
5 烟萝洞
6 莲花桥
7 烟萝亭
8 水榭
9 一洞天
10 醉亭
11 剩水荡
12 环碧亭
13 望云亭
14 藤抱石
15 神犬护山
16 仙人寺
17 神仙浴池
18 寿宁禅寺
19 空谷回声
20 尽览亭
21 云石
22 棋盘石
23 古川亭
24 桃园
25 野憩处
26 桃花乐园

图4-85　吼山平面图
（图片来源：张畅、张蕊　绘）

图4-86　曹山水石宕
　　　（图片来源：张蕊 摄）

图4-87　烟萝洞一洞天
　　　（图片来源：张蕊 摄）

图4-88　吼山剩水荡
　　　　（图片来源：张蕊 摄）

图4-89　神仙浴池
　　　　（图片来源：刘昕瑛 摄）

图4-90　寿宁禅寺
　　　　（图片来源：刘昕瑛 摄）

（1）背景资料

宋六陵，位于绍兴市越城区东南十八公里的富盛镇宝山（又称上皇山）南麓（见图4-40），此处山冈雄伟，草木繁盛，风景秀丽。所谓南宋六陵，是指高宗以降六代帝王的陵墓（攒宫）[1]。

宋六陵四周青山环绕，中间为一块盆地，占地2.5平方公里。东傍青龙山，南接紫云山，西依五虎岭，北靠雾连山；发源于紫云山、大仁龙山而贯穿盆地的水流，成为陵园山水景观的重要组成部分。现地面建筑尽毁，尚有部分墓冢石及百余棵古松[2]。

宋六陵始建于南宋初年，初建北宋哲宗皇后孟氏（隆祐皇太后）攒宫之时，本只为权宜性质，为以后迁奉到河南巩义北宋皇陵，浅埋简葬于此。《嘉泰会稽志》卷六载："绍兴元年（公元1131年）四月十四日奉，隆祐皇太后遗诰：'敛以常服，不得用金玉宝贝，权宜就近择地攒殡，候军事宁息，归葬园陵。所制梓宫，取周吾身，勿拘旧制，以为它日迁奉之便'……自四月至六月，甫三十五日而攒宫告成"[3]。自此以后，高宗赵构的永思陵、孝宗赵昚的永阜陵、光宗赵惇的永崇陵、宁宗赵扩的永茂陵、理宗赵昀的永穆陵、度宗赵禥的永绍陵，相继营建于此，世称"宋六陵"。此外，还有北宋徽宗（陵名永祐），徽宗皇后郑氏、韦氏，南宋高宗皇后邢氏、吴氏，孝宗皇后谢氏，宁宗皇后杨氏陵寝，一共"七帝七后"陵寝。

元至元十五年（公元1278年），被杨琏真伽盗掘。明洪武二年（公元1369年）太祖朱元璋敕遗骸归故陵，并加修葺，重竖碑石，刻有帝名、陵名。1966年秋，陵墓封土被夷平，墓碑被毁。20世纪70年代初，垦为茶园。但墓穴尚存，古松犹盛（见图4-92）。1984年后重加保护，划定保护范围，树立石刻保护标志，灭杀松树蚁害。1989年公布为浙江省文物保护单位[4]。宋六陵是反映我国宋代皇家陵寝制度及其演变的重要遗址，于2013年公布为全国重点文物保护单位。

（2）布局研究综述

由于宋六陵在元代遭到毁灭性的盗掘，到明清时期，有关诸陵的位置次序已经模糊。目前所能见到较早的有关南宋诸陵的布局图是《万历绍兴府志·宋六陵图》和《康熙会稽县志·宋六陵图》，两图内容一致（见图4-93）。1957年宋六陵所在地的攒宫养鸡场因耕作需求，测绘了一份《攒宫养鸡场耕作图》（见图4-94），此图普遍认为属于当时地面遗存状态的真实记录且反映了当时口碑沿袭的真实状况。

当代学者对于宋六陵的攒宫布局多有讨论，较早的一篇是1985年何忠礼《南宋六陵考略》[5]一文中对于宋六陵攒宫位置的推测（见图4-95），刘毅《南宋绍兴攒宫位次研究》[6]一文中认为宋六陵分为南北两

个区域，南陵区葬徽、高、孝、光四帝和孟、郑、韦、邢、吴、谢六后；北陵区葬宁、理、度三帝和杨后，并绘制了《南宋攒宫位次示意图》（见图4-96）。2012年西泠印社出版社的《中国柯桥·宋六陵暨绍兴南宋历史文化学术研讨会论文集》[7]中收录了多位学者对于宋六陵攒宫的研究成果，其中葛国庆《南宋陵园各攒宫位次再研究》，较全面地综述了明代以后关于"陵图"的古今绘制成果，并提出了自己对于攒宫位次的研究结论（见图4-97）。有关宋六陵位置次序目前尚无定论，还需经过考古发掘之后验证。

（3）价值余韵

宋六陵的重要价值在于它一方面继承了北宋皇陵规制的传统，另一方面又开创了明清皇陵规制的先河。在继承方面，宋六陵的选址之所以在绍兴宝山一带，是因为它在当时南宋都城临安的东南方，是堪舆学说"五音姓利"中利于国音赵姓的方位。这和北宋的选陵择地原则是一致的，宋代皇陵帝后分葬，宋六陵也是如此。陵上建筑分上、下两宫。以高宗永思陵为例，据宋周必大著《思陵录》记载，永思陵分为上下宫。下宫有外篱门、棂星门、围墙、殿门、大窑子、献殿、龟头石藏子等。这些都是对北宋

皇陵规制的继承。在开创方面，南宋之前，皇陵通常是深葬的，而宋六陵是南宋皇室的权殡之地，所以墓葬属于浅埋，这是古代皇家陵寝制度发展的一个转折点。此后，明十三陵等就是参照宋六陵"攒宫"规制来设计的[8]。由此可见，宋六陵对后世皇陵规制的影响十分深远。

参考文献：

[1] 何忠礼，俞观涛. 南宋六陵考略[J]. 杭州大学学报（哲学社会科学版），1985（02）：104-116.

[2] 绍兴市社会科学界联合会，绍兴市社会科学院编；陈岩丛书主编. 绍兴名胜丛谈[M]. 宁波：宁波出版社，2012.

[3] （宋）施宿撰. 嘉泰会稽志[M]. 台湾：成文出版社，1983.

[4] 绍兴县地方志编纂委员会编. 绍兴县志[M]. 北京：中华书局，1999.

[5] 何忠礼，俞观涛. 南宋六陵考略[J]. 杭州大学学报（哲学社会科学版），1985（02）：104-116.

[6] 刘毅. 南宋绍兴攒宫位次研究[J]. 考古与文物，2008（04）：52-62.

[7] 绍兴县文化发展中心，越国文化博物馆. 中国柯桥·宋六陵暨绍兴南宋历史文化学术研讨会论文集[M]. 杭州：西泠印社出版社，2012.

[8] 绍兴市文化广电旅游局（市文物局）官网：http://sxwg.sx.gov.cn/art/2020/7/20/art_1651021_34350289.html.

图4-92　宋六陵现状
（图片来源：转引自网络）

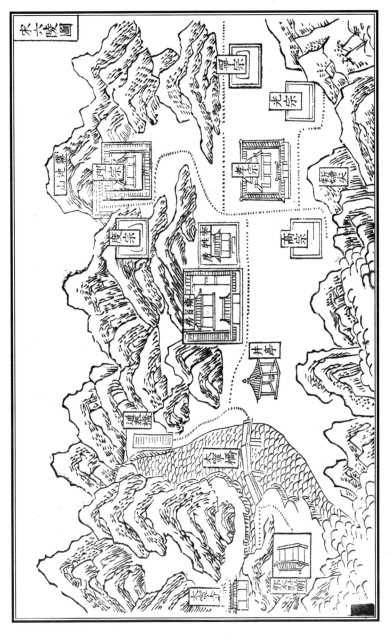

图4-93　宋六陵图
（图片来源：明《万历绍兴府志》）

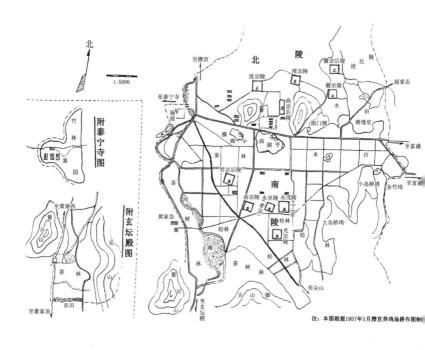

注：本图根据1957年1月攒宫养鸡场耕作图制

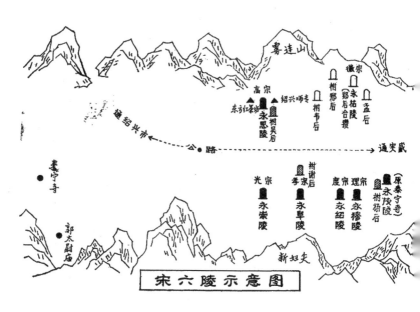

图4-94 攒宫养鸡场耕作图
（图片来源：张蕊、刘昕琰 摹自越城区文物局提供图纸）

图4-95 宋六陵示意图
（图片来源：《南宋六陵考略》）

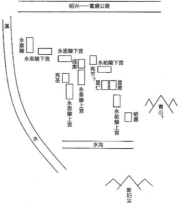

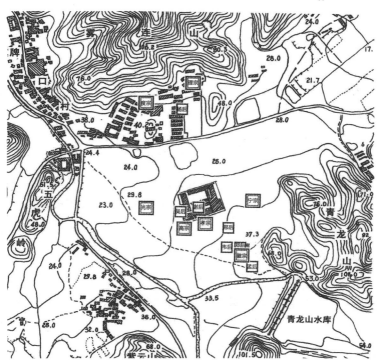

图4-96 南宋攒宫位次示意图
（图片来源：《南宋绍兴攒宫位次研究》）

图4-97 南宋陵园七帝七后攒宫位次图
（图片来源：《中国柯桥·宋六陵暨绍兴
南宋历史文化学术研讨会论文集—南宋
陵园各攒宫位次再研究》）

（1）背景资料

曹娥庙在绍兴城东35公里上虞区百官镇曹娥村南侧（见图4-40）。

汉顺帝汉安二年（公元143年）端午节，曹盱在舜江上祭祀伍子胥时落水身亡，不得其尸。其时，曹娥年仅十四，为寻父尸，曹娥沿江嚎哭七天后投入江中，五天后曹娥背负父尸浮出水面，孝行感动乡里。人们出于对孝女的敬重，自发将其在江边造墓掩埋。汉恒帝元嘉元年（公元151年），上虞县令度尚改葬曹娥于江南道旁，并报奏朝廷表为孝女，为其立碑建庙。后蔡邕为访求王充遗著来虞，途经曹娥庙，慕名观碑，适夜以手摸碑文读之，读罢，题"黄绢幼妇，外孙齑臼"八字于碑阴，被称为中国第一字谜。三国时杨修解之日："黄绢色丝也，幼妇少女也，外孙女之子也，齑臼受辛也，盖曰绝妙好辞"。后年久失汉碑（传说被曹娥江大水冲走）。宋元祐八年（公元1093年），书法家蔡卞摹拓本重书碑文，今存庙内即（宋）曹娥碑[1]。

庙宇始建于东汉，旧在江东，后为风潮损坏，移建于今址。宋元祐八年（公元1093年）建曹娥正殿。之后，曹娥庙屡建屡毁，规模不断扩大（见图4-98）。民国十八年（公元1929年）又毁于一场大火，当地乡绅仼凤奎奔走募捐，两年后于原址重建，民国二十五（公元1936年）年竣工。1984年浙江省上虞县人民政府与上虞县民间集资重修曹娥庙。于1987年基本修复，并辟为旅游点向公众开放[2]。2013年，曹娥庙被公布为全国重点文物保护单位。

（2）总体布局

曹娥庙为一组融墓、碑、亭、庙为一体的建筑群，坐西朝东，背依凤凰山，面向曹娥江，北枕萧曹运河（浙东运河杭州萧山——绍兴段），占地6000平方米，建筑面积达3840平方米。平面布局以三条纵轴线展开（见图4-99），北轴线自东向西依次有石牌坊、墓道、碑廊、双桧亭、墓前碑亭、孝女墓；中轴线自东向西依次有照壁、御亭亭、大山门、戏台（已毁）、正殿、双亲殿、座楼；南轴线依次有小山门、戏台、土谷祠、崇功祠（沈公祠）、戏台、东岳殿、阎王殿。中轴线各建筑明显高于南北建筑体量，主体突出。各轴线建筑间均周匝高墙呈合院式，设砖木门、天井相隔相连（见图4-100）。

（3）设计理法

1）建筑

曹娥庙的正殿处于全庙中心，五开间，通高17.5米，面宽20.23米，通进深22.55米（见图4-101）。

正殿中间有一暖阁，玲珑剔透，富丽堂皇。暖阁原是供贵妇、小姐使用，为防寒而从大屋分隔出来的小居，后一些寺庙出于对祭祀对象的敬重，也构筑暖阁作护围。此暖阁通高6.5米，系三间六柱重檐歇山式建筑。屋面为黄色琉璃。明间檐柱蟠龙对峙，气势磅礴。顶部藻井浮雕龙凤各一，玲珑剔透，富有美感。孝女曹娥端坐其中，显得庄重华贵，灵光四射。

正殿单檐硬山造，滚瓦花脊，正脊两端设龙吻，屋面举势平缓，阴阳合瓦，檐口施勾头、滴水。地面石板错缝平铺。前檐筑石阶四级，后檐筑石阶一级。正殿用材讲究，体量高大，金碧辉煌，雄伟壮观[1]。取材讲究，殿宇巍峨壮丽、错落有致，体现了晚清时期的建筑风格。是一处典型的江南木结构建筑的代表作。

曹娥墓原在曹娥江东岸，后曹娥庙迁址今处时，重新营建，旧有石刻侍女、石马、石羊在墓两侧。此墓在"文革"期间被毁，现存曹娥墓是1982年由民资重修，1987年市文物部门根据清代曹娥墓形制作外观修整，墓高2.7米，直径7米，通体以优质石块错缝砌筑（见图4-102）。

2）理微及余韵

曹娥碑是东汉上虞县令度尚为彰扬孝女曹娥孝行而命其弟子邯郸淳撰写镌刻的祭碑。始立于元嘉元年（公元151年），汉议郎蔡邕时曾到庙观碑，于碑背题"黄绢幼妇，外孙齑臼"，是我国第一个字谜，杨修解之为"绝妙好辞"。东晋升平二年（公元358年），时任右军将军的书圣王羲之有感于曹娥孝德，以小楷书曹娥碑。现绢本藏于辽宁博物馆。

唐代诗仙李白在曹娥江乘船入剡（今嵊州）漫游之际，曾兴致勃勃地进庙赏碑。后在《送王屋山人魏万还王屋》一诗中吟道："人游月边去，舟在空中行。此中久延伫，入剡寻王许。笑读曹娥碑，沉吟黄绢语"。记录其读碑之事。宋元祐八年（公元1093年），蔡卞摹拓本重书碑文，今存庙内（见图4-103）。碑高2.1米，宽1米，行楷体，笔法流畅遒劲，被视为"镇庙之宝"，在书法界享有极高的盛誉。明嘉靖年间，宦官赖恩，极其推重曹娥孝道，采集唐代书法家李邕墨宝凑成曹娥碑立庙，供人观赏。清中期书法家钱泳，精于隶书，为丰富碑书体式，遂书写隶体曹娥碑存庙行世。

雕刻：曹娥庙的雕刻为数众多，技艺精湛，令人叹为观止。所有的石柱、木柱、梁、枋、轩、雀替、门窗等处无不布满了千姿百态、美不胜收的雕刻，按其技法可分为浮雕、透雕、圆雕；按其质地可分为石雕、木雕、砖瓦雕。雕刻内容取材广泛、内容丰富[3]。

壁画：正殿前天井两侧壁画，描绘了孝女生平事迹和曹娥庙历年大事，单线墨勾，刻画生动。壁画始作于清雍正年间，作者系上虞民间画师陈溥。后录入清光绪八年（公元1882年）《曹娥庙志》。民国十八年（公元1929年），曹娥庙失火，壁画全毁。民国廿二年，曹娥乡绅任凤奎集资重建。由余姚高尧麒补绘，每幅高1.7米，宽0.8米。

曹娥庙规模宏壮，以雕刻、楹联、壁画、书法"四绝"著称于世，又被称作"江南第一庙"[4]。历史上不少文人墨客曾到此游览，并留下了诗词佳话，赋予了曹娥庙独特的文化内涵。

参考文献：

[1] 绍兴文物管理局编. 绍兴文物志[M]. 北京：中华书局，2006.
[2] 沿革纪事——江南第一庙 曹娥庙. http://www.syc-em.com/index.asp.
[3] 马志坚. 曹娥、曹娥碑与曹娥庙[J]. 东南文化，1990（Z1）：155-157.
[4] 邱志荣著. 绍兴风景园林与水[M]. 上海：学林出版社，2008.

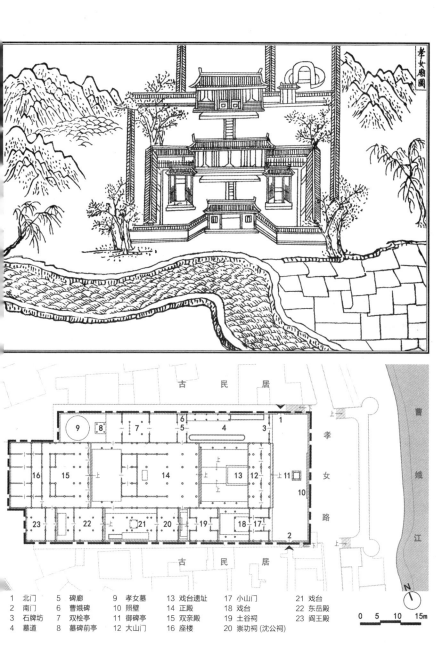

1 北门	5 碑廊	9 孝女墓	13 戏台遗址	17 小山门	21 戏台
2 南门	6 曹娥碑	10 照壁	14 正殿	18 戏台	22 东岳殿
3 石牌坊	7 双桧亭	11 御碑亭	15 双亲殿	19 土谷祠	23 阎王殿
4 墓道	8 墓碑前亭	12 大山门	16 座楼	20 崇功祠 (沈公祠)	

图4-98　孝女庙图
　　（图片来源：清《嘉庆山阴县志》）

图4-99　曹娥庙平面图
　　（图片来源：成晨、张蕊 绘）

图4-100　曹娥庙入口
　　　　（图片来源：张蕊 摄）

图4-101　曹娥庙正殿
　　　　（图片来源：张蕊 摄）

图4-102　曹娥墓
　　　　（图片来源：张蕊 摄）

图4-103　后汉会稽孝女之碑（宋·曹娥碑）
（图片来源：张蕊 摄）

附录

附录一

绍兴传统园林年表（古代及近代）

综述	时期	风景园林类型	名称/举例
春秋时期，于越民族于今绍兴一带建立越国。越王句践为一带发展，于公元前490年相继筑就"句践小城""山阴大城"，并在城内及城外周边地区陆续兴建了一系列著名的台、宫、苑、囿。越国王室园林，雄伟壮阔	上古时期至春秋战国（公元前2070年-公元前221年）	山水胜迹	会稽山（茅山、涂山、防山、镇山、栋山、覆釜山、栖山、重山、种山、卧龙山、彭山、兴龙山、阳堂山（鲍郎山）、龟山（飞来山、怪山、塔山）、火珠山、蛾（峨）眉山、白马山、山阴故水道、黄塘山、箬篑河（劳师泽、投醪河）、越王峥、越王山（帆山、大香山）、山阴故水道、富中大塘
		传统园林 —— 王室园林	望月台、越飞台、灵台（龟山怪游台）、驾山、美人宫、乐野、望台台（望湖台）、离宫、离台（淮阳宫）、宴台（晏台）、中宿台（中宿台）、若耶大家、灵芝园、舟室
		传统园林 —— 陵寝墓园	印山越国王陵（木客大家）、独山大家、越王墓
		城邑营建	嶕岘大城（无余大城）、苦竹城、越王城、石城、阳里城、北阳里城（种城）、句践小城、山阴大城
		名胜建筑 —— 风景建筑	飞翼楼、望云楼、阳春亭
		名胜建筑 —— 明贤墓冢	文种墓
秦代，秦王政平定长江中下游以南地区并置会稽郡，设山阴县。东汉，鉴湖建成，北部平原因此得到迅速开发，在自然环境改善与经济迅速发展推动下，汉代末，宅园林兴起。山会平原形成绍山鉴水的格局	秦、汉（公元前221年-公元220年）	山水胜迹	秦望山、望秦山、乌门（箬山、蛰篑山、绿门）、东亭
		传统园林 —— 私家宅园	陈嚣宅、孟尝宅、黄昌宅、虞国宅（虞国坚）
		传统园林 —— 寺观园林	曹娥庙
		陵寝墓园	曹娥墓、马臻墓（利济王墓）
		名胜建筑 —— 风景建筑	柯亭（千秋亭、高迁亭）
		名胜建筑 —— 碑碣造像	建初买地刻石
魏晋南北朝时期，中原战乱，晋室南迁。会稽由于"人阜物殷"，成为江南望郡之一。时代动乱促进佛教、道教与玄学思想盛行，会稽之佳山水亦使物质富足但精神压抑的士大夫们得到个性释放。会稽地区墅、园、邸等私家别业园林兴起，士人舍宅为寺观等善教建筑的观象也十分普遍	魏晋南北朝（公元220~581年）	山水胜迹	西兴运河、云门山、兰渚、兰渚山、法华山、石伞山
		传统园林 —— 私家宅园	王右军宅、郭伟宅、王献之宅、谢敷宅、何骠骑宅、东山别业（谢安山别业）、许徇宅、许询宅、孙绰园、谢车骑宅、戴安道宅、始宁墅（谢灵运园居）、江彪宅、孔车骑宅、永兴墅、孔稚珪山园（孔山书园）、江文通宅、何中令学舍（何偶园）
		传统园林 —— 寺观园林	戌珠寺、云门寺、柯山寺、龙华寺、天柱山寺（炉峰禅寺）、宝林寺（报恩光孝禅寺）、禹庙（告成观）、称心资德寺
		传统园林 —— 书院园林	王逸少书堂、许氏宴书堂
		传统园林 —— 公共园林	兰亭
		名胜建筑 —— 风景建筑	白楼亭、王右军墨池、谢安石东西二眺亭业、临池亭、王子敬山亭
		名胜建筑 —— 碑碣造像	维卫尊佛像
		名胜建筑 —— 其他建筑	应天塔（东武诸）、大善塔

综述	时期	风景园林类型		名称/举例
隋代结束了中国自近代以来南北分裂的局面。隋唐时期的越地凭借繁荣的社会经济、安定的生活环境、悠久的历史文化、秀丽的山水风光吸引到各地。主政者、外来名士及名人学士及释道大家汇集于此，营造了丰富的私家园林、寺观园林等风景名胜。由子城池扩张与残山剩水的发展，别具一格的"残山剩水"之路的重要组成部分、浙东运河、鉴湖、若耶溪等地是游览的中心地段，大量脍炙人口的诗篇为越州园林增添光彩	隋、唐、五代十国（公元581—960年）	山水胜迹		卧龙山、柯山（柯山）、羊山（羊石山）、贺知章放生池
		传统园林	私家宅园	严维园林（严长史园）、齐抗书堂、昌园（显圣寺、齐昱元僧舍）、道士庄、满桂楼、皇甫秀才山亭（皇甫再别业）、张微君隐居、秦隐君山居、张志和宅（玄真坊）、北楼、方雄飞别墅（方干别业）、袠秀才山宇、贺季真宅、徐浩宅、朱山人别业、王处士草堂、西园（虞二守园）
			寺观园林	龙瑞宫（候仙馆、怀仙馆）、马臻庙（马太守庙）、长庆院、广教院、石佛妙相寺、柳姑庙、妙喜寺、小云栖（道林院、兴教院、兴教禅寺、云栖寺）、延福院、香林禅寺
			书院园林	北馆书苑
			祠堂园林	贺秘监祠
		城邑营建	风景建筑	隋代修子城，始筑罗城；唐代重修罗城
		名胜建筑	风景建筑	望海亭、候村亭、苦竹译、轩亭、海榴亭、鉴湖一曲亭、惠风亭、东亭、蓬莱阁
			碑竭造像	柯岩造像、羊山石造像、董昌生祠题刻、府山唐宋摩崖题刻、禹庙《龙瑞宫记》刻石
北宋末年，金兵入侵，赵州成为南来临时首都，翌年升州为府，得名"绍兴"。由于移民剧增激化了耕地数量不足的矛盾，鉴湖因围湖筑田而逐渐湮灭。山川郊野向城郊、城闲发展，彼时绍兴府城已俨然成为"鳞鳞万户"的大都市	宋代（公元960—1279年）	山水胜迹		香炉峰、宝山（上皋山、楼宫山）、三山
		传统园林	私家宅园	唐少卿宅、清白堂及清白泉、小鸥山园（小鸥山庄）、齐氏家园、沈氏园（沈园）、洽龙宫（全后村）、镇越堂、杞菊堂、曲水园、丁氏园、王氏梅园、五云梅舍、施肩吾宅、三山别业、快阁、镜湖渔舍（王氏别业）、吕氏庄、赵处士宅
			寺观园林	濮王园庙、广福院、法济院、天章寺、义峰寺、舜王庙（大舜庙）、吴越武肃王庙
			尚署园林	府山（卧龙山、兴公山）
			陵墓墓园	宋六陵
		城邑营建	风景建筑	加修罗城并修涂门
		名胜建筑	风景建筑	凉堂、井仪堂、清德轩、飞翼楼（五桂楼）、适南亭、和旨楼、清凉阁（招山阁）、白凉馆、楼蕉堂、蓬莱馆、延挂阁、清旷轩、清思堂、观风堂、望仙亭、观德轩、秋风亭、五云亭、月台、百花亭、镕山阁、陆放翁书巢、东篱、披云楼、道隐、修竹楼、蘸碧轩、好泉亭、镜东阁、怀宝亭、千岩亭
			碑竭造像	宝山摩崖、禹陵《非饮录》刻石、亭山禹观音像
			其他建筑	宋社稷坛、环翠塔

综述	时期	风景园林类型		名称举例
元代为时短促而举国扰攘，少有兴造活动。明代，三江闸的兴建根治了平原水利问题，农业生产迅速发展。因位于温台、宁三府去杭之水路通道，宁绍亦即成为繁荣的陶会城市。绍兴亦因成为繁荣商品经济、多元文化等因素的共同作用下，明代园林数量与规模都极大地扩张，成为绍兴园史上的顶峰	元、明（公元1279~1644年）	山水胜迹		阳明洞、陶黄岭、狄沮湖
		传统园林	私家宅园	梅花屋、蜀山草堂、青藤书屋（榴花书屋）、吕府、高家台门（北海桥明代住宅）、解元台门、钱家台门、谢家台门、蕃园、墨池、可也居、相园、宋氏（鸥鹭湾别业）、采菽园、淇园、玉纶楼、杏霞阁、阶园、兹园、王园、龙山房、今是园、王鹿山馆（文阁）、芸圃、陈墓槎山人别业、东武樵山人别业（小浪琊）、南华园、山房（南华诒方）、文漪园、水天阁、竹坞、曲径藏春、王公书舍、来园、欧雷馆、谢轩绉溪第（半野堂）、酬寄山房、马园、短案园、寄园（集珂山房）、艺圃（蒙兰汤）、潇洄、鉴园、柳西别业、菜园馆、阜庄、西馋室、渔来园、陔园、独石斤、周城居、宜园、柳西相别业、谢庄、玉筍山房、淞园、阜微、采菊园、豫园、果园、何园、春波馆、桐风馆、招鹤山房、遐园、洛社山房、房山、土城山房、镜游、小薇庄、远园、花庄、杨氏园、梅圃、远稻楼、永漱轩、浮翠园、环翠轩、趣园、亦在山房、沈公山房、赐山园、少微园、丽泽小筑、天镜园、丛云阁、野芳园、远眺、大有庄、招隐楼、招鹤山房、亦乐园、赐湖庄、秋水湖庄、马氏园、彤园、吞墨峰别业、让木园、愈庵、镜波馆、听松轩、陶隐嘎嘣堂、笑孔庄、玄对山房、瓜渚湖庄、腐磴湖、胸涛堂、咏龋堂、塘家池园、柳溪、流光堂、野趣园、书香阁、众香园、密园、假笑堂、碧园、初园、熊游园、似园、修竹庐、康园、选流园、天生、乐志园、竹素园、美鹭园、祓斋、涉园、绿树园、深柳读书堂、绿树园、苑委苑舍、脂园、千顷庄、园（小琐园）、素费园、昆园、叶继山别业（芥氏园）、意园、不蕃轩、日涉轩、薄蔼别舍、潘安居、山水园（曲也）、深居精舍、石家精舍、昆园、钮大夫园书舍、袷干、仁乐堂、石菊园、晚安堂、松风阁、山黄园、赠龙阁、澄玉阁、科树园、衡柏、衡栖、梅花馆、日巢、即是山居、兰滋园、王古、黄
			专观园林	大禹庄、何山寺（清远楼）
			书院园林	贲园（南明书院）
			祠堂园林	快阁（祠）
			衙署园林	佳堂
			陵墓墓园	大禹陵、徐清墓、王守仁墓（王阳明墓）、邓彩佳墓
		城邑营建		明代修缮府城加厂城域、扩建外城池、筑三江所城；
		名胜建筑	风景建筑	曲水亭、越望台、希范亭、仰止亭（光化亭）、紫翠亭、星宿阁（豁然堂）、起卧山房、飞来山逍遥楼、兼山堂、表海亭、三友亭、嘉瓜楼、横塘桥、森雨亭、清润亭（稽山堂）、呼鹰台、思古亭、镜光亭、千峰榭、逶安堂、闲桑堂
			碑碣造像	大禹山摩崖、羊山摩崖、石屋禅院造像、弥勒造像
			水利工程	三江闸、狭涤湖遥遥、海塘（防海塘、后海塘）
			其他建筑	孙宅（孙尚书宅、孙清简祠）、司马温公祠、安昌城隍殿、五王祠堂、王家民居（王家台门）

综述	时期	风景园林类型		名称举例
清代，受国内外因素影响，绍兴的经济、政治、文化地位相较明朝有所下降，前朝造园成果多因缺乏传承而逐渐颓败。随着市民文化的发展，台门建筑逐渐兴盛。民国时期，西方造园思想传入，思想改良与解放运动兴起，园林发展与此相适应——中西结合的风格影响着外观与布局；公园、学堂建设兴起并成为近代教育和思想革新的重要舞台	清、近代（公元1644~1949年）	传统园林	私家宅园	赵园（省园）、杜家台门、竹丝台门、临河台门、姚家台门、来家台门、施家台门、越城陈家台门、华家台门、邹家台门、朝北台门、东家台门、章学诚故居、张家台门、下大路陈家台门、马家台门、梅山陈家台门、筠溪周氏民居、筠溪民居、湖、北园、集镇民居、德兴台门（胡家台门）、胡家台门（胡家台门）、蔡元培故居、周恩来祖居（百岁堂）、范文澜故居、安昌谢家台门、娄心田故居、峡山明清居、陈伯平故居、柯桥季家台门、鲁迅祖居、秋瑾故居（王樨堂）、陈建功故居、东咸欢陈家台门、徐锡麟故居、陶成章故居、深巷宅院、豆姜鲍氏旧宅建筑群、宁汉居、冯家台门、南池民居（王樨堂）、王氏新需兴台门、寿家台门（三味书屋）、鲁迅故里、杨家台门
			专观园林	石台庙、琵琶山庵、锡飞寺
			书院园林	大通学堂、越城府儒学、热诚学堂
			公共园林	上亭公园
			陵寝墓园	徐锡麟衣冠冢
		城邑营建	风景建筑	修朴城垣及诸门、筑三江巡检司城、筑白洋巡检司城 卧薪楼、云襄堂、湖上草堂、览胜亭、紫翠阁
			碑碣造像	东湖摩崖、叭山摩崖、香炉峰摩崖、柯岩摩崖、湖丞山摩崖
		名胜建筑	公共建筑	布业会馆、钱业会馆、尚德当铺、养来羹当店、东浦同泰当铺、安徽会馆、福康医院旧址、善庆学校、蒋氏宗祠
			纪念性建筑	风雨亭、东湖陶社
			其他建筑	越城天主教堂（天主教大圣若瑟堂）、真神堂、绍兴圣约翰堂、金家祠堂、太平天国来王殿、陈家祠、前家祠堂、堂、贺家台门、凌霄社

附录二

绍兴风景园林名录（古代及近代）

表1-山水胜迹

序号	名称	相关人物	详细情况	文献出处	位置考证
1	种山（重山、卧龙山、府山、兴龙山）	范蠡、钱镠	"山原称重山，因文种葬于此，乃名种山。南朝时府治设于东麓。""（吴越）逊王宗子卧龙山西禊后置园习射，栽植花竹，周遍高下，亭榭记录皆满，卧龙山名，始见于此。""南宋开越州为绍兴府，设府署于山上，又称府山。清嘉熙巡，清嘉熙年间记录皆满，注拜'兴龙山'。"	《绍兴县志》《吴越备史》《绍兴》	今绍兴古城内府山
2	阳堂山（鲍郎山）	鲍盖	"在府南二里三百步。隶山阴，一名鲍郎山，山西有鲍郎河。""在卧龙山南三里，府城有其界，其南麓出城外，豁子河畔。山北百步有鲍郎村名，至今犹存（旧志）。"	《嘉泰会稽志》卷九、《嘉庆山阴县志》卷三	今绍兴古城内府山南
3	龟山（飞来山、怪山、塔山）	越王句践	"龟山者，句践起游台也。东南司马门，因以炮龟。又仰望天气，观天怪志，高四十六丈五尺二寸，周五百二十一步。"	《越绝书》	今绍兴古城内解故南 路道山
4	火珠山	-	"在卧龙山东南，小伯周，隶山阴。下为浙东堤刑牐，上有稽山阁，西有识府宫，今废。"	《嘉泰会稽志》卷九	今绍兴古城内府山东
5	蛾（峨）眉山	-	"在府东三百九步，隶山阴。""在卧龙山之东，火珠山之东，山高文余，长数十丈。南至轩亭、北至香炉峰、横黛惰青，如一弯蛾眉。今蛾眉庵下有石，隐起又二文许者非是。"	《嘉庆山阴县志》卷三	今绍兴古城内府山东
6	蕺山（王家山、戒珠山）	越王句践	"在府西北（按府东北乃方之误）六里一百七十步，隶山阴。旧郡云：'越王曾畜蕺，采于此山。故？'。""从戒珠寺东，经入蕺山之脊，有堂三楹，曲廊出其右，贵以小轩，其南诸山，尽有其胜。阁下有石小池绕之，一泓清流，为园之最幽处。""吾越谓之佳山水，居郡中者八，蕺郡其一，严截，句践采采之，宋王十朋有《咏蕺》诗。""蕺山在卧龙山东北三里许，严截，似百于万名姝，抱云至月鼓，佳生毹然止矣。"	《嘉泰会稽志》卷九、《越中园亭记》王思任《滇园序》《嘉庆山阴县志》	今绍兴古城环城北路蕺山
7	白马山	-	"府东北三里三百一十六步，隶会稽。""在截山东南一里许，土洲削，山石依然。麓有白马庙。"	《嘉泰会稽志》卷九、《越中杂识》上卷	今绍兴古城东北
8	彭山	-	"在府北三里三百一十六步，隶会稽。《旧经》云：'昔彭祖隐居之城也。'有助海侯庙。"	《嘉泰会稽志》卷九	今绍兴古城东北
9	黄琢山	-	"城以内，其为山者八：一卧龙、三怪山、四白马、五彭山、六太珠、七鲍郎、八蛾眉，岂知华严寺后，尚有黄琢一山，则越城内之以，当增而向为。曰黄琢大过蛾眉，而石又甚古。前人总计城中诸山，一目可了，乃复于草子田华严寺后。"	《琅嬛文集·黄琢山记》《越中杂识》上卷	今绍兴古城内东侧
10	三汊泉	-	"三汊泉在城内卧龙山麓，有水数丈，然未尝竭也。"	《嘉庆山阴县志》	今绍兴古城内府山山麓
11	箪醪河（劳师河）	越王句践	"箪醪河在府西二百步，一名投醪河。"	《嘉泰会稽志》	今绍兴古城内箪家桥

序号	名称	相关人物	详细情况	文献出处	位置考证
12	鉴湖（镜湖）	马臻	"汉顺帝永和五年，会稽太守马臻创立镜湖，在会稽、山阴两县，筑塘蓄水。" "镜湖在县东一里，周围三百一十里，溉田九千余顷。"	《会稽记》《水经注·浙江水》《嘉泰会稽志》	东汉顺帝时在今绍兴平原（属柯桥、越城、上虞区）上
13	会稽（茅山、涂山、防山、栋山、镇山、覆釜山）	禹	"古防山，亦名茅山。又名栋山。周礼扬州之镇山。越绝云颟山湖湘地也。" "会稽山在县东南十三里，禹所葬之地也。山海经云：会稽之山四方，其上多金玉，其下多砆石。勾践栖于会稽之山，计功命日会稽。吴越春秋云禹登茅山以朝群臣，乃大会计治国之道更名曰会稽。黄绝志云会稽山，史记云禹葬会稽是也，计功命日会稽焉。" "其山为云门山，有石状如覆釜，亦曰覆釜。秦望、天柱诸山。"	《会稽记》《嘉泰会稽志》《明史》	今绍兴平原南部
14	府河	-	"府河在城南二里，属会稽县。河东南流经府市址出定清门，入运河又西北流，由萧山达钱塘，与浙江汇。"	《嘉泰会稽志》卷十	今绍兴古城外
15	亭山	-	"亭山在城南十里，旧司空府无忘岑是部，置亭其上。明初，越国公胡大海攻城，尝驻兵焉，西有苎翁蛇岩始。（引《旧志》）"	《嘉庆山阴县志》	今绍兴古城南10里
16	朱华山	-	"朱华山在府城南二十里，群城龙脉相鹅鼻而宗朱华，朱华之脉，北委于陈姜岭，茅阳、方前，以及张家岭，应家……"	《嘉庆山阴县志》	今绍兴古城南20里
17	离渚山	-	"在县西南三十里，内有谢尚书鸡。"	《嘉庆山阴县志》	今绍兴古城南30里
18	赖山（外山）	越王句践	"越采樵地。乾隆《绍兴府志》曰：'句谅时椎采赖之，俗今呼为外山。'"	《绍兴县志》	今越城区鉴湖街道外山村
19	秦望山	秦始皇	"秦望山在县南三十里，为越诸山之祖。东西两派皆南道徒而止于东北。为剷城水口。其东南隶会稽，西北隶山阴，秦始望尝以望泰。上有李斯篆碑。今……（引旧志）尝上会稽东北，自秦望之巅，并黄茆，无树木，侧有三石，自秦望之巅，盖即……（附志引西寮严语）"	《嘉庆山阴县志》	绍兴南，今柯桥区
20	望秦山	秦始皇	"'望秦望山相接，稍北。秦始皇登之以望秦，中一名卓笔，又名天柱'（《旧志》）。"	《嘉庆山阴县志》	绍兴南，系会稽山脉
21	侯山（小隐山）	孔愉	"在县南九里，旧经云九峰栖也，后封侯，又名小隐山（引《绍兴府志》）；一云在县南四里，俗称九里山者，昔封去县里数（引《绍兴府志》）。"	《嘉庆山阴县志》	绍兴南
22	射的山	-	"射的山在县南十五里，《旧经》云：山西有石室万仞人射堂中，东峰上有射的。遥望山壁有白点，如射侯上人，常以占贵贱，曰：射的白斛千，俗谓之米斛。遥望类斛形之口，俗谓之斛子'。"	《嘉庆山阴县志》	绍兴南
23	石帆山	-	"石帆山在县南二十五里，《旧经》引夏侯曾先地志：射的山北石室高数十丈，中央少纤状如张帆，下有文石如鹘……"	《嘉泰会稽志》卷九	射的山下
24	白鹤山	-	"白鹤山在县南二十五里，一名箭雨山。引文会稽山记云：射的山西南水中有白鹤山，此鹤尝为仙人取箭，填内羹，遂成此山。"	《嘉泰会稽志》卷九	绍兴南
25	沉酿埭	郑弘	"在县南二十里，若耶溪东。十道志云：郑弘采薪，送柏洛，遇友於此，以钱投水，饮之，各醉而去，一名沉酿川。"	《嘉泰会稽志》卷十	绍兴南
26	若耶溪	-	"在县南二十五里，溪北流与镜湖通。"	《嘉泰会稽志》卷十	绍兴南

序号	名称	相关人物	详细情况	文献出处	位置考证
27	阳明洞	王守仁	"阳明洞，洞有会稽宛委山之阳，与龙瑞宫相近，为龙成讲学处。一巨大岩石，上有石洞，幽深窈窕，世称'阳明洞天'，道家列为第十一洞天。王守仁三十九岁离职还乡，结庐其侧，因以为号，人称王阳明。现已无迹可寻。林木薪郁，环境幽胜。"	《越中园亭记》《绍兴》	今会稽山东南麓若耶溪群
28	花坞	-	"花坞在县南三十里，谢家桥之上，没喜阳之次，丛喜阳时有上篁风。"	《嘉庆山阴县志》	绍兴南
29	云门山	王子敬	"云门山在县南三十里，《旧经》云：晋义熙三年，中令子子敬置此，有五色祥云见，沼建寺号云门。今为淳化……山间谢敬宅，何公莱生。王子敬山亭。永神师临书阁。"	《嘉泰会稽志》卷九	绍兴南
30	刺浮山	-	"刺浮山在云门，山不甚高。而登其上，则见云门陶宴漫山林坎在下。又山顶有池，大旱不涸。"	《嘉泰会稽志》卷九	云门以南
31	南池	范蠡	"南池在县东南二十六里会稽山……池有上下二所。《旧经》云：范蠡养鱼于此……会稽山有鱼池。于县修之。三年致鱼三万。今上坡（坡）塘村乃上池。"	《嘉泰会稽志》	两池一在今坡塘盛塘村；一在今奏望村
32	小舜江（双溪溪）	舜	"为舜江支流。自双江溪至上浦段，名小舜江。上浦，漾深回洞。"	《绍兴县志》	绍兴南45公里
33	射的潭	-	"射的潭在县南仙人石室下，漾深回洞。"	《嘉泰会稽志》卷十	绍兴南，今址不详
34	兰渚	王羲之、谢安	"在县西南二十五里，《旧经》云：山阴县西兰者有亭，王右军所置，曲水赋诗作序于此。兰亭，一曰兰上陵子移于此。"	《嘉泰会稽志》卷十	绍兴西南
35	兰渚山	越王句践	"兰渚山在县西南二十七里，即越绝书引越种兰诸和兰诸田及晋王羲之修契处。宋祥兴元年，会稽唐任等以王函寡来有兰上之里。(引《一统志》)"	《水经注》《嘉庆山阴县志》	绍兴西南，今兰亭桥区 兰亭景区
36	木客山	-	"木客大冢者，允常冢也。木客山在县西南二十七里。"	《越绝书》《嘉庆山阴县志》	绍兴西南
37	法华山	云翼	"法华山在县西南二十五里。晋义熙十三年曾云翼诵法华经。应观因源寺。今为天衣禅院。山有十峰。咸平中裴昌法者命名。一法华，二秋翠，三烟云，四朝阳，五云门，六洛泰，七文文，八响楼，九起云，十月岭。其下二溪东北流。冬夏不竭。唐李连真渠。双带万箐。融观云：双驾所以示沁，今尚翔鸣。旧经云山有双乌鸟，离长洞送出之。"	《嘉泰会稽志》	绍兴西南，今越城区坞村
38	半月泉	-	"半月泉在法华山天衣寺侧。"	《嘉庆山阴县志》	法华山天衣寺侧，今越城区乌园村
39	项里山	项羽	"有溪清澈，居民二百余户，产杨梅，与六峰将其句顶塔者尤奇。项里山在县西南三十里，俗传项羽避于此，下有项阳阁。"	《嘉泰会稽志》卷九、《嘉庆山阴县志》	绍兴西南
40	双涧（双溪涧）	李绅	"在县西南三十里。法华山唐李公垂诗云：十峰排碧流，双涧合清流。自注：法华寺前后有十峰回绕。双涧合流。"	《嘉泰会稽志》卷十	绍兴西南
41	玉架山	-	"三峰边笔格，故得名，秀润可画。玉架山在县西南二十三里。"	《嘉泰会稽志》卷九、《嘉庆山阴县志》	绍兴西南
42	古博岭（古博山）	-	"古博岭在山阴县两面四十五里，南次枫林，至连瞀夹，旷路，稀人识，多卉约物小，俗忱为博岭小"	《嘉庆山阴县志》	绍兴西南

序号	名称	相关人物	详细情况	文献出处	位置考证
43	铜井山	-	“铜井山在县西南六十里，有龙潭岁旱，多往祷之。”	《嘉庆山阴县志》	绍兴西南
44	鹅鼻山（刻石山）	-	“刻石山在县西南七十里，一名鹅鼻山。自诸暨入会稽，此山为最高。 “一名刻石（《绍兴府志》）。在县南三十里，与秦望聊络，跨山会诸暨三界，其山险绝（《旧志》）。”	《嘉泰会稽志》卷九、《嘉庆山阴县志》	绍兴西南，今平水镇岔路口嵋山自然村
45	西竺山	-	“西竺山在县西南一百一十里，东麓有慈恩寺。”	《嘉庆山阴县志》	绍兴西南
46	冕旒山（大岩）	-	“冕旒山在县西南一百一十五里，又名大岩。宋时钱塘宫阙与山相对。”	《嘉庆山阴县志》	绍兴西南
47	青化山	-	“青化山在县西南一百二十里，有石屋，有龙湫麻溪水环于山麓。”	《嘉庆山阴县志》	绍兴西南
48	丘浮山	-	“丘浮山在县西南一百二十里，上有丹井。”	《嘉庆山阴县志》	绍兴西南
49	越王峥（越王山、栖山）	越王句践	“越王山即越王峥，在县西南一百二十里，句践栖兵于此，又名栖山。上有走马冈、伏兵路、洗马池、支更楼故址。” “一名越王山，亦名栖山，越栖兵之地。宋时建有深远寺，塑有越王、欧兜祖师、夏仙师等像，早废。20世纪80年代重修。1987年公布为绍兴县级文物保护单位。”	《嘉庆山阴县志》《绍兴县志》	绍兴西南，今柯桥区夏履镇墅坞村
50	何山	-	“何山在府城西南四里，有塔久废，近复营之，颇增湖山之丽（引《嘉泰会稽志》）。”、“今下有何山庵，无塔（引《绍兴府志》）。”、“旧传梁何允隐此（引《旧志》）。”	《嘉庆山阴县志》	今绍兴古城西南4里
51	硙山	-	“有石泉在竹树阴中，甘寒可煮，茗山形如硙，故得名。” “硙山在府城西南十里，又石泉可煮茗。”	《嘉泰会稽志》卷九、《嘉庆山阴县志》	今绍兴古城西南10里
52	海山	-	“多桑竹，下有居民三四十户，以渔钓为业。” “海山在府城西南十五里。”	《嘉泰会稽志》卷九、《嘉庆山阴县志》	今绍兴古城西南15里
53	甑山	-	“两山相类，正如两酒榼。” “甑山在府城西南十五里。”	《嘉泰会稽志》卷九、《嘉庆山阴县志》	今绍兴古城西南15里
54	梅里尖山	-	“其阴为梅仙坞，多桃李梨梅来禽，以梅福里得名。自坞度一小岭，有异境烟水，直至郡城与卧龙相直。” “梅里尖在府城西南十八里。”	《嘉泰会稽志》卷九、《嘉庆山阴县志》	今绍兴古城西南18里
55	妃子岭	-	“妃子岭在郡城西南四十里，朱华峰后岭，有邓陈二妃庙。”	《嘉庆山阴县志》	今绍兴古城西南40里
56	看怕岭	-	“看怕岭在府城西南八十里，今建云衢庵,设茶亭。”	《嘉庆山阴县志》	今绍兴古城西南80里
57	陈音山	陈音	“善射者陈音死，越王伤之，葬于国西，号其葬曰陈音山。” “陈音山在县西南四里一百五十步。旧经引吴越春秋云：范蠡进善射者陈音，楚人也……于是乃使音教士习射于北郊之外，三月军士皆能用弓弩之巧，音死,王伤之，葬于国西，号其葬所曰陈音之山。其冢悉画骑射之形，今对塘头亭，南湖中一山首北望者是也。”	《吴越春秋》《嘉泰会稽志》卷九	绍兴西南
58	印山	-	“印山在山阴县西南五里，形如龟，又呼为龟山。”	《嘉庆山阴县志》	绍兴西南
59	香炉峰	-	“西为山阴，东为会稽，自九里马家埠而上溪壑幽邃。”	《嘉庆山阴县志》	绍兴古城东南，今越城区南镇路
60	宛委山	-	宛委山又名石匮山、石篑山、玉笥山、天柱山，是文化意义上的会稽山主峰。其南麓为“阳明洞天”（“会稽山洞”）	《绍兴文物志》	绍兴古城东南，今越城区阳明路宛委山

序号	名称	相关人物	详细情况	文献出处	位置考证
61	方干岛(方干坞)	方干	"方干岛在县东南五里,唐方干别墅也。坞西有白鹳山。"	《嘉泰会稽志》卷九、《嘉庆山阴县志》	绍兴东南
62	鹿池山	越王句践	"鹿池山在县东南八里镜湖中。《旧经》云:山中旧有白鹿,故名。一云越王茅鹿于此,俗呼鹿墅山。"	《嘉泰会稽志》卷九	绍兴东南
63	葛山	越王句践	"葛山者,句践要麋、种葛,使越女治葛布,献于吴王夫差。" "越种葛处,在县东南公墓,俗称葛山头。"	《越书》《绍兴县志》	绍兴东南、今越城区禹陵街道
64	舜王山	舜	"为一孤瓜、周长数里许,高20余米,山上建有舜王庙。传虞舜曾游憩于此。"	《绍兴县志》	绍兴东南,王坛镇两溪村
65	茅岘	-	"茅岘在县东南一十五里,茅君隐于此。一名玉笥,出美玉,其形如瓒,山阴一峰,又谓之香炉峰。"	《嘉泰会稽志》卷九	绍兴东南
66	石匮山	禹	"石匮山在县东南二十五里,《旧经》云:山形如匮。禹治水尝藏书于此。"	《嘉泰会稽志》卷九	绍兴东南
67	浪港	-	"在县东南二十里,樵风泾之北,天无风亦常有浪。港北循山径一旦名顷,恐为仙人炼丹之所。"	《嘉泰会稽志》卷十	绍兴东南
68	樵风泾	-	"在县东南二十五里,樵风泾在县东南二十五里,郑弘少采薪,得一遗箭,顷之,有人觅箭,问弘何欲,答曰:'常若耶溪载薪之难,愿朝南风,暮北风。'后果然。也号樵风泾。"	《嘉泰会稽志》卷十《舆地纪胜》卷10	绍兴府
69	宝山(上虞山、攒宫山)	-	"在县东南三十里,一名上虞山。今攒宫山也。东接秦望山,西北接龙屏峰黄著簧诸山,山岭有赵家堙,一名乐乐堙。"	《嘉泰会稽志》卷九	绍兴东南、今越城区宋六陵景区
70	铸浦	欧冶子	"在县东南三十里,与若邪溪接。一名箭浦,浦上有横梁人家聚落。昔治祠祖之家山之谗:昔冶子铸神创之所,今为里俗所祠。"	《嘉泰会稽志》卷十	绍兴东南
71	大山(阳山、大笑山)	越王句践	"大山者,句践畜大猪南山白鹿,欲输献吴,神示可得。故曰大山。其高为大亭,去县二十五里。越色云:句践畜大猪南山白鹿欲诗南献吴。故曰大亭。"	《越书》卷八、《嘉泰会稽志》卷九	绍兴东南,今绍兴越城区皋埠街道吼山风景区
72	郑弘山	郑弘	"郑弘山在县东南三十三里,弘自后汉为大尉。"	《嘉泰会稽志》卷九	绍兴东南
73	尚书坞	孔稚圭	"尚书坞在县东南三十三里。纂宇记云:孔稚圭之山居也。"	《嘉泰会稽志》卷九	绍兴东南
74	舜耕山(笔架山)	舜	"县东南四十里,铜牛山西,一名笔架山。传大舜尝游憩于此。《旧经》云:葛乡字遭于此处,山高可十里余,上有水田,可耕。"	《康熙会稽县志》	绍兴东南
75	若耶山	舜	"若耶山在县东南四十里,《旧经》云:葛乡独存,其至独石,山不有黍,潭上有石,号临石。晋谢敷传后还南山吾郡中,宋咸居若耶中,山发洪水,树石遣绝,其至闻梁何伯微此。旧傅梁何伯微此。"	《嘉泰会稽志》卷九、《嘉庆山阴县志》	绍兴东南
76	陶晏岭	陶弘景	"陶晏岭在县东南四十里,《旧经》云:陶弘景隐于此山,有自石高数文,传言弘景于此坐卧。"	《嘉泰会稽志》卷九	绍兴东南
77	紫云山	-	"紫云山在县东南五十里,《旧经》云:昔有游龙想此山中,常有紫云起,故以为名。"	《嘉泰会稽志》卷九	绍兴东南

序号	名称	相关人物	详细情况	文献出处	位置考证
79	日铸三尖（日铸岭）	欧冶子、越王句践	"日铸尖在县东南五十五里。……昔欧冶之铸五剑，吊古尚传三尖往，淆游曾有诗云。采金铜之精于山下"，唐独孤及又有诗云："相传早在两千多年前，这里就曾发现铜矿，句践曾命欧冶子在此一带铸剑。末采处复享《青箱杂记》记载："欧冶子……冶工铸剑今已远，此铸剑，他处不成，至此一日铸成，因命此山为'日铸冶'。"	《嘉泰会稽志》《绍兴》	今绍兴东南平水镇上灶与王化乡峡为日铸岭，岭下现有上灶、中灶、下灶三个自然村
80	铜牛山	越王句践	"铜牛山在县东南四十里。夏侯曾先志云始山南的山南铜牛山，即越王铸冶处。" "铜牛山传为句践铸冶处。"	《嘉泰会稽志》《绍兴县志》	今上虞区东关街道
81	曹娥江	-	"在县东南七十里。经县界四十里。"	《嘉泰会稽志》卷十	绍兴东南
82	太平山	谢敷	"太平山在县东南七十八里。源出上虞县。" "太平山有云一在会稽，一在上虞、今余姚、上虞未详，今多行此，从旧经也。" "晋谢敷隐居太平山中十余年，以母老还南山若耶中。惟爱姚之山，一名中山，一名平山，最着谢敷所隐，属会稽或上虞。"	《嘉泰会稽志》卷九、《嘉庆山阴县志》	绍兴东南
83	储山	越王句践	"储山在县东南一百四十里。越王供储处。"	《嘉庆山阴县志》卷九	绍兴东南、今址不详
84	花态峰	徐渭	"明徐渭秦望山东南下所有峰紫绿色，错峰似花态。土人呼口谓储子赠名花态峰。谢灵运与惠连有句刻于树侧。"	《嘉泰会稽志》卷十	绍兴东南、今址不详
85	孤潭	-	孤潭在县东南《旧经》云：若耶溪侧湾，深而清，孤石峭，潭上有太析。	《嘉泰会稽志》卷十	绍兴东南、今址不详
86	西兴运河	-	"城外之河，曰运河，自西兴、东入山阴，经府城至小江桥而东入会稽，末绍兴年间运漕之河也。去县西十一里，西通萧山、东通曹娥，横直一百余里。曰经云，晋司徒贺循临郡凿此。" "浙东运河"旧称，山阴古水至上横曹娥河一段，以绍兴古城为界，西部西兴运河段，回向自东而西，分为个景区。2003年西兴运河段上建的一个综合性园林，生态于一体的综合性园林，分为个景区。	《嘉庆山阴县志》卷四、《绍兴文物志》	今绍兴古城西、西兴运河运河段
87	离渚	-	"离渚在府城西三十里。发源自唐渚溪山，合于离渚。唐康使君所居。"	《嘉庆山阴县志》	今绍兴古城西30里
88	柯岩（柯山）	-	"柯山在县西三十一里。下有柯水，上有胜览亭，高十丈余。东有石佛，今废，东汉，蔡邕曾经高迁亭，取屋椽竹为笛，东汉，蔡邕曾经高迁亭，取柯亭之椽竹为笛，柯山独各，柯山得名以此（邸墨佳集）。专农范少邙的汉速城时所凿（邸墨佳集）。晋永和年间，救建柯山寺，后变柯岩采石规模成倍扩大，凿就天工大佛。相传隋时，有工发愿为此，凡三世记工，唐末时期，柯岩已成为著名的旅游胜地；清代已形成"柯山"八景（绍兴文物志）。	《嘉庆山阴县志》卷九、《邸墨佳集》《乾隆绍兴府志》《绍兴县志》《绍兴文物志》	绍兴西、今柯桥区柯岩风景区
89	柯水	-	"山阴二十里，柯桥其下为柯水，东引经永兴浙江合，柯山下有备，一带名柯溪。"	《嘉庆山阴县志》	今柯山下
90	三山	陆游	"三山在县西九里。地家家以为吕梁龙凶势相连，今陆氏居之。永安宁大康古疑昔人尝卜筑或尝为观云。" "三山在县西之西，陆游游息之所。"	《嘉泰会稽志》卷九	绍兴西
91	月潭	-	"月潭在三山之西，广袤数亩，然不知得名之始。" "月潭在三山之西，有前后二湖，旱则涸。"	《嘉庆山阴县志》卷十	三山之西
92	瓜渚湖	-	"瓜渚湖在县西三十里，有前后二湖，广千余亩，旱则涸。"	《嘉庆山阴县志》	绍兴之西
93	感至湖	赵构	"感至湖在县西三十里，末宋宗避兵泊此，与瓜渚湖相连。"	《嘉庆山阴县志》	绍兴西

序号	名称	相关人物	详细情况	文献出处	位置考证
94	钱清江	-	"钱清江在县西五里,案旧志即浦阳江。浦阳江下流,水至会稽山阴投浙江,汉以前俱经山阴城内,今通为运河。唐以后常堙。"	《嘉庆山阴县志》	绍兴西
95	古城岭	-	"古城岭在山阴县西五十里,越王允常筑城处。"	《嘉庆山阴县志》	绍兴西
96	刑塘岭	禹	"刑塘岭在县西五十五里,世传禹塘斩防风氏。"	《嘉庆山阴县志》	绍兴西
97	梅花山	-	"梅花山在县西六十里,即狮子山,地名前梅明诗人高赓筑舍其下。"	《嘉庆山阴县志》	绍兴西
98	紫砂岭	-	"紫砂岭在县六十二里。紫砂岭在箬岭之北,有紫砂。"	《嘉庆山阴县志》	箬岭北
99	牛头山(临江山、浮峰)	-	"牛头山在县西六十五里,唐天宝间,改名临江山。峰,峰南有石如台,案其西,江之西萧山界。明王守仁改名浮峰。"	《嘉庆山阴县志》	绍兴西
100	遮翠岭	陆放翁	"遮翠岭在县西六十五里,陆放翁卜居于此,俗名萧水。"	《嘉庆山阴县志》	绍兴西
101	凤凰山	-	"在梅乡,至小而具山形,当称凤凰焉。一在县南七里许。""凤凰山在县西六十五里,邑名曰凤凰山,案一在新昌。"	《嘉泰会稽志》卷九、《嘉庆山阴县志》	绍兴西
102	查浦	越王句践	"查浦在县西一百里,句践陈兵处,案一在新昌。"	《嘉庆山阴县志》	绍兴西
103	吴塘	越王句践	"句践已灭吴,使吴人筑吴塘,东西千步,名曰塘。后因以为名塘。"	《越绝书》	似位于湖的河道古城溪下游山麓
104	山阴古水道	-	"山阴古水道,出东郭,从郡阳春亭,去县五十里。""浙东运河"自萧山西兴至上虞曹娥江一段,以绍兴古城为分为东西两段。东段始凿于先秦越国时期,称"山阴故水道"。	《越绝书》卷八、《绍兴文物志》	今绍兴古城东,至曹娥江段
105	钱湖	马臻	"钱湖在县东一里湖。上鉴会兴福愿。《旧经》云:汉马臻所筑,以防若邪溪蓄水暴王山塘旁田,故曰河湖。"	《嘉泰会稽志》卷十	绍兴东
106	回涌湖	-	"回涌湖在县东四里,一曰回涌。《旧经》云:在县东汇大堰。"	《嘉泰会稽志》卷十	绍兴东
107	土城山(西施山)	西施、越王句践	"越王句践泛范蠡寻功城美女,得西施,在土城山进美人,三年回献给吴王。'越王得诗云:凤动荷花水殿香,姑苏台上宴吴王。西施醉舞娇无力,笑倚东窗白玉床。'因陶朱此练习歌舞,改名西施山,浣纱石尚存古迹。"	《嘉泰会稽志》《绍兴》	今绍兴东,五云门外
108	鸟门山(箬山、箬篢山、绢山)	-	"箬篢山在县东十二里。旧经曰箬东游于此,供暴草。俗呼绢山。"	《嘉泰会稽志》	绍兴东,今越城区东郭街道东湖景区
109	少微山	-	"少微山在县东一十二里,职方郡齐公渚居也,顾内翰临东郭公称云:鉴湖东北有山,泫然公亲率耕栽培,其上而植湖之西南会稽山禹祠远望。为山水添妙景,自名其山曰小微山。"	《嘉泰会稽志》卷九	绍兴东
110	富中大塘	越王句践	"富中大塘者,句践治以为田,为肥饶,谓之富中,去县二十里二十二步。""塘成后,曾使成片沼泽之地而成良田,其中平原耕地面积约40平方公里。"	《越绝书》《绍兴县志》	绍兴东、东塘堰鉴江,南至会稽山麓,西临卒水江,北为山阴古河道

序号	名称	相关人物	详细情况	文献出处	位置考证
111	平水	白居易	"在县东二十五里，镜湖所受三十六，源水平水其一也，源出平水者，日光出炀。"尝出游平水市，中见村校诸童黄。引诗、召问之，曰向之所云。	《嘉泰会稽志》卷十	绍兴东
112	赤堇山（赤堇山，铸铺山）	越王句践	"赤堇之山，破而出锡；若耶之溪，涸而出铜。"《旧经》云：欧冶子为越王铸剑之所。"赤堇山在县东三十里。无获采者。"	《越绝书》《嘉泰会稽志》	今柯桥区平水镇附近
113	锡山	越王句践	"锡山在县东三十里，旧传山出铅锡，或还凿取之。今迹存焉。"《旧经》云："越山采锡于此。其后里人无获采者。"	《嘉泰会稽志》	绍兴东，攒宫宝山附近
114	稷山	越王句践	"稷山在县东五十三里，《旧经》云：稷山，一名稷山，越王种菜于此，后汉谢夷吾为崿乡啬夫即此。越绝云：稷山句践凿石稷台，十道志云：一名崿山。"	《越绝书》《嘉泰会稽志》卷九	今上虞区东夫街道
115	练塘（联塘）	越王句践	"练塘在县东五十里，《旧经》云：越王铸剑于此。练塘者，句践小炭聚炭练塘，各因事名之。"载从炭渎练塘。	《越绝书》《嘉泰会稽志》卷十	今上虞区庆东街道
116	炭渎	越王句践	"在县东六十里，《旧经》云：句践运炭于此。越绝云：句践积聚炭渎载从炭渎，出焦渎练塘各因事而名。吴越春秋云："（上虞县嵎山名同今两存之）	《嘉泰会稽志》卷十	绍兴东
117	嵎山		"嵎山在县东七十里，《旧经》云：汉路夫人学道于此。有石室、石井、丹灶存焉。（上虞县嵎山名同今两存之）"	《嘉泰会稽志》卷九	绍兴东
118	稷山（棕山，崿山）	越王句践	"稷山者，句践斋戒台也。"崿山，一名崿山，越王种菜于此。为句践种菜、斋戒之地。在县东25公里。山呈圆锥形，林茂木郁，正面山坡陡崛，山肯陵带逶迤，多盆地，有呈崿状台也。	《越绝书》《绍兴县志》	今上虞道墟堡空口村
119	樯宴山		"樯宴山在县东，十道志云：谢灵运游宴处。"案上虞亦有此山，一道志云：本一山也。"	《嘉泰会稽志》《绍兴府志》	绍兴头
120	翁洲	徐偃王	"翁洲，旧名长翁洲，即此。"《旧经》云：徐偃王居翁家洲。	《嘉泰会稽志》卷十	绍兴东
121	贺知章放生池	贺知章	"诏许之，以宅为千秋观而居，又诗宫湖数顷以放养焉，疑即鉴湖川也。其极自清澈，光景澄澈，实东州佳观云。"着旧谓今东城南望为贺家湖，疑即贺川一曲。	《新唐书》卷一百八十六、《嘉泰会稽志》卷十三	似在绍兴东，贺家湖（镜湖）中
122	蒉宇温泉		"蒉宇记云：在镜湖西，一名蒉溪一名温泉，暑月则沸凉，冬月则温。"	《嘉庆山阴县志》	绍兴北，镜湖西
123	狄塔湖		"狄塔湖在县北十里，周回约十余里，俗呼黄（鱼桑）湖、漾测器，旱则涸。"	《嘉庆山阴县志》	绍兴北
124	子真泉		"子真泉在梅山本宗，今绍前有井系列，疑即此泉，在城北十五里。"	《嘉庆山阴县志》	今绍兴古城北约15里
125	蓬莱山		"蓬莱山，一名驼嶂，俗名大嶂，有风洞。在府城北二十五里，外塘小桥曰蓬莱桥，山下朝额曰蓬莱庵，此南隅小桥曰蓬莱桥。俞永思柔腾云：沙浮波，短然蓬云，云海慕奇，风洞泝灵室，其西幽山曰天蓬，两山间有庵曰天蓬庵，以占晴雨，以占蓬庵，峰顶兰若曰治云亭遗址，又有墨池，王徇书读书名之乘荒，兰室其西若曰治蓬庵，其顶兰丛置中为壮公点石，精庐止上人所置，旁北又崝子台，眺峰形紫君，记峰为纣记之后乘，绅汇之办，与乌马山并为泊海要口。"	《嘉庆山阴县志》	今绍兴古城北约35里

续表

序号	名称	相关人物	详细情况	文献出处	位置考证
126	六山（句践山）	越王句践	"六山在县北二十四里，一名句践山。""铸铜于此，铸铜不烁，埋之六坂。其上马塞。句践遣使者取于南社，徙种六山，饰冶为马箄三十五里。""传句践于此铸剑井遭种植马塞，唐天宝七年改为句践山。"	《越王书》《嘉泰会稽志》《绍兴县志》	绍兴北，系会稽山余脉
127	巫山（梅山）	-	"巫山者，越，神巫之宫也，死葬其上。""巫山在县北一十八里。《旧经》：巫山，一名梅山，其育封侯对濮阳兴曰越王翳逊位逃于巫山之穴，越人熏而出之。陆次氏话南亭记云：昔子真之所居也，少西有里曰梅市，西南有永茂寺，适南亭，竹泾，荼坞。"	《越王书》《嘉泰会稽志》卷九	绍兴北
128	玉山	-	"贞元二年，观察使皇甫政凿山以蓄泄水利。""玉山在山阴县北三十里，两崖对峙。"	《唐书·地理志》《嘉庆重修一统志》	绍兴北
129	马鞍山（人安山）	-	"人安山在县北四十六里。《旧经》云：旧马鞍山以形似马鞍也，天宝七年改为人安山。""马鞍山在府城西北四十里，天宝七年改为人安山。"	《嘉泰会稽志》《嘉庆山阴县志》	绍兴北
130	三江城河	-	"三江城河在三江所城下，是各县镇运往来之道。"	《嘉庆山阴县志》	三江所城下，今越城区三江村
131	新河	孟简	"山阴北五里有新河。""在府城西北二里，唐元和十年观察使孟简所浚。"	《水经注》《嘉泰会稽志》卷十	今绍兴古城西北2里
132	下方山	-	"下方山在县北二十七里。《旧经》云：秦始皇驾于此，一名驾山。""下方山在县北二十五里，亦名骗山，俗名驾馆山。"	《嘉庆山阴县志》	今绍兴古城西北40里
133	下长山（嘈山、虾驾山）	秦始皇	"下长山在县北二十七里。《旧经》：秦始皇驾于此，一名驾山。案此山四面皆水非患驾之，所疑其名驾此为下马，遂自息驾之说。""下长山在县北二十五里，亦名骗山，俗名虾驾山。"	《嘉泰会稽志》卷九、《嘉庆山阴县志》	绍兴西北
134	羊山（羊山石佛庵）	杨素	"羊山在县北二十六里，有石如羊，上有石佛。"	《嘉庆山阴县志》	今绍兴柯桥区齐贤街道羊山头羊丰山景区
135	宝林山	-	"宝林山在县西北四十里，山南有龙井，栖阇鹫松，潦不溢、旱不枯。"	《嘉庆山阴县志》	绍兴西北
136	上方山	-	"上方山在县西北四十里，有上方寺，陈氏谱云后晋天福二年建。"	《嘉庆山阴县志》	绍兴西北
137	金帛山	-	"金帛山在县西北四十三里，其岭有九龙池。"	《嘉庆山阴县志》	绍兴西北
138	蜀阜山（独妇山）	越王句践	"蜀阜山在县西北四十五里……山曰蜀本。《旧经》云：山自蜀来，带儿妇一十余人，善纺美锦，今忽至此云。句践代吴暴妇其上，以激军士，故又名独妇山。"	《嘉庆山阴县志》	绍兴西北
139	西小江	-	"西小江在县西北四十五里，源在诸暨之流江，分为二派，初出天东，经流萧山转北，山南得浮渡大王朝。"	《嘉庆山阴县志》	绍兴西北
140	碧山	-	"碧山在县西北四十一八里，石色碧润，一名岘山。北有洞滉深奥。山麓相浮沙大巡司。"	《嘉庆山阴县志》	绍兴西北
141	乌风山（白洋山）	-	"乌风山在县西北五十里。滨海，今名龟山，滨海，今名白洋山，一名龟山。《旧经》曰白洋巡司"	《嘉泰会稽志》卷九、《嘉庆山阴县志》	绍兴西北

序号	名称	相关人物	详细情况	文献出处	位置考证
142	涂山	禹	"涂山者，禹所娶妻之山也。" "会稽山本名茅山，一名苗山，一名涂山。" "涂山在县西北四十里。"	《越绝书》《十道志》《嘉泰会稽志》	其地有二说，一说会稽山即涂山，一说在绍兴西北
143	斩将台	禹	"旧志有云：斩将台在涂山东，谓禹诸侯防风氏后至以其慢令斩台而斩之。而嘉泰会稽志亦有此刑。塘（即刑塘）在会稽山西北十五里，引泾循记斩防风之经存。"	《嘉泰会稽志》	涂山以东
144	型塘	禹	"防风氏身三丈，乃筑高塘临之，故刑塘。" "传禹会诸侯于会稽，防风氏后至，禹刀诛之刑塘，后改作型塘。"	《嘉泰会稽志》	绍兴西北约17公里
145	夏履	禹	即今夏履镇。传禹分水途经该地，遗履于此，后人感念该址，建桥以志，名夏履桥。该地亦以夏履称。桥于1991年因拓宽夏履江而被拆。	《绍兴县志》	绍兴西北25公里，今夏履镇
146	了溪	禹	"在县东北一十五里。源出了山合县南溪流以入于剡溪。《旧经》云：禹疏了溪，人方宅土。"	《嘉泰会稽志》卷十	绍兴东北
147	石城山	-	"石城山在县东北三十里。钱镠讨董昌，攻石城山，下有石城里。"	《嘉庆山阴县志》	绍兴东北
148	蒙栖山	-	"蒙栖山在城东北四十里，与浮山相对，上有峰候。"	《嘉庆山阴县志》	今绍兴古城东北
149	称山	越王句践	"称山在县东北六十里，《旧经》云：越王称炭铸剑于此。越绝云：句践时采锡于山为炭，称炭聚载，从炭渎练，塘名因事之名，伶俜和称山也。"	《嘉泰会稽志》卷九	绍兴东北
150	射浦	越王句践	"射浦者，句践教习兵处也。越之校场，现址不明。"	《越绝书》《绍兴市县志》	去绍兴五里，今址不详
151	防坞	越王句践	"越绝书云：阮以遏吴军驻之。去县四十里。"	《嘉庆山阴县志》	距绍兴四十里，今址不详
152	官渎	越王句践	"官渎者，句践工官也，去县十里。" "越之工场，其址不详。"	《越绝书》《绍兴县志》	距绍兴十四里，今址不详
153	直步山	-	"多旛梅，亦产杨梅，下有溪入镜湖。"	《嘉泰会稽志》卷九	今址不详
154	马喽山	-	"吴伐越，大风，骑士皆死，匹马啼嗥。"	《越绝书》	今址不详
155	千山	许询	"《旧经》云：山南有许询宅。十道志：许询宅侧，许公岩之南，岭以此名。"	《嘉泰会稽志》卷九	今址不详
156	谷来岭	舜	"十道志：舜耕于此，天降嘉谷之处，岭以此名。"	《嘉泰会稽志》卷九	今址不详
157	戴千山	-	"远望若两山，其实一也，居民二百户，或云旧有戴千一姓居之。"	《嘉泰会稽志》卷九	今址不详
158	范蠡洲	范蠡	"《旧经》云：句践平吴，蠡泛五湖，尝三留此。后人思之名其洲也。"	《嘉泰会稽志》卷十	今址不详
159	棠紫坞	-	"去县七十里，有清慧庵遗址也。"	《嘉庆山阴县志》	今址不详

表2-传统园林

序号	时期	园林名称	类型	相关人物	详细情况	文献出处	位置考证
1	春秋战国	望月台	王室园林	越王句践	"望月台在府治，今废。"	《万历绍兴府志》	今府山
2	春秋战国	越王台	王室园林	越王句践	"周六百二十步，柱长三丈五尺三寸，溜高丈六尺。宫有百户，高丈二尺五寸。"	《吴越春秋》卷八之《句践归国外传》	今府山东南麓
3	春秋战国	灵台（龟山怪游台）	王室园林	越王句践	"龟山者，句践起怪游台也，东南司马门，因以炤龟。又仰望天气，观天怪山，高四十六丈五尺二寸，周五百三十步"，"周五百三十步"。怪山者，怪山也。越成败，而怪山自至，琅琊东武海中山也，一夕自来，百姓怪之，故名怪山。东南司马门，立增楼，冠其山巅，以为灵台。……范蠡曰'天地卒号，以著其实'，名东武，起游台其上。东南为司马门，作三层楼于龟山之上，以望云物。龟山一名怪山。"	《吴越春秋》卷八之《句践归国外传》《越中园亭记》	今塔山
4	春秋战国	驾台	王室园林	越王句践	"驾台，周六百步，今安城里。""驾台在于成丘。"《越绝书》称驾六百步。""驾台，在安城里。"《越中园亭记》	《越绝书》卷八，《吴越春秋》卷八之《《越中园亭记》	今越城区安城社区
5	春秋战国	美人宫	王室园林	越王句践	"美人宫，周五百九十步，陆门二，水门一。""句践索美女以献吴王……先教习于土城山，山边有石，云是西施浣纱石。""土城山在会稽县东南六里。"	《越绝书》卷八，《会稽记》孔灵、越《旧经》	今西施山遗址公园内
6	春秋战国	乐野	王室园林	越王句践	"乐野者，越之弋猎处，大乐，故谓乐野。""乐野，句践出此娱游苑，今有乐涣村（今凌江村）。""山中皆有白鹿，故名，。一云越王养鹿于此，俗呼鹿墅山。"《旧经》云："山中旧有白鹿，故名"，。""鹿池山在县东南八里镇湖中六里。"	《越绝书》卷八，《嘉泰会稽志》卷九《十道志》	今绍兴禹陵镇江村六华山
7	春秋战国	望鸟台（望湖台）	王室园林	越王句践	"越王入国，有丹鸟夹王而飞，故作台表其端。在温泉乡镜湖旁。今讹为望湖台。"	《越中园亭记》	镜湖旁，今址不详
8	春秋战国	斋戒台	王室园林	越王句践	"斋戒台，句践斋戒山。""樱山者，句践所栖休之处。斋台在于樱山。"	《越绝书》卷八，《吴越春秋》卷八之《句践归国外传》	今属上虞区道墟泾口村樱山
9	春秋战国	鼓钟宫	王室园林	越王句践	"北郭外、路南溪北城者，句践败吴起鼓钟宫也，去县七里，其邑为麋钱。""北郭外（即鼓钟），湘南有覆釜山，周五百里，北连秩东吹山，山西临忧溪，山之西麓。"	《越绝书》卷八	今绍兴古城北郭外
10	春秋战国	贺台	王室园林	越王句践	"长湖（即鉴湖）湖南有覆釜山，越人美还而成之，故号曰贺台会发。越入吴，还，成以为贺。""贺台，在长湖山之西麓。溪水下注长湖，山之西岭。"	《水经注·浙江水》《越中园亭记》	长湖山南
11	春秋战国	离台（淮阳宫）	王室园林	越王句践	"离台，周五百六十步，今淮阳里。""离台，在府城东南五十步，《吴越春秋》所谓周五百六十步十、《吴越春秋》所谓起离宫于淮阳，此也。""淮阳宫在会稽县东南三里。"	《越绝书》卷八，《越中园亭记》、越《旧经》	今绍兴古城东南三里

序号	时期	园林名称	类型	相关人物	详细情况	文献出处	位置考证
12	春秋战国	宴台（宴台）	王室园林	越王句践	"在府城东南。《吴越春秋》称宴台于子室。""《越绝云：宴台在州东南十里，俱属会稽境内。"	《越中园亭记》《嘉庆山阴县志》	今绍兴古城东南
13	春秋战国	中指台（中宿台）	王室园林	越王句践	"在指台，马丘，周六百步，今高平丘。《吴越春秋》曰在平畈，周八百步，越王建筑处，会稽县东十里。……合高平处，又名中宿台。《越绝书》称周六百步，《吴越春秋》称中宿台合在高平。""系人工堆积而成，东西长250米，宽80米。70年代变平。"	《越绝书》卷八、乾隆《绍兴府志》《越中园亭记》《绍兴县志》	今皋埠街道景北丰光村（原高平村）北越曾山似为基址
14	春秋战国	灵文园	王室园林	越王句践	"山阴，会稽山在在，上有禹冢，禹井，扬州山，越王句践本国，有灵文园。"	《汉书·地理志》卷二十八·上	会稽山上
15	春秋战国	舟室	王室园林	越王句践	"舟室者，句践船宫也，去县五十里。"	《嘉庆山阴县志》	今址不详
16	春秋战国	印山越国王陵（木客大冢）	陵寝墓园	允常	"木客大冢者，句践父允常冢也。初徙瑯琊，使楼船卒二千八百人伐松柏以为桴，故曰木客。越绝书：木客大冢者，允常冢也；越王使三千余人入山伐木，一年所不得，木工思归而歌木客之吟，一夜生神木一双，大二十围，长五十，寻献之。""越王允常在常茶在茶南十五里木客山。"	《越绝书》《绍兴府志》《嘉庆山阴县志》	今城南兰亭街道里木朋村
17	春秋战国	若耶大冢	陵寝墓园	夫镡	"若耶大冢者，句践所徙先君夫镡冢墓也，去县二十五里。""为越国国君夫镡陵墓。"	《越绝书》	今平水镇上灶境内若耶山，现址不明
18	春秋战国	独山大冢	陵寝墓园	越王句践	"独山大冢者，句践自治以为冢。徙瑯琊，冢不成，号曰独山大冢。""越王句践冢，在府城南二十五里西桐山东独山村之独山，其址不明。"	《越绝书》《越中杂识·陵墓》	今存一说：一曰在城东南九里村之独山，今称玉山；一曰在城西桐桥区独山村之独山，其址不明
19	春秋战国	越王塞	陵寝墓园	越王句践	"越王城在县南四十七里旌诸乡，今尚名古城。旧经云游越王墓也。"	《嘉庆山阴县志》	绍兴西南
20	春秋战国	陈音家	陵寝墓园	陈音	"射卒陪葬，葬礼民，故曰陈音山。《旧经》，葬于国西南一百五十步，《吴越春秋》云，陈音山在县南四里，葬于国西。其表悉画刻射之形，今刁塘头亭南湖中山，一名隐山。""音卒陪葬死，王伤之，葬于国西，号其葬所曰陈音之山，其表悉是也。"	《越绝书》《嘉庆会稽志》	绍兴西南四里一百五十步，现址不详
21	西汉	陈嚣宅园	私家宅园	陈嚣	"汉太中大夫陈嚣宅在今礼逊坊庆年竹园巷之间，去会稽县东二里所。范蠡进善射者辟音，楚人也……音北中为之，放号竹园寺。……鸿嘉二年，太守淘君刻石陆表，号曰义里长檐路，今乡人壮于南湖长檐寺。"	《嘉泰会稽志》卷十三	今越城区新建南路塔子桥南长庆寺附近

序号	时期	园林名称	类型	相关人物	详细情况	文献出处	位置考证
22	东汉	孟尝宅	私家宅园	孟尝	"汉合浦大守孟尝宅在上虞县南二十三步，有石桥，名石桥，又县东一里有还城门，取合浦还珠之意。'"	《嘉泰会稽志》卷十一	今上虞孟尝村
23	东汉	黄昌宅	私家宅园	黄昌	"黄昌在县西南二百步，黄昌桥也。"	《永乐绍兴府志·余姚县》	绍兴西南
24	东汉	虞国宅（虞国墅）	私家宅园	虞国	"汉日南大守虞国宅。《旧经》云：'按《舆地志》余姚县西南二里有虞国宅，山南有虞国宅，国在日南，爱及民物，出有双雁随轩，秩满还家，宅为功曹也。'"	《嘉泰会稽志》卷十三	余姚市西一里地山止
25	东汉	东斋	私家宅园	王朗	"汉王朗建。子希曾任。于此注易。"	《越中园亭记》	今址不详
26	东汉	曹娥庙	寺观园林	曹娥	"汉孝女曹娥祭地。公元151年，县吏度尚改葬其于 江南道旁，为其立碑建庙。庙始建于东汉，旧在江东，后移于今址。宋元祐八年（1093年）建庙娥正殿，后屡建屡毁，修墓葬外观。"	《绍兴文物志》	上虞区曹娥街道孝女庙村孝女路
27	东汉	曹娥墓	陵寝墓园	曹娥	"今曹为1982年民政度重建。1987年文物部门据清代图录，在原址重建，民国二十五年坡工。"	《绍兴文物志》	上虞区曹娥街道孝女庙村孝女路
28	东汉	马臻墓（利济王墓）	陵寝墓园	马臻	"创湖之始，多湮冢宅。有辜人怨诉于台，臻被刑于市。及台中遣使按鞫，总不见人、验籍。'塞坐北偏南，前立四柱三间青石牌坊。明间额枋上刻'利济东初'宋嘉祐初汇宗所题封号'利济王墓''字样。"	《会稽记》《绍兴县志》	今城西偏门外跨湖桥畔
29	东晋	王右军宅（王羲之别业）	私家宅园	王羲之	"王羲之宅在山阴县东北六里，旧有戒珠寺址也。《旧经》云：'羲之别业有有鹅池也，洗砚池，题扇桥等。'今有右军祠堂，既谓之别业，则疑宅在任是。或云：'嵊县金庭观乃右军别宅，养鹅处。'……书楼为观，'任我东床十一卷事嘉乡，今观之先鹅有右肖像及墨池，皆废。今尚为比刹'，余地亦广，可想见，骆婆若尚存。"	《嘉泰会稽志》《越中园亭记》	今蕺山成珠寺
30	东晋	郭伟宅	私家宅园	郭伟	"晋遥骑大将郭伟宅在会稽县东南三里五十步，大禹迹寻是也。"	《嘉泰会稽志》卷十三	今越城区鲁迅中路禹迹寺旧址
31	东晋	王献之宅	私家宅园	王献之	"'王献之宅在会稽县西二十里'，《旧经》：'晋义熙三年（407年）中书令王子敬居于此，有五色祥云见，安帝沼建云门寺。'"	《嘉泰会稽志》卷十三	旧云门山上，今云门寺
32	东晋	谢敷宅	私家宅园	谢敷	"谢敷宅在会稽县五云门外一里所。或云在云门寺东，与何间宅相近。"	《嘉泰会稽志》卷十三	今绍兴古城五云门外
33	东晋	何骠骑宅	私家宅园	何充	"'北临大湖，水深不测，传与海通，何次道作郡，常于此水中得乌贼鱼。'"	《水经注·浙江卷》《嘉泰会稽志》	绍兴东南
34	东晋	东山别业（谢安山别业、谢太傅宅）	私家宅园	谢安	"'东山在县西南四十五里，晋太傅谢安所居也。一名谢安山。巍然特立于众峰间，拱揖敷写如弯鹤飞舞，其麓有谢公调乌路，曰云，明月一堂止，下视沧海，盖他蔷薇洞，伶传大傅携妓女游宴之所，又山西一里始宁园，乃……谢灵运别墅，一日在一……今山有洛兵池也，东、西二眺亭。'"	《嘉泰会稽志》卷九	今上虞区上浦镇方弄曹娥江右岸东山（又名石山）上

序号	时期	园林名称	类型	相关人物	详细情况	文献出处	位置考证
35	东晋	许玄度士宅	私家宅园	许询	"会稽山南有许君宅，又谓许君里，在会稽县界。王劭《山阴序》云：'永兴地方……许玄度度宅，门对会稽峰'者，谓会稽山南者，谓山阴许询宅也。许询士宅在县南三里，询父故过江，迁父故于元帝过江，迁父故因居焉。"	《后汉书·郡国志》《嘉泰山阴县志》	会稽山南
36	东晋	许询园	私家宅园	许询	"在萧山县北干山下。《图经》云：询家此山之阴，故其诗曰：'萧条北干园'也。"	《嘉泰会稽志》卷十三	今萧山区
37	东晋	孙绰园	私家宅园	孙绰	"乃始经东山，建五石之宅，带长阜，倚茂林，执与坐华幕，古仲蔚者同年而居其云者。"	《遂初赋叙》孙绰	今上虞东山
38	东晋	谢车骑宅	私家宅园	谢玄	"嵊山东北大康湖，谢玄所立也，右滨长江，在滨长山，平陵修通，澄湖远迈，人入渔于江处，楼两面临江。尽升眺之处，湖于远迈满漾。水出趣之于江曲起楼，桥侧在下，水陆宁宴，足为避暑之处。谢玄墓取墨，盛有琵琶圻，听百家渡者有云签若云签若云签古龟凶/八百年而落其中者。"	《水经注·浙江水》	嵊山东北大康湖
39	东晋	戴安道宅	私家宅园	戴逵、郗超(建)	"戴公旧居剡中，郗超每闻欲高尚隐遁者，辄为办百万资，并为造立宅，事见《世说》。戴逵往旧居与所亲书曰：'近至剡，如舍舍。'"	《嘉泰会稽志》卷十三	古剡中
40	东晋	始宁墅(谢灵运山居)	私家宅园	谢灵运	"南北两居，水通陆居。南山则惟岩竦，五谷别圃，周岭三田，梨枣柿桃，枇杷林壁，带谷映池。北山二园，南山三苑，九泉别涧，五谷别圃，周岭三田，梨枣柿桃，枇杷林壁，可园广袤。而分为谢东山尔。汉顺帝时分上虞南乡为始宁县，事真文选文存哉。谢康乐始宁园亦在此，事真文选文存哉。"	《山居赋》《嘉泰会稽志》卷十三	推断为今上虞东山
41	东晋	江彪宅	私家宅园	江彪	"剡地有江桥，即彪所据之地。《江统传》云：彪子彪龙华寺修心赋曰，卜居山阴郡阳郡里。晋护军将军彪者在此邦，三年，营山阴湖南保山下数亩地为隐山园。东西隔水，左江右湖，面山背釜，东西生鹅，南北好茅，草屋数间，便荷居亡之。"	《太平寰宇记》《嘉泰会稽志》卷十三	今绍兴古城古都泗门附近
42	东晋	孔车骑宅	私家宅园	孔愉	"孔愉初以讨华轶，功封余不亭侯，授车骑将军，及为会稽，山舠无名，俗因以名侯山，放名侯山。以师来县，在县西南四里，今为小隐山园。"	《晋书》卷十八《嘉泰会稽志》卷十三	在城西南四里，隐山原在鉴湖中亭山之南
43	东晋	戒珠寺	寺观园林	王羲之	"在府东北六里四十步截山之南，本晋右将军王羲之故宅，墨池犹存，其地为不知的肇始。咸次大建二年，有僧请光来冀中，郡守谢公师奉云名者董事游。'四山环绿嶂回，想见凌晨雪未消，八万四千余委阁月手，不知何处逐沙遥'人挺绝，一部题览之胜，后乃改名曰戒珠。宇越绍兴中，为土子肄业之地，常卜修人策名，魏科者相踵。盖真寓有题厝祠。寺南自步有以祝之。"	《嘉泰会稽志》卷七	今越城区蕺山

序号	时期	园林名称	类型	相关人物	详细情况	文献出处	位置考证
44	东晋	云门寺	寺观园林	-	"云门寺自晋以来名天下，父老皆盛纪……游观者累日乃遍。""晋安帝义熙三年，有五色云现其上。县周安，是以安帝乃诏建焉，号曰云门。右军七世孙有家于此，其兄子惠欣欣然出家……武帝重之，改号永欣寺。……会昌唐武宗法难毁，宣宗大中六年观察使李褒请重建，赐号修建寺。唐元和年间勅建，巧匠永兴口院，……淳化五年又改淳化寺。……咸淳中，束目亡。广勤居之，勤奉为坟寺。广勤忠广孝之寺也。"	《云门寺院记》陆游、《明万历会稽志》	云门山，今柯桥区
45	东晋	柯山寺	寺观园林	黄忱吉、沈渊	"柯山寺在县西二十里，晋永和年间救建（旧志）。产石，为民所采成岩，巧匠琢为佛。唐以来复之。覆之。明万历间使募建，更名照寺。国朝康熙五十七年邑人南阳如衎沈渊修于云门寺。"	《嘉庆山阴县志》	今柯桥区柯岩风景区内
46	东晋	王逸少书堂	书院园林	王羲之	"王逸少书堂在兰亭后，后人追怀风流。"	《嘉泰会稽志》	晋时的兰亭后
47	东晋	许元度书堂	书院园林	许元度	"许元度书堂在蕺山。"	《嘉庆山阴县志》卷七	今蕺山
48	东晋	兰亭	公共园林	王羲之、沈啟等	"此地有崇山峻岭，茂林修竹，又有清流激湍，映带左右。""湖南有天柱山，涑口有亭，号曰兰亭。亦曰兰上里。大守王羲之，谢安兄弟，数往造焉。晋司空何无忌之临郡也，起于此亭，吴郡太守守魏隐之移亭在水中。唐太守王廙之移亭在水中。唐大历中鲍防、严维、吕渭而次三十七人联句于兰亭。今兰亭少与诸贤修模于此，晋王逸少与诸贤修禊事也。今兰亭少与诸贤修楔于此，山阴令徐公明明于旧亭之下重许，复为流畅曲水，名新兰亭。亦曰上里。今无可考。"	《兰亭诗序》《水经注·浙江》《嘉泰会稽志》卷十、《越中园亭记》	原址已迁，现址为明代兰亭景区为明代旧址
49	南朝（宋）	永兴墅	私家宅园	孔灵符	"灵符家丰，产业甚广。于永兴立墅，周回三十三里，水出地二百六十五顷，含带二山，又有果园九处。"	《宋书》卷五十四	古永兴县，今萧山区
50	南朝（宋）	龙华寺	寺观园林	如悯、迪造生	"在都泗门内，即佛江忍建所懋也。俗呼龙王堂（《万历》）。寺面泰望，水环前后又右，左有广兴大池，旧昔赵福王台沼，蓄鱼单味甚美，今众绅募资为放牧池。国朝康熙四年（1665年）迪远生募资重修。"	乾隆《绍兴府志》	今越城区都泗门746号（八字桥历史街区内）
51	南朝（宋）	天柱山寺（炉峰禅寺）	寺观园林	-	"香炉峰为会稽山别峰，古称天柱山，因峰顶状如香炉而得名。继而有法慧住寺弘法多年。陈朝宋时有天柱山寺，僧慧静住寺始建于南朝宋齐（495年）。至唐，诗人白居易曾游龙游山，参谒寺院。至宋，有供奉玉雕观音像，并称寺兰。光绪七年（1881年），寺重建。"	《绍兴寺院》	绍兴市郊东南十五里，今越城区会稽山香炉峰
52	南朝（宋）	宝林寺（报恩光孝禅寺）	寺观园林	赵允让	"在府南一里二十一步，宋乾道四年制法华经维磨经统僧遇教寺。宋许有隐居至塔之一步，号龟山，言其地势如龟。崇宁三年八月，诏改崇宁万寿寺。三月八日又改崇宁为天宁。……会昌毁废，乾符元年重建因改为应天寺，……崇宁三年，诏改崇宁万寿寺。绍兴七年依据恩广孝为光孝，俄又广孝为光孝，倭又为徽宗皇帝香火，盖以本字祝圣之地也。"	《嘉泰会稽志》卷七	今府城塔山下

序号	时期	园林名称	类型	相关人物	详细情况	文献出处	位置考证
53	南朝(齐)	孔稚珪山园(孔尚书园)	私家宅园	孔稚珪	"在山阴县东三十里,曰尚书坊,见《太平寰宇记》所谓乌道柳,多曼山泉,怡怡胜趣。"蕲状传云:"不乐世务,居宅盛山水,凭几埋酌,傍无杂事。""门庭之内,草来不剪。"	《嘉泰会稽志》卷十三、《南史·孔稚珪传》《越中园亭记》	今越城区皋埠街道山皇村
54	南朝(梁)	江文通宅	私家宅园	江淹	"梁金紫光禄大夫江淹宅故宅,今为焚玢寺。"《太平寰宇记》云:"江君宅在梦笔驿,故以文通名。"	《嘉泰会稽志》卷十三	萧山区东北
55	南朝(梁)	何中令学舍(何胤园)	私家宅园	何胤	"僧以诏书处势迫临,不辞生徒,乃迁秦望山。山有飞泉,西起学舍,别为小阁室,躁处其中,躬自启闭,僮仆无得至焉。山嗜田亩一项,屡征不起。"云:"江君宅在招贤坊,又秦望山北一百一步有江淹故宅,此治别墅也。"因岩成援,别为学舍,齐尚乱仕至中书令,后华居秦入会稽,遂与秦望山学舍。梁诏帝勒何朗等六人受学,	《梁书》卷五十一、《越中园亭记》	今秦望山
56	南朝(梁)时修缮庙宇至宋明清历朝均有建设	禹庙(告成观)	寺观园林	禹	"会稽山上有禹庙而终禹于南山之上。""故禹巡狩,大禹东巡,崩于会稽之上,立宗庙于南山之上。""故禹巡狩,大会计于此,命禹而终禹于越州,取以为梁。即恢复。"……少康立祠于越州越南,禹庙把逐渐大禹。"明嘉靖间,有国人郑善夫定古庙数十进,清顺治九年(公元1652年)重修,康熙四十年(公元1700年)改钦中……(北宋)知府南大吉信之,立石刻"大禹陵"康熙二十八年(公元1689年)康熙皇帝南巡至绍兴,来自致祭大禹。(南朝)梁时修,敕即庙为梁时,赐额曰"告成",又于绍兴三年(公元1133年)重修禹庙,禹庙祭把会渐故禹庙,在小城南三扑大城内,禹樱建庙告成,	《吴越春秋》《水经注·浙江水》《越绝书》卷八、《康熙会稽县志》	今越城区稽山街道大禹陵景区内
57	南朝(梁)	称心资德寺	寺观园林	李寮、宋之问	"在县东北四十五里,梁大同三年建,会昌中废,大中五年观察使李寮奏重建,称心四百二年,有游者云。"与江门大将"称心四百二年"	《嘉泰会稽志》卷七	绍兴东北
58	唐代	严维园林(严长史园)	私家宅园	严维	"严长史史园林,颇名子居,大历中有访问者六人,"衡门"皆惟目句,可以想见其处矣。刘长卿、皇甫冉、裴要等联句诵诗。"衡门"隐水","潇水有处女。"园林甚盛,野渡舟盛。与苕溪、名其地为长史园"	《嘉泰会稽志》卷十三、《越中园亭记》	秦望山附近
59	唐代	齐抗书堂	私家宅园	齐抗	"在石峰下。唐丞相齐抗所居筑,后为净圣院。"	《越中园亭记》	据《嘉庆山阴志》城……域周,石峰峰在今禹庙东
60	唐代	昌园(昙至寺、齐昌元精舍)	私家宅园	齐抗	"在府城东南二十里,有海万余林,居人以此为业。唐陈涑《石峰峰序》称,为齐公园元精舍。齐唐集》又作昌源,今为圣寺北。"	《越中园亭记》	今绍兴古城东南二十里云石峰峰附近
61	唐代	道士庄	私家宅园	贺知章	"道士庄,在镜湖中,与三山连接,开扑里通杭镜湖,李绅有诗序。"唐贺知章致政归,自号黄冠道士,故名。"	《嘉庆山阴县志》	在镜湖中,与三山连接
62	唐代	满挂楼	私家宅园	—	"满挂楼,在城西南。"	《越中园亭记》	今绍兴古城西南

序号	时期	园林名称	类型	相关人物	详细情况	文献出处	位置考证
63	唐代	皇甫秀才山亭（皇甫冉别业）	私家宅园	皇甫冉	"皇甫秀才山亭，即皇甫冉别业。唐孟东野有诗。"	《越中园亭记》	今址不详
64	唐代	张微君隐居	私家宅园	张志和	"张志和隐居不仕。子县之东郭酤药为量。作《渔父》词十五首。观察使陈观表其居为玄真坊。"	《越中园亭记》	绍兴东
65	唐代	秦隐君山居	私家宅园	秦系	"秦隐君山居，唐秦系所居，在若耶溪上。系有《闲居》及《寄赠》诸诗甚多。"	《越中园亭记》	今若耶溪上
66	唐代	张志和宅（玄真坊）	私家宅园	张志和	"只鹤绕室遑遑宅不还，资以生章，樵采不说归，志不在鱼也。县令使发表，观察使陈少游往见，为终日留。以门临……表其居曰玄真坊。以门临为玄游为构之，号回轩巷。先是门临流水，无梁，少游为构之，人号大夫桥。"	《新唐书》卷一百六十六	今址不详
67	唐代	北楼	私家宅园	李绅	"李绅有北楼、楼桅花诗。"	《嘉庆山阴县志》	今址不详
68	唐代	方雄飞别墅（方干别业）	私家宅园	方干	"在湖中，其白为诗云：'茧山庄缘心，此处是家林'，今庙东有茧山，或云即故处。是时有袭秀才木亭，雄飞相次数过之，故尝经年此地为吟侣，早起寻君，日暮回也。"	《嘉泰会稽志》卷十三	禹庙（今大禹陵景区）以东
69	唐代	袭秀才山亭	私家宅园	袭秀才	"袭秀才山亭，近方干别业。干数过之，有诗以赠。"	《越中园亭记》	方干别业附近，今址不详
70	唐代	贺秘监宅	私家宅园	贺知章	"唐贺秘监宅在会稽县东北二里八十步。知季晚自号'四明狂客'，天宝初请为道士，还乡里，诏行之。宅今天观是也。"	《嘉泰会稽志》卷十三	绍兴东北
71	唐代	徐浩宅	私家宅园	徐浩	"在会稽县五云桥之东，仿佛有遗迹存。溪山奇丽者犹属焉。"	《嘉泰会稽志》卷十三	今址不详
72	唐代（始建不详）	朱山人别业	私家宅园	朱山人	"朱山人别业，未知在何处。唐刘长卿有《送朱山人归山阴别业》诗。"	《越中园亭记》	今址不详
73	唐代（始建不详）	王处士草堂	私家宅园	王处士	"王处士草堂不知何人。唐刘长卿有《王处士草堂像霍若山》诗，地在山阴。"	《越中园亭记》	今址不详
74	唐代	龙瑞宫（候神馆、怀仙馆）	专观园林	—	"龙瑞宫在县东南二十五里，有禹穴及阳明洞天。道家以为黄帝时尝建候神馆于此，至神龙元年……置怀仙馆，开元二年，因龙见，改今额。"	《嘉泰会稽志》卷七	今会稽山东南残委山下龙瑞宫旧址
75	唐代	马臻庙（马太守庙）	专观园林	马臻	"开元中，刺史张邑，深念功本。要立祠宇。马太守庙在县东南三里八十步。太守名臻，字叔存，永和五年，创立镜湖。明天启及清康熙、道光、光绪间，均经修葺。"	唐韦瓘《修汉太守马臻庙记》《嘉泰会稽志》《绍兴县志》	今绍兴门外跨湖桥以南

序号	时期	园林名称	类型	相关人物	详细情况	文献出处	位置考证
76	唐代	长庆院	专观园林	陈器、德钦僧人	"在府东南一里二百二十八步,宋永徽二年建。本曾尚书陈器竹园,因号竹园寺。大中祥符五年僧钦重建。号'广济院'。周显德五年僧德钦重建。"本会昌五年毁废。周显德五年僧德钦重建,号'广济院'。大中祥符六年七月,改赐今额。"	《嘉泰会稽志》卷七	今府山东南
77	唐代	广教院	专观园林	钱镠等	"在府西六里一百二十七步蕺山东麓。建立盖置生地也。昌欧阳庆,后唐天成四年吴越王钱镠……因置天王院。大中祥符元年七月改蕺明。禹寺钱王父名又改今额。与元元寺同时废子木。遂重。寿寺轩讨忏营登上方寺径到此。"	《嘉泰会稽志》卷七	今越城区蕺山东麓
78	唐代	石佛妙相寺	专观园林	行钦僧人	"在县东五里。唐大和九年建。号南崇寺,会昌废。晋天福中,僧行钦于废寺前水中得石佛,遂重建。治平三年。赐今额。"	《嘉泰会稽志》卷七	今绍兴东
79	唐代(始建年不详)	妙喜寺	专观园林	蒋堂	"妙喜寺,去郡二十里而近,通幽而到,积水四满,楼台在中。观其林莫遇鱼者,小艇短棹,求赢而来。得志而返、灌足出击,声满山合,又有丹素杂备,弄吆清流,劳波悠空……遂不一日……'近远'。'闽公客,越之大士也,子盍湖中得有唐妙喜寺遗址,结茅而居。昔刺史李迪作记曰'云霞草树,横在一目'即其地也。乎嘉之,乃以名之曰名其庵。"	《游历喜寺记》李迪,《题妙喜庵井序》蒋堂	古鉴湖内,今址不详
80	唐代(始建年不详)	柳姑庙	专观园林	罗隐	"在县西一十里湖桑塘之东。前临镇湖,盖湖山绝胜处也。乡人旧传以为罗东江(隐)尝题诗,今不传。"	《嘉泰会稽志》卷六	绍兴西
81	唐代	北馆书苑	书院园林	王献之	"王右军为会稽守,子敬出继戏。见北馆新垩土壁,白净可爱。取以笔条占泥泞中榜书为方文字。极有体势。观者如市。"	《越中园亭记》	北馆内,今址不详
82	唐代	贺秘监祠	祠堂园林	贺知章	"贺秘监祠在城南一十五里十五都一图。壶畅埭……'原贺知章子所,乡人为纪念贺知章还乡而置。明朝改为明真观。清嘉庆末年,里人重修。民国再修。后改为贺秘监祠。"	《嘉庆山阴县志》卷二十一,《绍兴名人故居》	今越城区今士街49号
83	五代十国(道林院 兴教院 兴教寺 云栖寺)	小云栖(道林院 兴教院 兴教寺 云栖寺)	专观园林	僧人智铨、昙香、彻凡等	"明末白洋朱佩舍舍园地而废。初会兴院。清初,朱佩南张张氏女又舍田毁依智铨,遂舍铨寺。乾隆年间更名为'云栖',后改为'小云栖'。道光、咸丰年间,诗僧昙香、彻凡先后继席。"	《绍兴佛教志》	今越城区北海街道云栖村
84	五代十国(后晋)	延福院	专观园林	-	"在县西六十里新安乡牛头山之麓。晋天福三年建;开宝六年七月改赐今额;建炎中废子木;绍兴五年重建,乾道五年重建年间,因袭惮师安禅之地。累僧初,赠大博贴公给与乡士数人肄业子此。"	《嘉泰会稽志》卷七	绍兴西
85	五代十国(后汉)	香林寺	专观园林	-	"五代后汉时期,鉴湖第一曲源头的宝林山上已出现宝林院,宋治平三年(1066年)更名为香林院。元初寺毁子木,断壁残垣并归元福寺作为香林寺,宋嘉定年间,南海僧人到此劝募修建。今寺为1966年重加修整。"	《绍兴寺院》	今湖街道西路村

序号	时期	园林名称	类型	相关人物	详细情况	文献出处	位置考证
86	五代十国（南唐）	西园（虞二守园）	私家宅园	蒋堂、王逵、（南唐）汪纲	"王公池，在西园，邦人不与其观。……府西园之东，政成，都议之兼，乃辟会山神祠，作正俗亭，既又为曲水缬，同之有清旷亭。又卜筑以起望湖楼，又不得尽委之。""沈园，卧龙山之西。旧为虞一守园，即古西园地，太守吴格重之，曾锻八景，增想堂一亭，后川沈孝康，园在王公池前，龙山之西。""西园，迹部蒋堂创始，太守吴格重之，飞盖堂、流觞亭、惠风亭、望湖楼，望湖楼最胜。亭阁不可胜记，惟飞盖堂、流觞亭、惠风亭、望湖楼，列翠峰最胜。"	《嘉庆会稽志》卷一、《越中园亭记》	今府山西麓西园
87	北宋	唐少卿宅	私家宅园	唐少卿	"唐少卿宅在城内冷新河坊。"	《嘉庆山阴县志》	今越城区新河弄
88	北宋	清白堂及濯白泉	私家宅园	范仲淹	"其，康定十五年正绍知州时所，都守即其处也，乃"则绍府，重加整备。""范文正公子至冬缮序年废井，泉清而白，太守汪纲重之。""清白堂在蓬莱阁西，卧龙山足。康定中范仲淹所作。案仲淹记云：获废井，因名重加整备，而复范公旧居。"	《宝庆会稽志》《绍兴府志》《越中园亭记》	今府山蓬莱阁西
89	北宋	小隐山园（小隐园）	私家宅园	王氏、杨纮	"太守杨纮游山园，乃使以其圃云山，悉与之。堂曰小隐之山，池曰琵琶之地。命其圃曰琵琶堂，曰湖光亭。又辟兰亭，菊亭百花亭，百花之顶，曰翠微理堂。有鉴中亭，倒影亭。皆绍公所自命。而通判军外事杨纮为之刻石记之。后曰百年，漫资弗理。少师陆公（宰）尝谓之以为别墅。""望其门，如绿阁之在烟云中。入其堂，登其山，莹其亭，频然如彫之外也。山含翠景，缀绕四注。后曰百花亭，映带满前。山回路转，胜踪幽迳，探微径，打小隐迤而相揭。奇葩珍树，主人王氏。大守杨纮与宾从往返，为命琴瑟地，胜踪归宝，探微径。又有赋归亭，秀发轩，放龟台。蜡屐潭渚，陆公尝从之记。后曰陆公师承之记。"	《嘉泰会稽志》卷十三、《游小隐山坞》钱公辅、《越中园亭记》	今址不详
90	北宋	齐氏家园	私家宅园	齐唐	"少微山，在（会稽）县东一十二里。……公亲密备，栽培其上，而畔下其大壑，疏为为沼，惟花卉果蔬为圃，为山以状山曰小微山。自其山曰小微山。""在城东少微山，与湖小而近湖，齐郡之分沼乐曰，遂家焉。引流为沼，艺花为圃，山之上下，有芳华亭、修竹坞，菫珠泉、石崖，夏不涸，菊西山亭、应曼亭、东山亭，其约饱足，尽湖山景物之胜。""山中一咏，陶写景物"	《嘉泰会稽志》卷九、卷十三	今越城区塘下赵村
91	北宋	施肯吾宅	私家宅园	施肯吾	"在城内，唐真人施肯吾之故居也。陈文惠公诗云：'幽居正想慎窖，夜久月寒珠露滴。千年独鹤两三声，飞下镇前一株柏。'"	《嘉泰会稽志》卷十三	今址不详
92	北宋	濮王园庙	专观园林	赵允让	"濮安懿王在英宗皇帝时，以王为园，立庙祀之，立庙祀之。今为报恩光孝寺。""佑寨会稽之天宁寺，今为报恩光孝寺。"	《嘉泰会稽志》卷六	今址不详
93	北宋	广福院	专观园林	钱熙暕	"在城东南六里一十六步，大平兴国元年温州刺史钱熙之子孙陈舍园建。号昌院（俱思，西域属地），沼寺院山也。绍兴三十二年六月，高宗皇帝内禅授御德寿宫，上尊号曰光孝奉太上皇帝，又迁天下寺观之寿圣者，皆改为广福之。""绍兴乡里坊昔官私学官名有祀圣及济奉寿寺者回避，又迁天下寺观之寿圣者，皆改为广福之。"	《嘉泰会稽志》卷七	今府山东南

序号	时期	园林名称	类型	相关人物	详细情况	文献出处	位置考证
94	北宋	法济院	寺观园林	陈建	"在府东南四里许九十六步。至道元年，邑人陈建舍园为台州郡万年山解院，天禧三年赐院额。"	《嘉泰会稽志》	今府山东南
95	北宋	天章寺	寺观园林	裴愈委	"在县西南二十五里兰亭。至道二年二月，内侍高班九品裴愈咋到越州，见置王羲之兰亭曲水及书堂旧基驿处，乃请僧法云建一寺舍焚崇奉愈锡，特赐天章寺额。"	《嘉泰会稽志》卷七	今绍兴西南
96	南宋	沈氏园（沈园）	私家宅园	沈氏	"城上斜阳画角哀，沈园非复旧池台。伤心桥下春波绿，曾是惊鸿照影来。""在府城禹迹寺南会稽山之阴。沈氏园，在肥城禹迹寺南，宋时池台绝盛。宋陆放翁于此遇其故妻，赋《钗头凤》词。后又有《梦游沈园》二绝句。"	《沈园》陆游、《乾隆绍兴府志》《越中园亭记》	今越城区沈园
97	南宋	洛龙宫（全后宅）	私家宅园	宋理宗赵昀	"在西郭门外虹桥北，宋理宗全皇后氏家也……今全后宅侧会龙桥尚存。""洛龙宫在虹桥，宋理宗兄弟幼时的浴处……今废。"	《越中杂识》下卷、《嘉庆山阴县志》	今越城区会龙桥附近
98	南宋	镇越堂	私家宅园	汪纲	"镇越堂，内有燕春、云根、步鉴、拂云、无愫、月台、四面屏嶂等处。汪纲建。《越中题咏》"	《越中园亭记》	在府治，今府山
99	南宋	杞菊堂	私家宅园	—	"杞菊堂，近禹迹寺。有梅坡、菊潭、竹隐、薜闱、澹润，见吕祖谦《入越记》。"	《越中园亭记》	禹迹寺附近外氏园内
100	南宋	曲水园	私家宅园	史浩	"曲水园，宋丞相史浩守郡时置。在郡龙山之阴。入飞来门，右石王右军。引鉴湖水入小溪，闸激之成曲水。有流觞漫亭，惠风轩。""曲水池，先大夫所创为寓地，盖虽而似龙盘凤。蓄山而出实圆矣。""光禄大夫新河步。登朝来阁，望千岩万壑，使人应接不暇，居然城市山林。"	《越中园亭记》	今府山北
101	南宋	丁氏园	私家宅园	丁氏	"丁氏园，在城中新河步。宋吕祖谦作记。称园多海榴，后馈皆密竹，倡佯福太散，宜夏不宜冬。"	《越中园亭记》	今绍兴古城
102	南宋	王氏园亭	私家宅园	王氏	"在府第之河北，周围可数十步。近西鹜山数亩。俗所谓高峭概也。"	《王氏园亭记》	府第之河北
103	南宋	五云梅舍	私家宅园	王梅山	"在五云门。宋王梅山即其居墨垒为山，种梅百本。林纾隐为亭记之记。"	《越中园亭记》	今绍兴市区五云门
104	南宋	赐荣园	私家宅园	汪纲	"又第一园于观子观之前，（园门徐），名绍兴上云：'救烈鉴湖水，为君台沼荣。'园有亭曰'幽兴'云云。又第一园曰'赐荣'，字以园云云。'边棒'，皆纷所建，又跨长堤十里，夹道皆种莲藕也。'边棒'，花沈林麓，在名映带，风景光胜，真越中佳胜也。未郡守史浩即观前筑园，内有幽兴，逸名'赐荣'，贸荣宅名道士庄。故得名。有亭曰春波杯。花尖林影，望之如图绣。"	《宝庆会稽续志》卷三、《越中园亭记》	今迪荡湖西侧，旧五云门附近
105	南宋	三山别业	私家宅园	陆游	"三山在县西九里，地理家以为吕大宗形势相连。尝发地得佳永安寺大康古砖，疑曰……今陆氏居之。""三山在鉴湖中，陆游游息之所（引旧志）。""人尝构或尝为寺观云。"	《嘉泰会稽志》卷九、《嘉庆山阴县志》	今胜利西路东浦塘湾村陆游故里，旧鉴湖之滨
106	南宋	快阁	私家宅园	陆游	"在西门外，宋陆放翁建。"	《嘉庆山阴县志》	西门外任鉴湖畔，今越城区快阁村

序号	时期	园林名称	类型	相关人物	详细情况	文献出处	位置考证
107	南宋	镜湖渔舍（王氏别业）	私家宅园	-	"镜湖渔舍，城中王氏别业。有文室八咏小瀛洲，宋谢翱为之记。"	《越中园亭记》	今绍兴古城东郭门内禹迹寺附近
108	南宋	吕氏庄	私家宅园	吕氏	"本吕氏，在西边迎晖门外。宋都临安时，此为孔道，为将迎宾之地。"	《越中园亭记》	今绍兴古城西迎恩门外
109	南宋	赵处士宅	私家宅园	赵万宗	"本朝赵处士任会稽县东南照水坊华镇。云远万字空中渊，莱素无盛德之名固不赴。详中中被召不赴。献波匿，传以自信，求为道士。"	《嘉泰会稽志》卷十三	今越城东南
110	南宋	义峰寺	寺观园林	-	"传山顶有一池常年不涸，旧时旁建义峰王庙。南宋景定五年（1224年）庙初见，圮龙王、后废妥，明嘉靖元年（1522年）重建。至60年代中期易为空地。1987年后募资重建。"	《绍兴寺院》	今越城区富盛镇北山村义峰山
111	南宋（始建不详）	舜王庙（大禹庙）	寺观园林	舜	"《晋太康地记》曰：'舜避丹朱于此，故以名县，'会稽山有虞舜巡守，台不有望陵祠。"'舜庙在县东南一百里，《述异记》记云：'虞舜庙在县东南一百里二十一都，太平乡舜山之阳。'"	《水经注·浙江水》《嘉泰会稽志》卷第六、《康熙会稽志》	绍兴东南
112	南宋（始建不详）	吴越武肃王庙	寺观园林	钱镠	"在府南四里三百二十六步。本县祠山，岁久毁坏，有巨碑旧屹天下，今乃立流园中。"	《嘉泰会稽志》卷六	今绍兴古城内府山南
113	南宋	府山（卧龙山、兴龙山）	衙署园林	-	"越冠浙江东，号都督府，府据卧龙山，为形胜处。清康熙南巡，驻跸于此，又称府山。曾改名'兴龙山'。"	《望海亭记》《绍兴》	今越城区府山
114	南宋	宋六陵	陵寝墓园	宋高宗等	"南宋高宗、孝宗、光宗、宁宗、理宗、度宗、徽宗攒陵寝，又称'攒宫'。明洪武二年（1369年）大祖未至顶被救遗物故墟，陵墓封土被夷平，墓碑被毁，墓穴尚存。1966年秋，大祖未至顶被救遗物故墟...元至元十五年（1278年），刻有帝名，陵名。"	《绍兴县志》	今皋埠街道上蒋宝山南麓
115	元代	梅花屋	私家宅园	王元章	"元王元章故画画梅，手扎里书舍，绕屋种梅，隐居不仕。"	《越中园亭记》	今绍兴越城区
116	元代（始建不详）	蜀山草堂	私家宅园	-	"蜀山，在山阴县山。元萨天锡有诗：'先蜀山，西蜀山在萧山县南十二里，两山对峙无所连属，亦形似蜀之峨嵋山，故名。翠色分蛾嵋，是也。'"	《越中园亭记》《名胜志》	今柯桥区华舍街道蜀阜村
117	明代	青藤书屋（榴花书屋）	私家宅园	徐渭	"'榴花书屋'在大云坊天镜之东，徐渭生处，明徐文长故宅。"'青藤书屋在绍兴前观东南一里许，明徐文长故宅，地名观东……陈老莲（陈洪绶）亦尝句此，皆所居也，后嫠易手。'"'鉴水之东，龙山之侧，投醪在南，岘亭在北，天允故居，有藤翼翼，如瓜如梁，滋生蕃植。'"	《嘉庆山阴县志》卷七，《履园丛话》、钱泳《青藤书屋赋》陆翔	今绍兴古城前观巷大乘弄10号
118	明代	吕府	私家宅园	吕本	"'为明嘉靖间礼部尚书吕本行府'"'吕本既予余姚建相国第，复于郡治山阴地更造行府。'"	《绍兴县志》、民国《绍兴县志资料》	今绍兴古城新河弄169号
119	明代	高家台门（北海桥明代台门）	私家宅园	高珩	"明代民居。据传高氏先祖为水军大尉高珩，至17世从钱清青江迁居高桥。今存大方后楼一进院落。"	《绍兴县志》	今越城区北海桥直街35号

序号	时期	园林名称	类型	相关人物	详细情况	文献出处	位置考证
120	明代	解元台门	私家宅园	王解元	明清民居。位于绍兴城西街，处藏山历史街区内。	《绍兴文物志》	今越城区西街136号
121	明代	钱家台门	私家宅园	钱氏	明清民居。存大厅、座楼、天井、东西厢楼。	《绍兴文物志》	今越城区新河弄14号
122	明代	谢家台门	私家宅园	谢氏	明末民居。坐北朝南，沿东西两轴线布置	《绍兴文物志》	今越城区塔山街道
123	明代	耆园	私家宅园	钱氏	"耆园，岳阳钱公，年六十建是园，因以耆居。堂之后为池，池之上为榭，而亭台半以荒芜，近乃人傲居。"	《越中园亭记》	今绍兴古城内
124	明代	墨池	私家宅园	王生白	"墨池，王生白公宅西构书堂三楹。旁有小阁，外通曲沼，幽邃中突植草花数十本，坐想可以忘怀。"	《越中园亭记》	今绍兴古城内
125	明代	可也园	私家宅园	沈玉梁	"高望楼黄门，居在西门内。筑室读书，木石亭台，亦有小致。惜在委巷中，无可登眺耳。今已为沈江梁孝廉有矣。"	《越中园亭记》	今绍兴古城西门内
126	明代	袍园	私家宅园	徐仲宜	"徐仲宜袍构园，因以得名，史叔考为之题咏。"	《越中园亭记》	今绍兴古城内
127	明代	宋园	私家宅园	宋氏	"宋园，亦在龙山之西。旧传为天然园。"	《越中园亭记》	今府山西
128	明代	采菽园	私家宅园	孙如洵	"种山之阴有悦池，从柿家桥入，望渐山如列岫。影入清波，倒景相嘱。孙初山大参有园在其旁，得之妙林不之胜。"	《越中园亭记》	府山北面相家桥附近
129	明代	有清园	私家宅园	胡青莲	"韶禅山之西偏，自址及顶，皆以雕石曲磴折以上，望之若仙居，望之若仙居，楼阁主人胡青莲。匠心结构。亭可受日，阁可藏山。为楼为堂，规制新异，皆匪夷所思。"	《越中园亭记》	府山西偏
130	明代	筠芝亭	私家宅园	张天复、张汝懋（继承）	"卧龙山之左有有城隍庙，即古璩莱阁。折而下，孤松兀立，古木纷披。折而东为右为湖南。楼阁为湖南阁，以望落霞映照，兆若落霞映照，非夏一丘一壑之胜已也。主人日叔其园具园，有别墅十二，外皇十二，道子皆陛，与落万生房之融真堂，山色发阁上此见，有异焉者，诸山如米之袖中右出，可引偃仰观，肰会之西南面山以北为明畅，然元一览尽之之隅，登卧龙山，登霞外楼，登山坐此更为明畅，然元一览尽之之隅，借东北诸峰真为竹木所荫。"	《越中园亭记·祁彪佳笔记·林皋适笔》	今绍兴古城内龙山之岭之麓、城隍庙稍下
131	明代	嶽花阁	私家宅园	张炯芳	"在张大泄君宅后。即龟山之南麓也。龟山之南麓也，如簇花叠锦，想金谷不过少许也。"	《越中园亭记》	府山南麓药之亭下
132	明代	快园	私家宅园	张岱	"快园。在龙山后麓，明御史大夫云韩公别业。登龙之阴，见竹文明，知各极其致，不必坡韩相对，已知为勿幽人所乐矣。"	《越中园亭记》	今府山北侧绍兴饭店内
133	明代	不二斋	私家宅园	张元忭、张岱（继承）	"张文恭于居第旁有书三楹为讲学地，其家即孙宗子更新之，建云林秘阁于后，淘隐懒塌青秘足以础之。张公诸子快园，多蓄奇书玩古之具，皆岐精好。宗子嗜古，疆讲文。"	《越中园亭记》	张元忭故居第旁

续表

序号	时期	园林名称	类型	相关人物	详细情况	文献出处	位置考证
134	明代	万玉山房	私家宅园	张元忭	"其室名融買天，山天阜耕陶唐畎亩位。万玉山房谁构此，青苓大淮张公子。……抵今堂空卧龙情，镜湖西去水涟洄。"	《万玉山房歌》徐渭、《越中园亭记》	府山西岗至山麓地带
135	明代	苍霞谷	私家宅园	张耀芳	"从别驾张二西父居之岱左廊门入，登卧龙数武，即张文懿公读书处。下为溪山清樾堂，前有来草阁，属二西公。为构名极宏敞，更兼精阴势。再下稍从左。其即谈介子子兄楼，望之若雪窦一舫。主人用张思光故事，欲春舟岸上注且。"	《陶庵梦记》	府山蓬莱阁西的山谷中
136	明代	阶园	私家宅园	张汝霖	"张淑之先生晚年筑室于龙之之茅，而开园其在。有筑亭临天公池上，凭窗眺望，收拾绕山之胜。殆尽，寿花堂，霞爽轩，醧澜榭，皆位水石萦回，花木映带也。"	《越中园亭记》	府山西麓庞公池边
137	明代	弦圃	私家宅园	祁凤佳	"在龙山后，快园相对，杂植梅竹，三径未荒，昔主之子为明经王敬同，此园他日当以人重美。"	《越中园亭记》	府山之后，与快园相对
138	明代	王园	私家宅园	王海楼	"王园、卧龙山后，与快园相对。王海楼建。"	《越中园亭记》	今府山附近
139	明代	龙翼山房	私家宅园	—	"龙翼山房，在卧龙山西出处，今废为栈道。"	《越中园亭记》	今府山以西
140	明代	今是园	私家宅园	邢洞瞻	"邢洞瞻仓部宅，在蕺山下，园即在宅右。奇石累累，灵璧皆家常物矣。堂临小池上，旁为有书舍，长公舍先迳诸有道讲精义，伊有濂溪之风。"	《越中园亭记》	蕺山东麓
141	明代	偶鹿山房	私家宅园	尹目儒	"在蕺山之西，书斋五楹，尹目濡明经于此其子。多种古梅，更喜子孙，有名采制。蘋喧之暇，雍茹扩唳，为园之最幽处。向为吕文孚箭所构，近之曰淇园。"	《越中园亭记》	蕺山之西
142	明代	淇园	私家宅园	吕胤昉	"从成珠寺东径入蕺山之容，有堂三楹，曲廊出其后，阁下有奇石，小池绕之，一泓清丸。贯以八平，其南阁三层，北望海，东南望诸山，尽有胜胜。阁下有园读书，构园读书，颜之曰淇园。"	《淇园序》《越中园亭记》	今绍兴古城内蕺山之脊
143	明代	宝纶楼	私家宅园	谢不亥	"谢不亥之博居第，在题景阳省。侍是王右军之故处构，楼有两翼，皆可通往来。闻其规制盖仿云二藩府省。"	《越中园亭记》	今书圣故里题景桥畔
144	明代	兼霞园（文园）	私家宅园	赵锦、赵淳卿	"赵麟阳先生好修洁，而令之子淮夏秀明，亭亭物表。工文好客，时引二三骚人酬土酌咏其中。居家不营生产，仅有此园，乡时伏腊一斸杖，古美文学，营修内始。"	《兼文园记》《越中园亭记》	今绍兴古城内蕺山之园址
145	明代	芸园	私家宅园	尹和靖	"古小学，把尹和靖先生。今为刘念台讲学处。芸园在喝岸，书室止二楹，取其市虚嚣之器耳。"	《越中园亭记》	刘念台先生讲学处附近

续表

序号	时期	园林名称	类型	相关人物	详细情况	文献出处	位置考证
146	明代	陈海樵山人别业	私家宅园	陈鹤	"息柯亭，陈海樵山人别业也。……昔海樵子子禹息柯，地既久而主易。"	《息柯亭山茶赋》	今绍兴古城内塔山之东偏南皋
147	明代	息柯亭	私家宅园	朱鼎臣、朱育里	"缩阁（千峰阁）而下，有长廊，廊尽，名'息柯'，一亭豁然，同属陈海樵山人别业。主人箭里君重为营构。"	《越中园亭记》	今绍兴古城内塔山之东偏南皋
148	明代	东武山房（小琅琊）	私家宅园	朱赓	"一名小琅琊。晋辛玄度居怪山，名玉林山寺。舍宅为寺，在寺之西址，亦未玉林之址。东武之西也，名东武山房，严见朱进遗风。"	《越中园亭记》	今绍兴古城内塔山之西
149	明代	南华山房（南华山馆）	私家宅园	张天复、张元忭	"南华山房，会谕张文恭构此为游憩地，中有遂初堂，观畴园也。主人张次如先生，向与先子读书其间。著有和诗子若诸论也迩迹。鸡窗百尺峰，气谊千古。东偏亭台为六符舒新构，不似古朴本色也。""南华山馆，在南郭龟山之南，明张天复复别墅。其子元忭构小阁月观如此。""南华山馆在龟山之南，明张天复复别墅堂。"	《越中园亭记》、廉氏《山阴县志》《嘉庆山阴县志》	今绍兴古城内塔山之南
150	明代	文漪园	私家宅园	林五磊	"为林五磊常卿所建，尚长庆寺后，唐又之墓在焉。堂轩不过数楹，而草木蕃郁。入门忘其为城市也。"	《越中园亭记》	长庆寺后
151	明代	亦园	私家宅园	金乳生	"在龙爪门侧。主人金乳生，植奇花数百本，多株方异种。所居仅斗室，看花人已毫满户外矣。"	《越中园亭记》	今绍兴古城龙门桥
152	明代	水天阁	私家宅园	商小飢	"郡城门二水汇于龙王堂，渡龙华桥，有临临水滨，商小飢先生所构。外兄商祖电昆仲尝读书其中。"	《越中园亭记》	今绍兴古城龙华桥附近
153	明代	竹坞	私家宅园	诸大绶	"在静林巷，为诸文恭公别业。修篁老箨，郁茂扶疏，而潇然可乐。"	《越中园亭记》	静林巷，民国绍兴府城衢路图有载
154	明代	曲径藏春	私家宅园	—	"诸文恭公居第旁。"	《越中园亭记》	诸文恭公居第旁
155	明代	王公书舍	私家宅园	王洋	"王郡斋公以方伯致政归，有清堂特著，好山水，善草，楷书。书舍在大善寺旁。重其人，故忘子此。"	《越中园亭记》	今绍兴古城大善寺旁
156	明代	来园	私家宅园	金兰	"亭同年金进朝，即典宅后为园。地不通半亩，尺许，便作峰恋楼阁之妙。"	《越中园亭记》	越中前观巷金兰宅后
157	明代	缪木园	私家宅园	吕南衢	"缪木园，属相国吕南衢问。寿宁堂之后有晒书台，烟霞阁。旁有地可百亩，皆植檀桑桂。旧功能亡寺墓址。此书院，坐落都城之西南，山阴县大半坊，前对奉堂，后坐龙。观制宏敞，绝无园亭遂折之致。请徊用价，长六元，遵例用价，自行盖造者也。"	《越中园亭记》《余姚新河吕氏家乘十二卷》《嘉庆山阴县志》	绍兴古城西南隅，园址疑为大能仁寺址
158	明代	跃鲤池	私家宅园	谌轩	"南羽川构于城东日半野，谌轩给速市之居室。于室后凿小池，构梅舍于上。植梅数十本，与竹树交荫。游客忘其俗市矣。"	《越中园亭记》	今绍兴古城东
159	明代	谌轩给速居第（半野堂）	私家宅园	南羽川	"半野（坐）堂，南羽川公建。在东郊，今为谌轩给速居第。"	《越中园亭记》	今绍兴古城东郭门附近

续表

序号	时期	园林名称	类型	相关人物	详细情况	文献出处	位置考证
160	明代	白马山房	私家宅园	陈大一	"白马山在蕺山东北，越姚山池之一也。陈太一公于山之阳构为堂，名曰三馆，构亭于巅，而以复道接之。观度甚佳，借眺览不能出篝券外耳，近为刘念合，弦诵之声彻里巷，不复以眺览为胜会。"	《越中园亭记》	白马山上
161	明代	芝园	私家宅园	商虞邻	"从禹穴入里许，为南虞园。西南面修竹掩映，故堂室极幽邃，而眺望来畅。至小蓬莱、三缘轩然池上，便有矍之远之致会。"	《越中园亭记》	今绍兴古城南，禹穴入里许
162	明代	宛委山房	私家宅园	董黄庭	"禹穴之下，有白弓池，董黄庭先生临池构园。园中复开小池，楼据其上。规制以庄朗取胜。"	《越中园亭记》	今绍兴古城南，禹穴下
163	明代	章庄	私家宅园	章氏	"由花径而渡，密迩回石湖，章氏有庄在焉。啬四五迹，种树钓鱼，可以终岁，惜数楼头颓废矣。"	《越中园亭记》	今绍兴古城南
164	明代	龙药庄（集锦山房）	私家宅园	姜藏胜	"南山一带。卧龙矸自来也。凤、龟潜山。飞集千左右。杨吕娄朋在其下。前临大溪。以石桥、今为姜藏胜宗伯。改名集锦山房。"	《越中园亭记》	南山下，在右白凤、凰山、龟山
165	明代	艺圃（萋兰荡）	私家宅园	陈明吾	"在偏门外，昔为萋氏园，徐文长先生所瞩截出鉴湖水。推下萋望山舍。其后陈朋长君别筑堂轩，山水以力出园有矣。门傍名为经与桥，酷肖萋瀍呼之，俗以萋兰荡呼之，主人不受也会。"	《越中园亭记》	今绍兴古城偏门外
166	明代	衣云阁	私家宅园	倪元璐	"吾越无地非佳山水，而未能偿子阁阆之中。惟倪鸿宝文史所居，独见畅朗，衣云阁又其最也。万豪千岩，若特为此处铺设，至其遥迤屋拆坎，自堂及楼，近又引流为沼，积土为山，曲廊邃轩，回环映带，更辟一绝胜地尧会。"	《越中园亭记》	在城南府学之东罗门侧倪元璐宅内
167	明代	鉴园	私家宅园	刘埼	"越城之南，有山如偃蹇，名亭山。园居山之阳，列岫如屏障。摇影在碧波中，不必亭台争胜，自有镶然之致会。"	《越中园亭记》	亭山之址，今绍兴古城南
168	明代	漪园	私家宅园	—	"府学东有曹家地，俞友之家在焉。园北临池也，可作濠濮同想会。"	《越中园亭记》	古府学东、曹家池南
169	明代	王家庄	私家宅园	—	"入禊山门，即要玖饭。土阜隆起，俗传为罗隐坟。庄在于前，今余来楼居数椽矣会。"	《越中园亭记》	（府学）又东南为罗坟坂、在罗隐坟前
170	明代	桔棒园附祭吕倌	私家宅园	曾谦甫	"曾谦甫博古能文，为徐文长高弟。园在郡黄东北，中有紫芝园。曾昔以奉二亲也。谦甫姝善画，号中睡，所居有祭吕倌，曾省为之祀会。"	《越中园亭记》	郡黄东北，推测在城南
171	明代	酬字堂	私家宅园	徐渭	"徐文长先生所筑，时总制胡梅林公赠百金购先生文，受之，名酬字堂，曾谦甫赋之。今堂虽逆设，而地以人重，不可不存斯名。""买城甫东地十亩，有屋二十有三间，小池二，以鱼以沼。木之类，果花材三种，凡数十株会。"	《越中园亭记》《酬字堂记》	城南东地
172	明代	马园	私家宅园	马美情	"鱼化桥旁。马美情所植。人径以竹篱迴路，地不逾数迹，奇丹百古玩。观者数日不能尽。牡丹一本，花心谓曰，皆异会。"	《越中园亭记》	鱼化桥旁、鱼化桥在观音寺侧
173	明代	西璧堂	私家宅园	朱赓	"箭里朱公即午于峰阁之阳，夏子宅旁造精舍。奇书古玩，蓄梅数百本。计。南有园，蓄梅数百本会。"	《越中园亭记》	朱赓居第旁

序号	时期	园林名称	类型	相关人物	详细情况	文献出处	位置考证
174	明代	渔来馆	私家宅园	朱赓	"未文穆公府第，内高阁三层，规制工巧，馆其南偏也。花木极繁茂，中有单瓣红梅。"	《越中园亭记》	朱赓居第内高阁以南
175	明代	陈园	私家宅园	陈小集	"从草藐桥北入平桥中，楼阁矗起，与藏山相颉颃，陈小集家园也。"	《越中园亭记》	草藐桥在府东北，园在桥北
176	明代	读书台	私家宅园	商廷试	"明州州先生致政归，筑台于宅后，立一石曰皇。台前集五众，有天目箬本。"	《越中园亭记》	在宅东大池，商廷试宅后
177	明代	独石轩	私家宅园	董记	"董中峰太史构轩于读书后，立一石曰皇。庭前更有松化石二枚，俨然虬鳞霜斡也，宅内御书楼立奉宸翰。""独石轩在东中坊，明吏部书董文简立，各存题句。家塾望堂星龄，傍有池曰奎星也。"	《越中园亭记》《嘉庆山阴县志》	东中坊，董文简宅北部
178	明代	拥城居	私家宅园	郑上舍	"郑上舍所构，在水神庙南。入门为堂，堂之右，密室二之，委施三之，不极其幽邃不已。主人常蓄驴马牛中，有一名于里飞。"	《越中园亭记》	水神庙在朝东坊，居在水神庙旁
179	明代	宜园	私家宅园	朱云峥	"宜园从朱风云入，免山居其中，石帆诸巖，如列屏障，兔副朱云师公所构，亭树棋置，皆山曲面，旁一阁含海上蓬壶，刻徐文长梅赋。小卡三盏，非园丁指点，尚其旧名也。游人不得出。此园之胜。"	《越中园亭记》	城东南二十五里焦风泾
180	明代	钱师相别业（怡园）	私家宅园	钱师相	"怡园，为钱师相麟正公别业，在小麓山下。未皇祐间，王氏凿井园于此，郡守杨公率僚属过之，钱前贤标题，隐隐可读。今园有胜亭亭，山有奇石，尚其旧名也。"	《越中园亭记》	城西四里镜湖侯山（九里山）上
181	明代	柳西别业	私家宅园	刘汶尹	"柳之滨，三山下有村曰金柄，古乡干里也。从画桥而西，数里即是，为吕越山水最佳处。刘汶尹司理构阁高阁湖阁，以阁楼曼阁，左接长廊，主人携茶于此，与客唱诗为乐。"	《越中园亭记》	三山下，鉴湖之滨
182	明代	镜圃	私家宅园	王业浩	"镜圃，三山之下，尽溪柱之胜。园亭如列星，镜圃居其中。旧有别业，大司马王莫云复增饰之。"	《越中园亭记》	三山下，鉴湖之滨
183	明代	淡园	私家宅园	王业浩	"镜圃稍北即是，今亦为莪云所湖。圃在田野中，皆以水胜。鉴湖百亩，漾数顷湖光，觉筑西构危楼五橙，遂觉在旷野中，未能供我几案，不免稍逊一筹矣。"	《越中园亭记》	今绍兴古城南镜圃稍北
184	明代	阜庄	私家宅园	-	"在镜山门外，前后井务大治，为堂，为轩，为池，错综一水，累累如贯珠。主人岩湖取石，鬶为岩石。属陆瑞亭次公叟阜别业他。近于园东构危楼五橙，飞涛百尺，时人径为古藤如斗，是百余年物也。"	《越中园亭记》	稽山门外，东南通隅曰镜山门，由此门达禹陵
185	明代	水居山房	私家宅园	-	"从马家埠上，未至炉峰里许，溪入衣服。越中之泉，黄胜此者，名曰水居，左为幽人韵士，右为春波园，左为春波园。"	《越中园亭记》	从马家埠上，未至炉峰里许
186	明代	豫波附	私家宅园	钱德舆	"水德遇一守于居第别墅书舍，名之曰水居，此县更有园在西子湖上，与子之间比以。"	《越中园亭记》	外绕石郢溪
187	明代	桐风馆	私家宅园	陈洪绶	"让槽街之后，有小阁临流，中植桔梅最盛。陈章侯因以桐风名其馆，为王合男氏读书也。"	《越中园亭记》	让槽街后

序号	时期	园林名称	类型	相关人物	详细情况	文献出处	位置考证
188	明代	蝶园	私家宅园	—	"在王季重先生居第前，先生向有楼，颜曰佳山水，董玄宰为之作歌。近构通明亭，层累而上，护峰翠色，荟萃舍数间，亭下有嘲焦亭，天几草堂，皆极园林之胜。"	《越中园亭记》	王思任居第前
189	明代	冰潋园	私家宅园	张百里	"张百里季廉主。邸邈环络，中有精舍数间，梅花甚盛。"	《越中园亭记》	若耶溪畔
190	明代	浮树园	私家宅园	陈太乙	"在长桥之东。累石为山，高阁一层纵之。陈太乙先生日居也，其后徙居白马山房，此园专属长公……足以生乡山水之色。"	《越中园亭记》（《镜湖游览志》）	长桥之东
191	明代	环翠轩	私家宅园	徐渭	"在府学旁，北面为柳桥，即曲廊萦之。待御王咸所公所构，今为?吾易读书。"	《越中园亭记》	府学旁，柳桥南
192	明代	趣园	私家宅园	董中丞	"从城东军器局步入，有高阁曾出，望其中花木潇郁，足为空谷之音矣。君新构也，此地园亭绝少，知为董中丞次公大君新构也。绍兴卫军器局，在府城东一二里。"	《越中园亭记》、万历《绍兴府志》	古卫军器局内
193	明代	洛如园	私家宅园	祝金阳	"洛如园，附读书处。登一小台，能尽炉峰之胜。先生宅第有读书楼，极为轩畅。"	《越中园亭记》	九里田间
194	明代	闲闲圃	私家宅园	王太学	"出南曜门十余里为邑山，王带泉属水品之最，山之南为王家峰，王太学植桑开圃，构楼轩于圃中，取观八十亩之义，以闲闲名。"	《越中园亭记》	邑山之南，今绍兴古城南
195	明代	谢庄	私家宅园	—	"在大禹穴小山下。中有海棠一树，井时如赤霞涨海，亦奇观也。"	《越中园亭记》	禹穴一小山下
196	明代	玉笥山房	私家宅园	—	"玉笥山房，在南镇庙前。沿桃源而入，为有禾金蔡祠，商孙金伯沫昆读书其中。每履石汲泉，听樵歌唱答，得茗山居之东。"	《越中园亭记》	南镇庙前
197	明代	秦园	私家宅园	—	"秦园，大禹寺之东侧。葛上含朔竹数盘，不雕不琢，傲然有物外之致。"	《越中园亭记》	大禹寺左侧
198	明代	采菊园	私家宅园	—	"在平野中。面禹陵。朝岚夕霭，与元林修竹相映带，朱集菴中销得精舍也。越中园亭，争奇斗丽。"	《越中园亭记》	禹陵对面平野中
199	明代	远圃	私家宅园	何继洪	"峡山沉溪，越中山水一都会也，何芝田之别业在焉。以诸山至此皆首远色，南亦高山，东弓西东环签也，故以名其圃。"	《越中园亭记》	峡山沉溪
200	明代	果园	私家宅园	何继洪	"子胤适何芝田，有石壁数仞……子峡山前构此以为静修地。曰石满泉，坐而取之有余也。"	《越中园亭记》	峡山前
201	明代	何园	私家宅园	何兰若	"未至峡山一二里，有石壁数仞也。取境既佳，不必以高胜矣。"	《越中园亭记》	距峡山一二里
202	明代	梅圃	私家宅园	冯氏	"平水之下有铸浦，传为欧冶子铸地。冯氏之庄在其中，冯氏正住其具，仅一楼一轩耳，辄鼻湖山，拱揖于前。竹篱外曲流回络，高柳参差。遂成韵之名会。"	《越中园亭记》	在府城东南三十里
203	明代	远偏婆	私家宅园	越女道坤氏	"为越女道坤所居。道坤以丹青名千速，构楼石帆之上，从目窗望之，短石水中央也。有朱枝卜……楼不可以瞰山，堂不可以瞰水。"	《越中园亭记》	石帆山东侧
204	明代	松舫	私家宅园	冯氏	"一家岭之下为焦风祠，去此平畴中，冯元庄在焉。惟篱落齐外有蓉水之四目。"	《越中园亭记》	今此不详

序号	时期	园林名称	类型	相关人物	详细情况	文献出处	位置考证
205	明代	大有庄	私家宅园	徐龙环	"属徐龙环先生艺树地。居鉴湖之中，三山在望，旧有方干旧隐于此。惜不为亭台，为场圃耳。"	《越中园亭记》	鉴湖之中
206	明代	澹月亭	私家宅园	胡璞完	"水边谢墅村，在勾嵊、天柱之间，向黄氏曰其址建澹月亭，近为胡璞完先生别业。临流精舍，有"	《越中园亭记》	城南谢墅村
207	明代	招鹤山房	私家宅园	陶文学	"在谢墅山房。仅数檐，中以奉佛。主人陶文学手杂约，今任卜筑重山，竹水其妙。"	《越中园亭记》	城南谢墅村
208	明代	亦石山房	私家宅园	张氏	"从南池过干溪为天衣寺，支道松杉，钟阁出于树杪，越名剎也。未至寺三里，俗名蜈蚣，白鱼潭，张氏山房在其下。"	《越中园亭记》	法华山天衣寺附近
209	明代	镜翠园	私家宅园	刘毅	"三山下。刘平阳建。"	《越中园亭记》	三山下
210	明代	质园	私家宅园	商用拧	"土城山，相传为越王教西施、郑旦歌舞处。出郡泗门，平田中小阜鐎起。一水回萦，四山拱揖，外之又沟马句园其上。搜剔奇石，有如云烟者，因以云根、磬浪名之。中有具美客，清映杆与阑鹿，居然大雅。"	《越中园亭记》	都亭泗门平田中小阜
211	明代	土城山房	私家宅园	-	"山之南勾湛轩会速园，有瑞湖，大理卿萧阳公所构。昔陶周望读书其中，沼涟有扑之瑞。周望旋川文章魁天下，名曰志兆兆。"	《越中园亭记》	土城山南
212	明代	少薇山房	私家宅园	齐唐	"出蠡城外十余里，过塘下村，平野中突出小阜，多奇石，貌古而体方。叶继山先生因以名其宅。张阳和公尝过此，为刻石尚存。向为齐清隐居处。"	《越中园亭记》	古蠡城外十余里过塘下村
213	明代	丽泽小筑	私家宅园	-	"未至城门山数里，为独跻峰。水光石色，皆面水对山。挹朝暾，观夕霭，其前向有文昌阁，两旁皆书室。近汾舟孟君精构其南，为阁为台为轩，其昼结构逶迤，亦复回出尘俗。"	《越中园亭记》	距城门山数里树、独树港南
214	明代	花庄	私家宅园	陶诰	"吴环江大司马游息地，在郡山下，去洲山一二里。花庄，陶东洲公建。在百家湖上。"	《越中园亭记》	郡山下，去洲山一二里
215	明代	畅鹤园	私家宅园	陶崇政、陶淇（继承）	"畅鹤园，从樊江而南数里，有童山嵩。平地介立，峻石孤岭，顶当云表，高出云表，其长云近从而新之。自采菊堂以上，曲廊层折，至秘霞轩，至翠飔阁，皆新构也。飞陶瑚、缘塔罗阜，方且共沩礴岩，及登眺顾峭，山水园京，万壑献态，禾禾狂叫为畅绝。越园其挹雄天端，此当高出一头地矣。"	《越中园亭记》	在今呵山一山之阳的曹山
216	明代	石黄山房	私家宅园	陶望龄	"坐幽谷下，面对诸峰，曹山之景，至此盯然毕览尽色中。有空华微，远瞩霭。石黄陶先生与江右季..."	《越中园亭记》	城东曹山水石一带
217	明代	青枫园	私家宅园	陶允嘉、陶嵩道（继承）	"在石黄山房之东，陶三风先生所新构，旁有护生墚，泛舟入者，从此登重，各极其妙。堂四旁山，堂可俯沼，虚轩俯树，可瞰可歌。曹山居此护生墚，皆取真菁山，北俯池水，取态摊映，取余翠于淳泓之上耳。"	《越中园亭记》《会稽陶氏族谱·园亭志》	曹山石黄山房东，旁有护生墚

续表

序号	时间	园林名称	类型	相关人物	详细情况	文献出处	位置考证
218	明代	护生庵	私家宅园	陶望龄	"放生池至此始恳，而分流入庵前……入门梁而渡之，与门相接……庵三缢，前肖象鼻，所见与'鼍'等，特肖偏旨，南左为增尽三缢。其岳岩欲出。其岳欲筑室岩边，正受其目。尽有兹理，僧人饭鱼子甚平，鱼自匀熟，悠不去。"	《会稽陶氏族谱·园亭志》	叱山之西，今绍兴城东曹山水后一带
219	明代	樵石山房	私家宅园	陶崇谦	"樵石山房，去曹山五里，有陶家岩者，亦以伐石故。玲珑岩峭，穴为深地，樵石则具杰出者。陶长岩欲筑室岩边，尽有兹胜，后不果成。"	《越中园记》	今曹山相距五里里处
220	明代	远曙斋	私家宅园	陶望龄	"万历甲辰，文甫官巨都北，无复出山之想。在家易陶目屏，以要通饮食，择地天衣衣将室焉，自江右来，一见契合，而护生庵成成，乃构山李先生，朝夕与员。"	《会稽陶氏族谱·园亭志》	今址不详
221	明代	鉴湖一曲	私家宅园	陶鸣野	"亦在陶堰，为陶鸣野先生别业。园中凿小池，建楼自裘秀。先生以此延誉士训子弟也。"	《越中园记》	今陶堰街道
222	明代	泌谷	私家宅园	陶崇谦	"陶堰东去里许，折而北，湖光荡漾，诸山迎近成列，陶长吉之别业在焉。登徐来峭，收湖山始精谦也。陶长义交词，为谢要取师，今不免人琴之欢矣。"	《越中园记》	陶堰东，今陶堰街道
223	明代	后乐园	私家宅园	陶师贤	"在陶堰下，为应山公别业。方塘半亩，中构一小亭，名垂纶，前后接以两桥。轩然其上，今有僧寮者 楼之内不可觊矣。"	《越中园记》	今陶堰街道
224	明代	赐曲园	私家宅园	陶崇道	"陶石梁先生，以文成嫡派，究明小性之学，三刀久梦，挂西长任，自修长绝。自小柴桑老人，位置甚切，陶居仕参，龙不可渡。'千岩万壑之中，疑有天台路。一叶罢棹涛 呼风乱流渡。"	《越中园记》《镜湖园杂咏》	陶颐龄府中
225	明代	镜湖园	私家宅园	陶颐龄	"镜湖园，去后乐园数十武，得陶园旧奇石三，陶兰风先生所陶也。堂临池之上，阁居堂之左。水榭一带，深林香无影，陶长长亡：'石轩名之。"	《越中园记》	今陶堰街道
226	明代	让木园	私家宅园	陶允端	"在镜湖之右，为陶仰云公建。园可二十亩，池居五之四，上上列堂又漪，向有稀效斗头，今为茂亭矣。"	《越中园记》	镜湖园右
227	明代	歌庵	私家宅园	陶望龄	"陶文南公所居也，卒以名其庵。庵后为酺中阁，湖山秀色，在几间问。文甫子告归，每栖息于此。"	《越中园记》	今陶堰街道
228	明代	丛云阁	私家宅园	陶祖龄	"石镜君构此业读。阁一嶝四嘐，凡得一堂，歌庵。有小径以达酺中，得陶末公之木，陶氏之俊彦，皆会文于此。"	《越中园记》	陶堰歌庵旁
229	明代	野秀园	私家宅园	陶允亨	"陶禹岳先生于此冲桑蓄鱼，得陶未公之木。有堂名名福，盖朋酒蒸羊之地也。"	《越中园记》	今陶堰街道
230	明代	远阁	私家宅园	陶崇政	"在陶浏曲先生居第中，又有翔鸿阁，浏油以名其集。"	《越中园记》	陶堰街道陶崇政第中
231	明代	听松轩	私家宅园	陶氏	"听松轩，在陶堰五湖之内，向有古松千章，陶氏之自城始堰堰者所构也。"	《越中园记》	今陶堰街道
232	明代	陶堰周野堂	私家宅园	-	"明代陶堰五湖之中，位于陶堰南湖村，周边明代石砌可圾，河道保存基本完整。"	《绍兴文物志》	今陶堰街道

续表

序号	时期	园林名称	类型	相关人物	详细情况	文献出处	位置考证
234	明代	笑力庄	私家宅园	陶养蒙	"去白塔里许,竹树修翳,数椽隐映其中,陶养蒙公构也。向有异僧住此说法,两蜩蜩听言而化,因隐蜩室,积㟖蜒蛩,陶公梁先生主之为记。"	《越中园亭记》	去白塔里许
235	明代	玄刘山房	私家宅园	陶履中	"陶嗣曲太守幼此公之部读书处,其地附会名曰白塔也,有白塔寺古迹尚存。"	《越中园亭记》	白塔附近
236	明代	烟萝洞	私家宅园	陶允宜、陶崇敏	"甲申岁三月初九日,游岑汤阆文孙所造精舍 今为尼庵矣。" "烟萝之覆瓦,与曹山谷踞,西偏如置瓦,怡呼为早台,其公公文孙复有制作。" "悬壶如覆瓶,若捆蜂最高处,至则级可登,脱壶更畅。" "烟萝洞,子弟公孙之别业也,中为峕舍堂,三峕公所建。"	《祁忠敏公日记》《会稽陶氏族谱·园亭志》	绍兴城东吼山旱岔内
237	明代	秋水园	私家宅园	朱赓	"在朱文懿公居第后,凿池池中,翔沼潋沼立其上,有水天一色扁,神庙御笔。公未拜时,游咏于此。旁有桂树,大数面,胥一面浜。"	《越中园亭记》	逍遥楼南米麋宅勇内
238	明代(始建不详)	马氏园(十峰别业)	私家宅园	张天衢	"马氏园,近禹穴,为十峰别业。徐文长有游园诗记。"	《越中园亭记》	禹穴附近
239	明代	天镜园	私家宅园	张汝霖	"园之胜以水而不尽于水也。远山入座,各有当门,为堂 为台 为亭,为沼 为阁,每转一境界,辄自有丘壑。斗插族号,游人往往迷所入。其后五池甜新构南楼,尤入畅绝。越中诸园,推此为冠。"	《越中园亭记》	出南门一里许的兰渚,约为绍兴古城南门外某处水系
240	明代	镜波馆	私家宅园	张天复	"越中园亭甲开也,自张氏内山先生始。然自构洋利,犹有太古之遗。今则回廊曲榭,遍于山明道上矣。馆在城南镜园咫尺耳。南去太镜园咫尺耳。"	《越中园亭记》	镜湖南部天镜园以南
241	明代	表胜庵	私家宅园	张汝霖	"表胜庵,庵也,而列之园,则炼祟之性精舍在焉。山名九里,故名之。岭罗薜,垄水尽劳妫蘅始出,令清若蒼,钟飕 苔断若惹,载主人开山逮起,至炉峰石窒之胜,莫不复窒数矣。"	《越中园亭记》	在绍兴古城南炉香炉峰附近
242	明代	天瓦山房	私家宅园	张峰	"在表胜庵下,皆炉绝壁,楼台在丹青翠嶂中。引溪当门,夹植桃李。草亭干山也,更自引八着径。"	《越中园亭记》	表胜庵附近
243	明代	众香国	私家宅园	张耀芳	"张长公水漾君开园中堤,以品山名其堂,盖千岩万壑,总我月旦。至此具披襟相对,鉴湖最胜处也。" "曲,方千一壑,映带左右,鉴湖最胜处也。"	《越中园亭记》	鉴湖、中堤、石堤并在县城西湖湖上
244	明代	密园	私家宅园	祁承㸁	"辛丑上大常旦,念无一枝可栖者 得千家及径度园如掌大,纵不及百亩,衡倍之。古檜一章,据之一奂。幽轩飞阁,皆具体而微,可眺可凭,又可镇片杜门,而山水微渺,可歌可啸,然亦止密阁,然后自造也。数像,为子生平有园林之好,上公车时即废署构此,熹轩,淡生笔数处耳。人,尽用置园。旷字一带以水胜,快溪堂一带以幽邃胜。先子于此具有丘心蕴,详载《密园前后记》及《行园路》中。" 嗣后俸弟所鸠后建续胜。"	《密园前记》《越中园亭记》	今梅市村
245	明代	柯园	私家宅园	祁豸佳	"吾乡,水国也。梅市之西,诸水毕汇,乃弘止止庵位子柯室,丰于取景,虚室小阁,皆隐隐若观天涛雪浪中。游人以画舫过之,足穷明至一岸矣。"	《越中园亭记》	今柯桥区柯山,梅墅附近

序号	时期	园林名称	类型	相关人物	详细情况	文献出处	位置考证
246	明代	寓园	私家宅园	祁彪佳	"予乙亥乞归，定省之暇，时以小艇过寓山，披蓁别径，遂得奇石，欣然构数椽始。其后浙广之，亭台轩阁，具体而微，大约以朴素为主。游客或取其幽旷，或取其朗迥，惟余知造园，典衣辄补，不以为吝。积襄暑雨，一段痴顽，差不等山灵旦。别有《寓山志》，颇载其详。"	《越中园亭记》	古寓山，今柯岩街道柯园东侧
247	明代	永园	私家宅园	祁氏	"予兄修蟪凿池种桑，书室不过数槛耳。左列峰峦，西捐柯峻。别有'亦居园一乐'之实。"	《越中园亭记》	柯山东，梅里尖西
248	明代	潘园	私家宅园	潘宗宁	"柯山石谷，传系范少伯筑城时所造。今有穴为者，汇为沼者。惟清水石堂里鱼数百头，游观最盛。潘宗宁筑室岩巅，就山腹之半作楼，如初月然。"	《越中园亭记》	柯山石谷
249	明代	瓜渚湖庄	私家宅园	朱葡里	"梅墅北去数里为瓜渚湖，波光荡漾，水天无际，昔有萧姓者，今为朱葡里所有。植基敧堪，建高楼其上，盖庄也而可园矣。"	《越中园亭记》	绍兴柯桥瓜渚湖东南角
250	明代	鰲涛园	私家宅园	钱懋士	"会稽乙亥有贺家池，传为贺季真畅咏处。澄泓百亩，鱼鸟与烟波共灭没。旁有钱懋士构室三楹，一小轩，皆门饱挹湖光，是别墅之以滋远胜者。"	《越中园亭记》	贺家池旁
251	明代	彤园	私家宅园	王云岫	"有志予构造者二十年矣，尽鉴湖之胜，左有彤山，搜别之石房，一旦取而园之，虫蛇委蛇，自谓西行，曲廊小轩，各级幽夷之致。北望黄园，不能增黄于古昔矣。"	《越中园亭记》	彤山西，北望黄园，近彤园
252	明代	吞墨轩	私家宅园	王云岫	"王云岫居，在鉴湖中，诸山环列，至此依觉明秀。吞墨轩在宅后，小池清溪，蹇梅数株出篱竹间，桥有幽邃之况。"	《越中园亭记》	鉴湖中
253	明代	栖真庵	私家宅园	王云岫	"王云岫构高阁居鉴湖中，面海山。主人蓄鱼种桑，无意为园也，名曰不朽矣。"	《越中园亭记》	海山对面鉴湖中，海山在府城西南十五里
254	明代	锦浪园	私家宅园	朱氏	"在蓬莱驿后，属朱氏所构。缘水数椽，亦小有致，但恐限于地耳。"	《越中园亭记》	蓬莱驿后
255	明代	柳城	私家宅园	孙如法	"孙比部俟居先生宅去夹子少头村，去两线清教青亭而近。芙蓉杨柳，杂植于曲沼之旁。先生自号为柳城翁。"	《越中园亭记》	沙头去南钱清数里
256	明代	孙庄	私家宅园	孙如法	"亦俟居先生之居。类扉竹径，得山家况味，在江化村，为大尖越王静处。"	《越中园亭记》	江化村大尖尖山，越王静处
257	明代	胡庄	私家宅园	胡氏	"鉴湖之西，自古城下数里，山水极为幽遂。庄在湖塘，平野中突起飞阁，四望旷然。中有沼，多蓄异种莲花。闻胡氏一族所构者。"	《越中园亭记》	湖塘平野中，在湖塘村
258	明代	涉园	私家宅园	高文学	"大尖之北为狮山，举柯出狮子山下。削壁百层，皆名手数迹。即生叔明，黄大痴不是过也。踞绝壁，平野中小阁蠢起，环水之前，阁在馆之前，又前有意止轩，朝暮烟霞，登高四眺，见西南诸山之胜。为前梅村间文学课子也。"	《越中园亭记》	狮子山下，大尖北前梅村
259	明代	假我堂	私家宅园	周君	"假我堂，石蓬山下，从洋湖桥入，一水迎门，花木蔚郁，以此为耕读之所，有余适也，但亭轩犹限……"	《越中园亭记》	三山之石蓬山下

序号	时期	园林名称	类型	相关人物	详细情况	文献出处	位置考证
260	明代	水竹居	私家宅园	王维庵	"予向闻水竹居牡丹之盛，亟往探之，迺王主维庵曰，皆文许，与子要方啖吸其下，主人王维雅出，则已映竹啼莺矣。盖游圃最喜苦在迎喧□□，令人徘徊不忍去。"	《越中园亭记》	徐山前沈家坂
261	明代	脩游馆	私家宅园	朱衡岳	"去白洋数里，面会白山，黄云覆野，残荷留红。予手深□□此，面会白山，少博朱衡岳公□□茅鱼处也。对两岸芙蓉，浅深弄色，目□望，旷乎无际矣。"	《越中园亭记》	去白洋数里，面会白山
262	明代	深柳读书堂	私家宅园	季方	"在□□□□季方所构也。环以大沼，行人□□□□浮翠，云山隐隐，极目□望，旷乎无际矣。"	《越中园亭记》	金白山鹜游馆南
263	明代	碧园	私家宅园	白洋朱氏	"白洋朱氏，皆滨海而居，此乃未土眠所构也。在海塘之外，登楼一望，疆涛弥漫，真大观也。主人栽桑植秦，读书其中，何减田舍之乐。"	《越中园亭记》	白洋海塘外
264	明代	砚园	私家宅园	赵幼仲	"在华舍平野中。入门有一堤，环两池上，遂折而进。为轩为室，皆有幽遂之致。主人为赵幼仲，能诗文。"	《越中园亭记》	华舍平野中
265	明代	似园	私家宅园	杨石攻	"其言之比，杨孝廉石攻所构，访之，值主人他出，不获纵观。然已得其台之概。北近大海，想见其园涛极目时，畅适而似也。"	《越中园亭记》	今柯桥区安昌江北，近大海
266	明代	修竹庐	私家宅园	陈纪常	"上圵埠沿溪入一里许，十亩青畦计，掩映茅屋数间，梅桃杂卉，参差纵横，有堂在溪字之下，潇然尘表。予春日皆友人过之，几于乐而忘返。"	《越中园亭记》	上圵埠沿溪入一里、康家湖在城东七十里、塘埠
267	明代	康家湖园	私家宅园	罗康洲	"伧埠方罗康洲先生所构，湖在宅北五里许，文孙大仆□大乐君畜，湖之西，淘山水大观也，夹地育堂。游时夹□出，面对龙□诸山，影入溪涛，更觉以幽遂胜矣。"	《越中园亭记》	康家湖、康家湖在城东七十里、伧埠
268	明代	柳溆	私家宅园	周观国	"伧埠北十余里。为泾口。周观国先生于此开两大观，堂左，小阁可眺望。其后半里许，亦香为盛开，照火弄色，不可入。"	《越中园亭记》	泾口，伧埠北十余里
269	明代	流光堂	私家宅园	范云夸	"与鹜涛国相望，亦滨池而居。堂之旁若老农所居，云岑范公构此为耕获地也。有香盖，今抒室矣。"	《越中园亭记》	贺家池秀，与鹜涛国相望
270	明代	野趣阁	私家宅园	陆端亭	"出都邸门不半里，一水漱回，西施山所从入也。大哥兆陆端亭公创别业于平野中，今日就颓废矣。"	《越中园亭记》	出都邸门不半里
271	明代	书香阁	私家宅园	虞敬道	"书香阁在西南三里，小隐山九漱，令虞敬道别墅。"	《嘉庆山阴县志》	城内小隐山
272	明代	芙蓉园	私家宅园	刘栋	"芙蓉园，在司马池北，刘太史栋建。"	《越中园亭记》	司马池北（今址不详）
273	明代	翠薇园（王竹坡别业）	私家宅园	王竹楼	"翠薇园，入城东口辟离六至平水路旁。为王竹坡别业。"	《越中园亭记》	今绍兴古城东平水路
274	明代	绿树园	私家宅园	-	"绿树园，入城东口至平水十里，地名庄前。园临溪水。"	《越中园亭记》	今绍兴古城东未至平水十里

序号	时期	园林名称	类型	相关人物	详细情况	文献出处	位置考证
275	明代	日涉轩	私家宅园	王山樵（王冕）	"日涉轩，王山樵居，史叔考于此，题咏极多。今为人做居。"	《越中园亭记》	今址不详
276	明代	日涉园	私家宅园	-	"日涉园，侍御董子行宅后。"	《越中园亭记》	侍御董子行宅后（今址不详）
277	明代	宛委斋	私家宅园	陈公汝	"宛委斋，邻子旧府署，司理陈公汝璧所题也，后名双桂亭。"	《越中园亭记》	邻子旧府署（今址山）
278	明代	咏髻堂	私家宅园	商佾佐	"外父等轩路，自文司马告来川，于第宅后构此为秦文夫人大地，堂名咏髻，将母之念深越。堂之旁精舍三楹，附以汲舫小阁。后为东大池，潆泓数顷，足以临流选胜。即一花一石，无不矜有位置。"	《越中园亭记》	《越中杂记》载南周祚宅在八字桥西，堂即在宅后。
279	明代	塘园	私家宅园	王季重	"在王季重先生居第前，先生向有楼，颜曰读书佳山水，董玄宰为之作歌。近构通明亭，层构而上。炉峰翠色，皆收拾于忘。亭于有媚亭，天闲享受。"	《越中园亭记》	今绍兴古城东一带
280	明代	选流园	私家宅园	徐孝廉	"城东一带，桥首旬可以净峰，然惟惹些甚，易有也。园为徐孝廉岱渊谨，去所居尺耳。"	《越中园亭记》	今绍兴古城东（今址不详）
281	明代	天庄	私家宅园	童谢	"天庄，任两峯黄公之宅东。望之若鹰幻然，游其中可入而出，此园之变体也。先生谢簪绂，读书岱坡上，有古人之风。宅后建从龙祠。曾谦画曾为幽栖刘也。"	《越中园亭记》	两峯黄公之宅东（今址不详）
282	明代	乐志园	私家宅园	-	"乐志园，傍天庄而园者日乐志。楼之前花木殽陕，其中或有精雅处，然不可殚矣。""万历三年丙戌，先生十一步，翻剖纳园元公乐园在江北，先生欲江乐免涉江，乃于新城内复创一园，名曰乐志，而园其名句也。"	《越中园亭记》、光绪《余姚县志》27卷	天庄附近（今址不详）
283	明代	竹素园	私家宅园	-	"竹素园，从乐志园稍北上其户，地不数武，居不数楹，故为枰为室，皆以即远之致，而园其名句也。"	《越中园亭记》	乐志园旁
284	明代	碓园	私家宅园	王云岳、王海墨	"在杏花寺之旁，望长林丰草间，阴翳蔽日，阴蔼诗翰，雅善诗翰，名之曰碓者。""此王云岳王公与王海墨君所构也。"	《越中园亭记》	杏花寺在府东南四里许，园在寺旁
285	明代	一柏园	私家宅园	袁雪堂	"袁雪堂先生，徐文长之友，迤善诗翰，居仅斗室，而委折不可穷尽，手种一柏，适年速拱把，名之以志瑞。"	《越中园亭记》	今绍兴古城内
286	明代	褰园	私家宅园	王总戎	"自几里出马家埠，有丹阁迥然出于松杪，亟探之，亟探欲入，亦园亭之大观也。秦天柱森列于前。王总戎，知为总戎王公构间物，咨参欲人。"	《越中园亭记》	自几里出马家埠
287	明代	何山园	私家宅园	何氏	"何山园，出偏门里许，有小山，传为何公前隐居处，吕氏主负购荫青，惜享树已废，惟竹木尚存。"	《越中园亭记》	今绍兴古城偏门附近
288	明代	斐园	私家宅园	不详	"斐园，越之镇神庙，在香炉峰下，旁则张紫渊文字盛也，小桥横度，曲流回绕篱落间。点缀山豪。"	《越中园亭记》	今香炉峰下
289	明代	明园	私家宅园	陶崇散	"明园，陶蝶蕃朱生刊也。北为活语园，小蕃如矢，以奉大士。"	《越中园亭记》	今绍兴古城东附近（今址不详）

序号	时期	园林名称	类型	相关人物	详细情况	文献出处	位置考证
290	明代	蕙园	私家宅园	沈合玄	"蕙园，邻不蕙轩，有园极幽洁，合玄先生第三公所构也，小沼当门，疏花绕砌，环而沼之，若玄殇然，于此见任者之巧思。"	《越中园亭记》	今绍兴古城西
291	明代	不蕃轩	私家宅园	沈合玄	"城南数里为蕺头，北望竹木交荫处，沈合玄先生昔合吾越诸名流课艺其地，先子亦尝分半席。"	《越中园亭记》	今绍兴古城西数里
292	明代	灌畚书舍	私家宅园	周君	"灌畚书舍，从横里西至力眼桥之旁，有小山焉，丛篁蓊木中，隐隐有口舍数椽。主人周君，纂台，堂字荒客。然及其地，犹若有弦诵声，良若幽境幽韵耳。"	《越中园亭记》	樨窄西歪力眼桥之南
293	明代	胐园	私家宅园	陈尔燥	"陡篁左右，有月环，日苏两山，程不燥昆玉筑室有月环山下，距三江咫尺耳，海气弥漫，纵目之所至，足以畅我襟怀，口不以园之工出也。"	《越中园亭记》	月环山下，距三江咫尺
294	明代	千项庄	私家宅园	吕氏	"狭涂湖，在越中最为浩淼，绝流而渡，约十余里，吕氏庄口湖之北，数椽轩豁，吞吐波光，亦幽栖之胜地。"	《越中园亭记》	今绍兴古城城北，狭涂湖之半畔
295	明代	息园（小啡园）	私家宅园	宋天岳	"息园，龙泉令宋天岳要言归，于此为入乡之息。天岳所居名小啡园，在岳之池口，小阁曲廊，临流独赏。"	《越中园亭记》	今绍兴古城北
296	明代	素果园	私家宅园	陈氏	"素果园，口口口口诸口沪后，陈君构址读书，予弟文款亦尝口口口口。园三面皆楼，有曲廊可通，口口清才题素景名之。"	《越中园亭记》	今绍兴古城北
297	明代	昆园	私家宅园	王氏	"昆园，为路主王氏席居所居，密迩其府城。去此北里许，有西山口口口口何不于此园之，乃以平田自限乎? 别室口口口口口一也。"	《越中园亭记》	今绍兴古城北
298	明代	叶给山别业（齐宪园）	私家宅园	叶继山	"齐氏园，在城中继少微山上。北山环口以遮迢，有乔华夺，修竹、夏珠泉、禹穴阁，尽湖山登览之胜。今初中继山生生别业。"	《越中园亭记》	今绍兴古城城少微山
299	明代	钮大夫园林	私家宅园	钮氏	"(园) 甚雄丽，越今昔所无也。""嶒南窗而惰傲，望东郭以叹。""水去素三构，城来绣百花。"	《钮氏墓志铭》徐渭《世学楼赋》《钮氏园林·上叶华簪接》徐渭	推断在府城东郭门附近
300	明代	勤书楼	私家宅园	庭高宗	"明正统八年，为庭高宗浙好义而建，翰林修撰椅辂有记。"	《嘉庆山阴县志》	今址不祥
301	明代	裕轩	私家宅园	王元实	"轩为会稽王元实子居之傍所作之小室，名为裕轩，大不盈文，高不盈切，庭不容拱把之木，径不通一马之足，拊栉密密，潘簪遥重，不见孔隙。"	《裕轩记》刘基	今址不祥
302	明代	仁寿堂	私家宅园	魏方狗	"仁寿堂，魏方狗建。"	《嘉庆山阴县志》	今址不祥
303	明代	晚爱堂	私家宅园	朱寿官	"在县西八十里，朱衣衙寿官建。"	《嘉庆山阴县志》	城西八十里
304	明代	松风阁	私家宅园	王德玉	"松风阁，奎上人所居，在金鸿山下，云门寺后，山阴王德玉居州城东偶，因合池之秀，林邱之胜，横枌之以为阁，名之以松风。""戴表元记云：山阴王居金鸿山下，云门寺后。"	《越中园亭记》《嘉庆山阴县志》	金鸿山下，云门寺后

序号	时期	园林名称	类型	相关人物	详细情况	文献出处	位置考证
305	明代	山水园（曲池）	私家宅园	陈海樵、朱箭里	"越城东南有隙地者，广不负步，芜草交芜，欧语四穿，余袭其市岛而逐偏，人烟不邻，惟前倚亩，南后后浩河，危桥椅木，远近映带，往来延亡，短然一村落也。"开茶亭子之。上山一以堂，亭既既，兹地何如"尔。"罗坡之半里许，折而北，入委者中为曲池，折而右。傍轩三槛，小山隐起于右。联瑞其上，堂临其上，旁轩三槛，傍轩三槛…岁旱，祷辄应。其石山曰化兔之山，亦曰鹿头，又曰鹿头。其云山曰未未，未未现群山为最高。其前山曰鹤鼻，大落在鹅鼻东北。其上云吾与未君等，峰顶大石突起，望文如鹅鼻，今仁之头。鹅鼻北下小山曰望秦，秦望在其北。又东北为阳明之山，是为南穴，其下维湖。"近云门之约台。广孝寺僧浮松公所居。"	《山水园记》陈鹤、《海樵山人新构二首》、《越中园亭记》	今绍兴古城东南罗坡坂
306	明代	深居精舍	私家宅园	-	"深居在三狮子（三山）中，其背山曰柯公之山，山上有潭，潭中云有白龟，有龙，恒出作云雨，岁旱，祷辄应。其石山曰化兔之山，亦曰鹿头，又曰鹿头……"	《深居精舍记》刘基、《越中园亭记》	今绍兴古城西门钓台附近，云
307	明代	石桥精舍	私家宅园	-	"石桥精舍，在云门寺外。古所谓五云山下石桥边也。向有竹径，今移入寺内。近曾文字构数橼，亦废。"	《越中园亭记》	今秦望山麓云门寺外
308	明代	石溪精舍	私家宅园	石溪	"石溪精舍，入城中口铅黄门石溪公建。有玉兰径，藏书万卷楼。南为芳树园，今废。"	《越中园亭记》	城中铅黄门附近，芳树园北
309	明代	沈园	私家宅园	沈秋如	"沈园，卧龙之以西。旧为虞二守园，即古西园也。后口沈孝廉，今废。"	《越中园亭记》	今府山以西
310	明代	董玉馆	私家宅园	沈相如	"董玉馆，沈相如建。"	《越中园亭记》	今绍兴古城内
311	明代	科园	私家宅园	-	"科园，姜建。"	《越中园亭记》	今绍兴古城内
312	明代	衡栖	私家宅园	-	"衡栖，祝建。"	《越中园亭记》	今绍兴古城内
313	明代	梅花馆	私家宅园	-	"梅花馆，叶建。"	《越中园亭记》	今绍兴古城内
314	明代	目巢	私家宅园	-	-	《越中园亭记》	今绍兴古城内
315	明代	即是山居	私家宅园	-	-	《越中园亭记》	今绍兴古城内
316	明代	兰渚园	私家宅园	-	-	《越中园亭记》	今绍兴古城内
317	明代	王庄	私家宅园	王戴缶	"王庄，戴子山。王戴缶建。"	《越中园亭记》	今绍兴古城南
318	明代	黄园	私家宅园	黄伟长	"黄园，黄伟长建。"	《越中园亭记》	今绍兴古城南
319	明代	□□	私家宅园	赵伯章	"柯口口十里，为户后村，主人赵伯章开园即野村。面对越峰，诸山可呼而揖也。入径络出池上，高阁临池，眺望极畅。曾为张冲平，部赚侯读书处，予尝操小艇过之。"	《越中园亭记》	今绍兴古城外
320	明代	□□矶	私家宅园	吕姜山	"出城西十里许，望王城寺傍，隐隐见亭树在波光中，属吕姜山所构。向为轩名阗苑。向为轩名语歌，堂名语歌，样石其多古也。"	《越中园亭记》	今绍兴古城西

序号	时期	园林名称	类型	相关人物	详细情况	文献出处	位置考证
321	明代	□□□舍	私家宅园	陶望龄等	"□□□□南名林，为王图南之子静虚君读书处，向石簏，楮山两先生亦尝讲学于此。"	《越中园亭记》	今绍兴古城北
322	明代	□□	私家宅园	-	"□□□□□□所构。负西山以居，而不得山之趣，亦犹昆圃之在平田耳。"	《越中园亭记》	今绍兴古城北
323	明代	□□园	私家宅园	胡汝生	"□□园，堙头。胡汝生建。"	《越中园亭记》	今绍兴古城北
324	明代	□□园	私家宅园	沈大宁	"□□园，东铺。沈大宁建。"	《越中园亭记》	今绍兴古城北
325	明代	□□□	私家宅园	-	"□□□。"	《越中园亭记》	今绍兴古城北
326	明代	□□□	私家宅园	-	"□□，□□山。王□建。"	《越中园亭记》	今绍兴古城北
327	明代	□□□	私家宅园	-	"□□，□□建。"	《越中园亭记》	今绍兴古城北
328	明代	瞻龙阁	私家宅园	金兰	"瞻龙阁在县西南二里，大常寺少卿金兰所居阁，对岱龙山，下有春容草堂，半防，问龙居，一多山庄胜。"	《嘉庆山阴县志》卷七	今绍兴西南
329	明代	澄玉亭	私家宅园	叶震山	"在郡邸濛旁。入径有柳古梅，皆数围大。中开方沼，亭榭出其上。叶震山先生所构也。"	《越中园亭记》	若耶濛旁
330	明代	六和庄	寺观园林	-	"六和庄，偏门外中堰下，今改为尼菴。"	《越中园亭记》	府城偏门外
331	明代	何山寺（清远楼）	寺观园林	云峰和尚	"外甚崟峻绝。若无所客，陟石经数十步，踄石迳中，忽平广，而寺始见。入其中，则松柏幽茂，径路窈窅，似不在人间也。……为言昔时鸿明禅师讲经之所，将军何充常诣听讲，故又谓之何山先。寺西尚有楼焉，其扁曰'清远'，昔创之者，云峰诸山，皆在眼底，有奥出忻想。开户左右眺，则晌山、刺浮、柯公、秦望、蓁翠诸山，皆在眼底，流人平楼下，其声琅然。又有白石岗在楼外，其石色皆白如玉。"	《自灵峰远寂寺过普济寺清远楼记》刘基	今址不详
332	明代	贾园（南明书院）	书院园林	诸南明	"诸南明公幻鼎元之宗伯，兹其游息地也。在府庠旁。"	《越中园亭记》	今绍兴古城东南府学旁
333	明代	快阁（柯）	祠宦园林	陆梦龙	"何方定心菴……陡景娜先生改为祠，以祀放翁先生。放翁扩怀高致，迥出千古迢之之处，即是园。园之北中高阁虚堂，足以吞纳烟云。"	《越中园亭记》	今越城区快阁村，旧在鉴湖湖畔
334	明代	桂堂	衙署园林	-	"桂堂，在直判北方内，有滤秀地。冷香亭，卧龙菴，会稽图画亭。"	《越中园亭记》	通判北方，今绍兴古城内
335	明代立碑	大禹陵	陵寝墓园	禹	"禹会诸侯江南，计功而崩。因葬焉，命曰'会稽'。" "山阴，会稽山在南。上有禹冢，禹井。二十八，扬州山。" "明嘉靖间，有闽人知鲁太定在禹庙南数十武。知府南大吉立信之。立石刻'大禹陵'三字。"（推测大禹陵即南大吉之碑。）	《史记·夏本纪》《汉书·地理志》《嘉庆山阴县志》卷二十八，《康熙会稽县志》	城东南公里会稽山麓，今大禹陵景区
336	明代	徐渭墓	陵寝墓园	徐渭	"徐渭葬在城西南十五里木栅山。" "现墓为1986年重修，东西向，方形，周砌条石，黄土封顶，整座墓园占地3.5亩。1998年新碑徐清记之室。"	《嘉庆山阴县志》《绍兴县志》《绍兴文物志》	今兰亭街道木栅村姜山东麓

续表

序号	时期	园林名称	类型	相关人物	详细情况	文献出处	位置考证
337	明代	王守仁墓（王阳明墓）	陵寝墓园	王守仁	"新建伯谥文成王守仁墓在兰亭山。" "在府城南二十里花街洪溪，尽川所占者亦之王氏，俾世守之。" 康熙五十四年知府俞卿毁，力阻庸愚之徒，墓地全长70余米，顺山坡而筑。墓东辟王守仁史迹陈列馆。	《浙江通志》、乾隆《绍兴府志》、《绍兴文物志》	今兰亭街道花街洪溪畔虹山南麓
338	明代	祁彪佳墓	陵寝墓园	祁彪佳	明末名士祁彪佳墓葬。原墓规模较大，目前南道前淋村青石牌坊、旁列设石像生，"文革"时期尽毁。苏松运抚祁彪佳墓在城西二十里亭山南面。"	《绍兴文物志》、《嘉庆山阴县志》	今越城区北海街道
339	清代	赵园(省园)	私家宅园	赵焯	赵园在兴福桥南，乾隆间邑人赵焯所构，田数十亩，于中有阁曰秀鼍堂，与炉峰相望，台榭陂也，山石花木，曲册环绕，引人入胜。自宋时沈园而后，越城进境，以此为盛。"园中池分内外，外池(以)山，内池一名之……妄气之盛逮甲子郁宫客墅。"	道光《会稽县志稿》、《省园记》褚士锉	今绍兴古城内人民路
340	清代	杜家台门	私家宅园	杜熙	清代民居，为清代金今家社春晖宅第。坐北朝南，共五进。	《绍兴县志》、《绍兴文物志》	今越城区府山街道
341	清代	竹丝台门	私家宅园	—	清代民居，为绍兴民居中保存完好的竹丝台门，背街临水，外观讲利方正，宅园内尚存一石板铺筑的天井。	《绍兴》	今越城区府山街道
342	清代	临河台门	私家宅园	—	清末民居，为绍兴临河台门的典型，整幢房屋建筑按水乡城市的环境特征而设计，为二层楼建，内有天井。	《绍兴》	今越城区
343	清代	姚家台门	私家宅园	姚氏	明清民居，位于越子城历史街区内。坐西朝东，前后二进。	《绍兴文物志》	今越城区府山街道
344	清代	宋家台门	私家宅园	宋氏	明清民居，位于新河弄历史街区内。坐北朝南，共四进。	《绍兴文物志》	今越城区府山街道
345	清代	施家台门	私家宅园	施氏	清代民居，位于子书圣故里历史街区内。坐南朝北，共四进。	《绍兴文物志》	今越城区府山街道
346	清代	陈家台门	私家宅园	陈氏	清末民居，位于子西小河历史街区内。建筑坐南朝北，五间四进。知模大、规格高。保存完好。	《绍兴文物志》	今越城区府山街道
347	清代	华家台门	私家宅园	华氏	清代民居，为"华源泰锡箔店"、店铺和华氏五房合居之地。坐东朝西，依次为门厦、厅堂、座楼，后院有水井一口。	《绍兴文物志》	今越城区府山街道
348	清代	邹家台门（邹家花园）	私家宅园	邹氏	清代私家庭园。有门厦、天井、内外花园和楼屋。	《绍兴文物志》	今越城区府山街道
349	清代	章学诚故居	私家宅园	章学诚	位于千塔山脚下，为清代史学家。思想家章学诚晚年居住地。坐南朝北，共二进。	《绍兴文物志》	今越城区塔山街道
350	清代	张家台门	私家宅园	张氏	清代民居，建筑共二进。	《绍兴文物志》	今越城区塔山街道
351	清代	下大路陈家台门	私家宅园	陈氏	清末民居，位于子西小河历史街区内。坐北朝南，共三进。	《绍兴文物志》	今越城区府山街道

序号	时期	园林名称	类型	相关人物	详细情况	文献出处	位置考证
352	清代	马家台门	私家宅园	马氏	清至民国时期民居。坐北朝南，三开间五进。	《绍兴文物志》	今越城区府山街道
353	清代	梅山陈家台门	私家宅园	陈氏	清代民居，建筑共四进，规格高，保存好。	《绍兴文物志》	今越城区梅山乡
354	清代	筠溪周氏民居	私家宅园	周氏	清代民居，依山临溪而建。坐东朝西，平面呈方形四合院式。	《绍兴文物志》	今越城区鉴湖街道
355	清代	筠溪民居	私家宅园	—	清代民居，村中古民居多系桥侧在外经销出资建造。南面围墙中辟石库门，楼屋三间，侧用为二层楼房。主体建筑为楼屋一幢。	《绍兴文物志》	今越城区鉴湖街道
356	清代	朝北台门	私家宅园	鲁世卿、鲁希曾	台门因坐南朝北而得名。鲁迅童年时常随母到此小住，为其外婆家。坐南朝北，二进三开间。	《绍兴县志》	今越城区孙端街道
357	清代	东湖	私家宅园	陶浚宣	"若（箬）簧山在县东十二里。《旧经》曰：秦皇东游于此，供驿马。俗留绕'山。"汉后，民间在此开山取石，形成深潭峭壁。清光绪二十二年（1896年），邑人陶浚宣购地建园，沿山曲成长堤，使堤外分河，堤内为湖。佛且泉、连花嶂，灵剑石诸胜。成为越地风景名胜之一。	《嘉泰会稽志》《绍兴县志》	今城东6公里箬簧山麓
358	清代	北园	私家宅园	陈允恭	"在下方山麓。康熙年间陈允恭建筑。中有二如堂、满秀轩、六宜楼、欣遇宴、空明榭、添置宫台、染'天下方山麓。陈氏族人置有水池与石本的天井为中心，突破了递进式布置的格局。	《嘉庆山阴县志》卷七	今柯桥区安昌街道四十里平下方山麓
359	清代	集镇民居	私家宅园	胡氏	清代民居，位于安昌古镇内，亦名"燕堂"。	《绍兴》	今柯桥区安昌街道
360	清代	傅兴台门（胡家台、燕逸堂）	私家宅园	胡氏	清代民居，一名胡家台门，位于安昌古镇老街中市内。坐东朝西，两进五开间。	《绍兴文物志》	今柯桥区湖塘街道
361	清代	安昌谢家台门	私家宅园	谢氏	清末民居，位于安昌古镇老街中市内。坐南朝南，共三进。	《绍兴文物志》	今柯桥区安昌街道
362	清代	娄心田故居	私家宅园	娄心之	近代绍兴师爷的代表人物娄心田之住宅。	《绍兴文物志》	今柯桥区安昌街道
363	清代	峡山何民居	私家宅园	何景星、何谦之	"峡山何氏其先有名茂昌者，元末迁至，赘于峡山郭氏，为此族居峡山之始。"明清音第。有何景星与何谦之宅两处，存二进。何谦之宅俗称"花厅"。	民国《绍兴县志资料》卷七，《绍兴文物志》	今柯桥区福全街道
364	清代	陈伯平故居	私家宅园	陈伯平	一作"五显堂"，前后两进，分老宅与新宅两处。清、民国时期民居。	《绍兴文物志》	今柯桥区平水镇
365	清代	柯桥季家台门	私家宅园	季如鹤	清、民国时期民居，位于绍兴市鉴湖镇芳泉村，东、西、北三面为村民住宅，是当地老店老饭季如鹤私宅。	《绍兴文物志》	今柯桥区柯桥街道
366	清代	石信庵	寺观园林	—	清代传统庙。位于绍兴市鉴湖镇芳泉村，东、西、北三面为村民住宅，南为水池。	《绍兴文物志》	今越城区鉴湖街道
367	清代	琵琶山庵	寺观园林	—	清代建筑。位于柯桥区坡塘龚江村琵琶山，三面环山，东伏盖山，西为虞江村。	《绍兴文物志》	今越城区鉴湖街道

序号	时期	园林名称	类型	相关人物	详细情况	文献出处	位置乡证
368	清代	锡飞寺	寺观园林	—	建于清顺治三年（1646年），因"百文飞瀑，远客如锡"而得名。建后香客不断。清乾隆、道光年间两度重建，后因战乱而毁。民国二十六年（1937年）仅存庵舍十四间。1986年募资重建，1996年改庵为寺名。	《绍兴寺院》	今越城区富盛镇
369	清代	大通学堂	书院园林	陶成章、徐锡麟、秋瑾等	全称大通师范学堂。清光绪三十一年（1905年）光复会领导人徐锡麟、陶成章为培育革命力量而创办。1906年底由女革命家秋瑾主政。徐锡麟、秋瑾遇害后，学校遭查封。	《绍兴县志》	今越城区府山街道
370	清代	越城府儒学	书院园林	部分子孙等	始建于宋嘉祐五年（1060年），移入名宦祠。嘉祐六年增建大成殿。后于明朝作"六贤祠"[西则]。万历九年（1581年）移入名宦祠。清康熙年间又称"浙东道库第一"，直到要科举后府学废。民国二十一年（1932年）门万子等乡绅发延并于府需学旧址创办私立绍兴中学。后改名为稽山中学。大成门前的大成桥已毁，尚存台基。两门之间存半形池地，池中架桥。	《绍兴文物志》	今越城区塔山街道
371	清代	热诚学堂	书院园林	徐锡麟等	辛亥革命遗迹。建于光绪三十年（1904年）。重人徐锡麟创建。名称取其所撰对联"有热心的人可与共学，愿成意者得入期堂"之意。学堂有厅房，教学楼。北侧有一曲形水池。	《绍兴县志》	今越城区东浦街道
372	近代	蔡元培故居	私家宅园	蔡元培	名人故居。民主进步人士蔡元培的出生地及少年、青年时期生活处。居室数间，仅二进……后屋是严家居住，乃于屋后新建其开间楼屋。	《绍兴县志》	今越城区府山街道
373	近代	周恩来祖居（百岁堂）	私家宅园	周恩来	名人故居。系无产阶级革命家周恩来祖上居所。明时，周氏三世祖周庆为避兵乱定居于此。清康熙三十七年（1698年），十世祖懋之妻王氏寿至百岁，浙江巡抚捐授"百岁寿母"之匾，因称"百岁堂"。1939年3月，周恩来现察院。浙抗日前线，曾在祖居与亲友团聚。	《绍兴县志》	今越城区府山街道
374	近代	范文澜故居（范家台门）	私家宅园	范文澜	系历史学家范文澜的出生地和童年生活处。亦为范氏世居之地，世代锦桥范家台门。坐南朝北，共三进。	《绍兴名人故居》	今越城区府山街道
375	近代	缪家台门	私家宅园	缪氏	民国时期民居。规模较大，布局合理，装修精致，保存亦较完好。坐北朝南，东、西两路轴线建筑尚存。	《绍兴文物志》	今越城区府山街道
376	近代	杨家台门	私家宅园	杨氏	民国民居。坐南朝北，共三进。	《绍兴文物志》	今越城区府山街道
377	近代	寿家台门（三味书屋）	私家宅园	鲁迅	清代民居。位于鲁迅故里历史街区内。系鲁迅（周树人）塾师寿镜吾先生的住宅。坐南朝北，共四进。	《绍兴文物志》	今越城区塔山街道
378	近代	鲁迅故居	私家宅园	鲁迅	即"周家新台门"，嘉庆年间周氏家族建筑，原周氏家族聚居地。1918年周氏族人将其出售，1954年基本恢复原貌。前后示进。	《绍兴县志》	今越城区塔山街道
379	近代	鲁迅祖居	私家宅园	鲁迅	即"周家老台门"。乾隆十九年（1754年），周家始祖周绍鹏购进后出资修建，使其成为一座具有明清建筑特色的完整台门建筑，绍兴格局延续至今。	《绍兴名人故居》	今越城区塔山街道
380	近代	秋瑾故居	私家宅园	秋瑾	近代民主革命志士秋瑾生活处。为为明文学家朱赓别业，建于明万历年间（1573-1619年）。清光绪十六年（1891年），秋瑾自幼及长秋暮至此生活处，乃向朱氏后人典其居花厅之部分屋宇以晚年隐息之所。建筑坐北朝南，共五进。	《绍兴县志》	今越城区塔山街道
381	近代	陈建功故居	私家宅园	陈建功	系著名数学家陈建功的生活处。1931年由陈建功购入。故居坐南朝北，共三进。	《绍兴文物志》	今越城区塔山街道

序号	时期	园林名称	类型	相关人物	详细情况	文献出处	位置考证
382	近代	东咸欢陈家台门	私家宅园	陈氏	民国时期民居，位于鲁迅故里历史街区内。坐北朝南，共四进。	《绍兴文物志》	今越城区塔山街道
383	近代	徐锡麟故居	私家宅园	徐锡麟	近代旧民主主义革命家徐锡麟祖父桐轩公从一姓朱人家购置，后改造扩建而成。由徐锡麟祖父桐轩公从一姓朱人家购置，后改造扩建而成。坐北朝南，前后共三进。	《绍兴县志》	今越城区东浦街道
384	近代	陶成章故居	私家宅园	陶成章	系清末建筑，为近代旧民主主义革命家陶成章的出生地和聚居地。坐北朝南，共二进。	《绍兴县志》	今越城区陶堰街道
385	近代	深巷台院	私家宅园	—	民国初年传统民居。三进院落依次递进，纵向发展。	《绍兴》	今若耶溪
386	近代	豆姜鲍氏民旧宅建筑群	私家宅园	鲍德衍	民国时期民居，由花园、小洋房、五进老宅院组成。始建于民国十年（1921年），由豆姜鲍氏"九思堂"族人鲍德衍主持建造。1937年，抗日战争爆发后，逐渐移居外地，小洋房空置。中华人民共和国成立后，豆姜乡政府入驻其中，并沿用至20世纪90年代末。"文革"后期，小洋房及花园部分受损，豆姜乡政府撤离此地，1993年，绍兴市教委托马山镇政府在此举办成人教育班。1995年，马山中心小学豆姜乡分校购入，沿用至今。	《绍兴文物志》	今越城区马山街道
387	近代	宁双冯家台门	私家宅园	冯氏	民国时期民居，位于马山街道宁双村。坐北朝南，前后四进。	《绍兴文物志》	今越城区马山街道
388	近代	南池民居（王槐堂）	私家宅园	—	民国时期民居，位于越城区南池老街西侧。坐西朝东，前后二进。	《绍兴文物志》	今越城区鉴湖街道
389	近代	王化新诵兴台门	私家宅园	宋坤基、宋芝轩	民国时期民居，系民国时期乡绅宋坤基和宋芝轩叔至官宅第。坐西朝东，由台门、大厅、廊轩、座楼、平屋，左右偏房等组成。	《绍兴文物志》	今柯桥区平水镇
390	近代	上亭公园	公共园林	孙德卿	1914年，为倡号新风，开发民智，孙德卿集资兴造了占地20多亩，且为当时绍兴独有的，集文艺、为倡号新风，开发民智，孙德卿集资兴造了占地20多亩，且为当时绍兴独有的，集文艺、体育、教育、农科于一体的上亭公园。孙中山曾为公园题写"大同"两字。公园布局中西结合，不仅是游览胜地，也是宣扬新思想之场所。于抗日战争被毁但暂被恢复。	《浙江乡镇建览》上册	今越城区孙端街道
391	近代	徐锡麟衣冠冢	陵寝墓园	徐锡麟	民主主义革命家徐锡麟纪念墓葬。1987年当地政府在今址重建，占地近亩，圆冢天顶，前有墓碑、墓道。	《绍兴文物志》	今越城区东浦街道

表3-城邑营建

序号	时期	建设内容	内部构筑	详细情况	文献出处	位置考证
1	春秋战国	嶕岘大城（无余大城）	不详	"无余初封于大越，都秦余望南，千有余岁而至句践。" "大越者，先君无余之国也，在南山之阳。" "秦望山南有嶕岘……山里有大城，中有雌岘，中有大城，王无余之旧都也；先君无余国在南山之阳，社稷宗庙在湖之南，山有三石兵，收之如笋，俗号宰水。"《姚令威山会泛论》曰："予尝上会稽东山，有水一泓，盖即嶕岘也。"	《越绝书》《水经注》《嘉泰会稽志》《康熙会稽县志》	秦望山南，今址不详
2	春秋战国	苦竹城	不详	"苦竹城者，句践伐吴之地也。" "里有旧城，言句践封范蠡子之邑也。" "在兰阴县西南二十九里。" "今兰亭镇有古筑村，苦竹城似即其址。"	《越绝书》《水经注》《嘉泰会稽志》《绍兴府志》	疑似今兰亭镇古筑村
3	春秋战国	越王城	不详	"在县南四十七里庵东乡，今尚有古城，旧径云有越王寨也。"	《嘉泰会稽志》	绍兴南
4	春秋战国	石城	不详	"在县北三十里有石城里。吴越备史云：'乾宁二年钱镠讨董昌，攻石城，去越三十里即此。'今山下有石城里。"	《嘉泰会稽志》	绍兴北，已废
5	春秋战国	阳里城（范蠡城）	不详	"西至枫桥，水门一，陆门二，地名阳也。" "阳里城，范蠡城也，水门一，陆门二。"	《万历绍兴府志》《嘉庆山阴县志》	已废，今址不详
6	春秋战国	北阳里城（种城）	不详	"取大西山以济之，径百九十四步，或为南安。" "北阳里城，大夫种城，径百九十四步。"	《万历绍兴府志》《嘉庆山阴县志》	已废，今址不详
7	春秋战国	句践小城	总体概况	"小城者，句践小城也。周二百一十二步，陆门四，水门一……吴王夫差阙越城，有封邦，句践服臣。三年，范蠡还封句践大城，东西南北，其门六名。西为左。西北立龙飞翼之楼，以象天门，内以取吴，故缮西北，而吴不知也。"	《越绝书》《吴越春秋》	今绍兴古城内府山街道
			雷门（五云门）	"句践所立，以雷能威于龙也，门上有鼓长二十四里，赤闻闻百里。" "五云门，古雷门也。"	《十道志》《嘉泰会稽志》卷十八	今绍兴古城内
			双阙	"山阴康乐乡有地名邑中者，是垂事吴处，故立其门以东为名，故曰罗城门以外，西为左，故双阙在北门外，阙北百步者有雷门。"	《水经注》	今绍兴古城内
8	春秋战国	山阴大城	不详	"山阴大城，又谓之蠡城，范蠡所筑。周二十里七十二步，陆门三，水门三。" "门外有余步怪山。" "在怪山之东南。（引府志）"	《越绝书》《水经注》《嘉庆山阴县志》	今绍兴古城内
9	隋代	子城，罗城	不详	"罗城周二十四里，步二百五十，熙宁中部守为会稽图也，今州城以步计之，旧经四四十三里者非也，今州城四周余步四百八十八，较之图序，所限六十有二。" "罗城，隋开皇中越国公杨素所筑，亦二十有四周余总四千三百二十有八，隋开皇中越国公杨素所筑，又修小城于子城，周十里。（引会稽县志）杨素修前城加广至四千五百十五里，名曰罗城。（引旧图经）"	《嘉泰会稽志》《宝庆会稽续志》《嘉庆山阴县志》	今绍兴古城内

序号	时期	建设内容	内部构筑	详细情况	文献出处	位置考证
10	唐代	重修罗城	不详	"唐乾宁中，钱镠重修罗城。"	《宝庆会稽续志》	今绍兴古城内
11	宋代	加修罗城并修诸门	总体概况	"宋皇祐中守田遽加修罗城，日浚治城壕。嘉祐十三年守吴格垒重修，后多推圮。十六年守汪纲乃按罗城重加缮治，并修诸门。(引旧志)"	《嘉庆山阴县志》	今绍兴古城内
			五云门（古雷门）	"即古雷门，晋王献之所居，有五色祥云见，故取以名门。" "句践以吴子陂于陂上有蛇象而作龙形。龙畏雷，故作此门以胜之。其改五云则以王献之宅五色云是也。"	《宝庆会稽续志》《万历绍兴府志》	
			都泗门（水门）	"旧作都赐门。"	《宝庆会稽续志》	
			东郭门（水门）	"水门曰东郭" "南不二里许约东郭门，由此门达禹陵。"	《宝庆会稽续志》《万历绍兴府志》	
			稽山门	"东南门曰稽山门。"	《宝庆会稽续志》	
			植利门（水门）偏门（水门）	"南曰植利门。" "正南向植利门，又直西三重许稍曲而北，其门面西，口稍斜向南曰偏门，与籴利皆水门。盖适当西南偶绕处，与籴利皆水门。"	《宝庆会稽续志》《万历绍兴府志》	
			常喜门	"西南曰常喜门。" "又稍西不一里面南曰常喜门。吴越置史：钱塘攻亨山，又种光门，相方此门是。旧志云州城至此与子城会，门在其上，三门向南而一门向西南，其中子城南面曰四门也。"	《宝庆会稽续志》《万历绍兴府志》	
			迎恩门	"西曰迎恩门。唐昭宗命钱镠讨董昌，镠以兵三万屯迎恩门，则迎恩名之名未久矣。" "又西转向北曰五里，面西曰迎恩门。钱镠讨董昌，望楼再拜而过之即此，有水陆二门。"	《宝庆会稽续志》《万历绍兴府志》	
			三江门	"北曰三江门。以至壖堤埭增修筑，视宣和以候有光尧。" "又由此北转而东，直过截止，几大堰直面北曰三江门，亦水陆二门。"	《宝庆会稽续志》《万历绍兴府志》	
			昌安门（已不存）	"十道志又有昌安门。云昔中将军王莅始改郡拜为督营号都，开此门。西北二向俱止一口而俱无水陆墙。于北臥龙山环属于南，今不知何所。"	《万历绍兴府志》	
12	宋代	子城	总体概况	"嘉祐中，己约守城，有五云。宣和初，刘忠恕亚治城而寇，尝稍饰其西南隅（此是罗城）。嘉定十三年，守吴格垒加葺，因并葺其垓以复墙圮。(引旧志)"	《嘉泰会稽志》《嘉庆山阴县志》	今绍兴古城内
			镇东军门	"嘉祐初，己约守城，至八年始竞成，岁久复坏。嘉定癸未守汪纲既成罗城，因并葺其垓以复墙圮，补而旋复雄壮，并镇东军门。秦望"	《宝庆会稽续志》	今绍兴古城内
			秦望门	"门亦加斤饰而饰前辅首之。(引旧志)"	《宝庆会稽续志》	今绍兴古城内

续表

序号	时期	建设内容	内部构筑	详细情况	文献出处	位置今绍考证
13	元代	增筑加广城域、增浚濠堑	不详	"元至正十三年，浙江廉访佥事笃满帖睦尔筑城加广，辟一乡入城内，始甃以石开堑绕之城，身东一文四尺，西一文五尺，南一文四尺，身东高一文四尺，西一文五尺，北一文六尺，面之增高以增筑者，北一文六尺，西一文五尺，脚加东二尺八千五百四十八，西五百四十四，至正十八年，故密副使吕参镇建，增浚壕至。(引府志)"	《嘉庆山阴县志》	约为今绍兴古城
14	明代	修浚府城、扩建内外城池	内池、外池	"明嘉靖二年，秋飓风大作，知府南大吉修复之。三年冬，又修其城，女墙悉易新者，高四尺六寸，厚四尺，夏瑢瓘百外池，外池东六十文，深末六十二文，西一文，深一文六尺，北金华山聚众倡乱乡官姿煌，议清子署，府事椎官陈子龙增设耳城筑五处。(旧志参考府志)"	《嘉庆山阴县志》	今绍兴古城
15	明代	三江所城	总体概况	"明洪武二十年，信国公汤和筑。在城二十里浮山之阳，跨山背海，为方三里二步，高一文八尺，厚如之。水门一、陆门四，北则诸高，城楼四，敌楼四，月城三，引河为池，司通舟楫，兵马司厅四，女墙入百五十八做，台七。"	《嘉庆山阴县志》	今越城区三江村
16	清代	修补城垣及诸门	总体概况	"国朝顺治十五年，部院院李率泰檄府增高女大尺四寸，并加一，凡女墙十置一炮，积址观矣。康熙六十年间，台湾不靖海上告警，巡抚徐潮补城垣，知府俞卿修补城垣，计试七百四十九女余。雍正七年，巡抚李卫奉檄修复莪。二十五年知府山明万以敦修之。三十一年知府谷稽县若希忠修之。(引旧志)外，知山阴县林其茂修之。二十三年(八风郑冲水语扪)外，计百步有省门。(引水经注)"	《嘉庆山阴县志》	今绍兴古城
			东郭门(水门)	"东之南曰东郭门，乃水门也，元名东明。"		
			五云门	"郡志五云古雷门，以昊有蛇门，句践所立，得雷发表事吴之意。(引寰宇记)山明康乐里有地名吕中者，是越睾吴处，故以其门以东为右，西为左。(引水经注)"		
			都泗门(水门)	"东之北曰都泗门，即都赐水门。(引会稽县志)"		
			稽山门	"南之东曰稽山门，元名镇远，由此过禹陵。(引旧志)"		
			植利门	"正南近东曰植利门，俗讹南遽门。(引旧志)"		
			西偏门	"正南由而西折曰西偏门，即水偏门。(引旧志)"		
			常禧门	"南之西隅曰常禧门，俗讹昙禧门。二门相隔一里。(引旧志)"		
			西郭门	"四之北曰西郭门，旧名迎恩门，古郭薪处也。(引旧志)"		
			昌安门	"北之曰昌安门，即三江门。(引旧志)"		
17	清代	三江巡检司城	不详	"在龟山之上，浮山之北隅，与三江所城南北相峙，为东海之门，亦汤和所筑，西出。嘉靖初增女墙方一里二十步，高二文，厚一文尺，楼一，窝铺四，窝墙四三百六十六。(因旧志)在城边四里。(引府志)"	《嘉庆山阴县志》	今越城区塔山
18	清代	白洋巡检	不详	"在县北五十八里，(府志云城北五十里)大海之上有白洋山，缘山而临城，亦汤和所筑，方一百一十文，高一文，厚..."	《嘉庆山阴县志》	绍兴半...

表4-名胜建筑

序号	时期	园林名称	类型	相关人物	详细情况	文献出处	位置考证
1	春秋战国	飞翼楼	风景建筑	范蠡	"楼高十五丈，范蠡所筑，以压强吴。""越大夫范蠡建小城所筑，位于种山之巅。""飞翼楼，按《越地记》云六楼，八门，井四兆门，飞翼最也。"	《太平寰宇记》、(宋)沈立《越州图序》《绍兴县志》	今府山山巅
2	春秋战国	望云楼	风景建筑	越王句践	"越起灵台于山上，又作三层楼，以望云雾，川土明亮，以为胜也。"	《水经注·浙江水》《越中园亭记》	今塔山
3	春秋战国	阳春亭	风景建筑	-	"山阴古故陆道，随高渐阳春亭，出东郭，从郡阳春亭，去县五十里。"	《越绝书》卷八	今绍兴古城东郭门外约五十里
4	春秋战国	文种墓	明堂墓冢	文种	"越大夫文种墓在种山。""山阴葬冢于此，乃种山也。南宋时府治设于东蕲，俗称府山。墓旁废，今墓为1981年重建。"	《嘉庆山阴县志》《绍兴县志》	今城区府山东北山腰处
5	东汉	建初刻实地刻石	碑碣造像	-	清道光三年(1823年)，山阴杜春生发现，为浙江省迄今发现最早的摩崖题记。	《绍兴文物志》	今盛镇乌石村村跳山东坡
6	东汉	柯亭(千秋亭、高迁亭)	风景建筑	蔡邕	"柯亭，有桥存之，具以构在。去府城西三十里。蔡邕曾宿此，取屋椽为笛，一名高迁亭。""柯亭在山阴县西南四十里，又名《郡国志》云：千秋亭，一名高迁亭。……乾隆十六年翠华临柯，有御制题柯亭诗。"	《越中园亭记》、《山阴县志》卷七	今柯亭公园
7	东汉	一钱亭(清水亭)	风景建筑	刘宠	"汉世刘宠作郡，有政绩，将解任去，后人遂将此改名钱清，建碑刻立刻临江，行一钱亭。""投入江中带去，人持百钱出送，宠受一文，至西小江，便将钱投入江内。上书：会稽太守刘宠投钱处。""钱清镇有刘太守祠，起刘宠临江，有一钱亭。"	《水经注·浙江水》、《嘉庆山阴县志》	今钱清街道钱清村东运河河畔
8	东晋	白楼亭	风景建筑	-	"亭在山阴，临流映带。""浙江东北径重山西麓，大夫文种之所葬也。山上有白楼亭……升眺远望，山湖满目也。""白楼亭，在箬篑山下，附城起。《水经注》称曹年亭为种山水。今移置之。《世说》载孙兴公与许玄度尝共在白楼亭商略古往今。"	《会稽记》《水经注·浙江水》《越中园亭记》	今府山以种寨附近
9	东晋	王右军墨池	风景建筑	王羲之	"……越中山水之奇丽者，剡为之冠。花光照夜而嵩岳，水色含而沉瓯。……自晋六大夫迹，云重渡江，五马渡江，中朝衣冠，尽善南国。是以琅邪王羲之领右军将军而家于此以，其书楼墨池，旧制犹在存。"	唐少府监装通《金庭观右军书楼墨池记》	今址不详
10	东晋	谢安石东西二眺亭址	风景建筑	谢安	"在今上虞东山，方安石时，东山盖天下，台州蓝迹当不止此，岁久不可考。山之国庆院左有小巧池，有石洗履池也。""东山谢氏遗迹，传若云：此安石洗履也。"	《嘉泰会稽志》卷十三	今上虞东山
11	东晋	临池墨	风景建筑	王羲之	"临池墨。""王右军修禊处名筑书者为内东茫汤昌。"	《临池录》	今址不详
12	东晋	王子敬山亭	风景建筑	王献之	"在云门，唐永淳元年春，王崧修操于子此处，今昱圣寺右有子敬等色，疑因其地不正也。""在云门，石军之别业也。""王子敬山亭，在云门山。唐王勃于此地修禊，有序。"	《嘉泰会稽志》卷十三、《越中园亭记》	旧云门山，今柯桥区亚圣寺附近

序号	时期	园林名称	类型	相关人物	详细情况	位置考证	文献出处
13	东晋	应天塔（东武塔）	古塔	许询、昙彦	"应天塔在飞来山宝林山椿里。晋末沙门昙彦、许询元度同造砖木二塔。未成，询亡。久之岳阳王修至。彦预告门人曰: '许询度来矣。'岳阳亦早承志。密示圣祠，入寺寻访。彦望见则云: '许远度命焉?'彦曰: '昔日浮屠今始起耳。'遂握手，命入至席地。由是塔益加壮丽。(《嘉泰志》)"唐乾符元年（公元874年），宝林改名应天寺，此塔也改称应天寺。高二十三丈……唐彧有惊"上佛云端过雁惊"诗句。后一度称为东武塔。今塔样貌为火灾后重建。	今市区南隅塔山之巅	《嘉庆山阴县志》《绍兴》
14	南朝（齐）	维卫尊佛像	碑碣造像		"在县东五里，唐大和九年建，号南崇寺。会昌废，晋天福中，僧行钦于废寺前水中得石佛，遂重建。'楼宜有竖，讹南示各明造像维卫尊佛也。治平三年赐寺额（石佛妙相寺），石佛今在寺中。'稽除君遂回正像于城比成珠寺。"	今绍兴博物馆内	《嘉泰会稽志》《开元寺藏经楼记》
15	南朝（梁）	大善塔	古塔	黄元宝、澄贯	"梁天监三年，民黄元宝舍地，钱氏女未殒而死，遂言以寄中葬建寺，僧澄贯主其役。僧万林同邑人重修。"赐名"大善"，寺僧重修寺成，复焕然。国朝康熙八年，僧万林同邑人重修。"明朝永乐初，寺僧重修寺成"。	今越城区解放北路城市广场内	《嘉泰会稽志》《嘉庆山阴县志》
16	隋代	柯岩造像	碑碣造像	-	"石佛高五丈六尺，相传隋开皇，有石工发愿为之，未成而毙。以继之子、子复禅孙，三世讫功。"后曾在佛前建寺，后记。明万历间（1573-1619年），副使黄彦士重建，更名"普照寺"。清康熙五十七年（1718年）邑人南阳知府沈谢君金而修成。后寺复败，石佛尚存。	今柯桥区柯岩风景区内	《柯山小志》《绍兴县志》
17	隋代	羊山造像	碑碣造像	-	"隋开皇年间（581-600年），越国公杨素筑罗城，采来山之石，留下峭壁孤岩，后石工就岩凿像，其年十二月十六日，兴工开山建立。	今城西北齐贤街道山头村石佛寺内	《绍兴县志》
18	唐代	董昌生祠题记	碑碣造像	董昌	高1.5米，宽33米。文: "唐景福元年"，兴工开山建立。	今城区柯山东麓	《绍兴》
19	唐代	府山唐宋摩崖题刻	碑碣造像	汤绍恩、汪纲等	刻于2米高的青石上，有唐、宋，明清题刻共计12处。	今府山北山坡（飞翼楼下）	《绍兴文物志》
20	唐代	禹陵《龙端宫记》刻石	碑碣造像	贺知章	龙端宫记，贺知章撰并正书，刻于唐葛翁仙公炼丹丹时则飞来石上，漫灭。仅存宫内有重刻本。	今越城区稽山街道望仙桥村禹陵山	《嘉泰会稽志》
21	唐代	望海亭	风景建筑	-	"先是越创建'飞翼楼'，唐人以楼址为望海亭。""即越国飞翼楼，楼于唐而已废。"	今府山山巅	《嘉泰会稽志》《绍兴县志》
22	唐代	候轩亭	风景建筑	李绅	"坡图经，唐观察使李绅尝于府东建候轩亭，今废。"	今址不详	《嘉庆山阴县志》
23	唐代	半工亭	风景建筑		"在府城半二十九里，在半工城，距府九驿"	距城二十九里	《嘉庆山阴县志》

序号	时期	园林名称	类型	相关人物	详细情况	文献出处	位置考证
24	唐代	轩亭	风景建筑	裴世瑨（复建）	"轩亭，在府东桥东。来时有楼曰和畅，以具便民饮也。案嘉庆五年九月，轩亭在府东里许，轩亭附近火灾。旧有逵王埠，为吴越王登舟之所，在轩亭东，年久为居民所占，辗转相售，豁然开明，敛前称便今呈报埠，安有著民杂建河堧，亦以古埠为均攻。轩亭始建于唐，至来时称酒楼，后为酒楼。""古轩亭在府东里许，来时有楼曰和畅，霍波文为都时所所创。延烧民岁，云因相传。因核复之。知县越世瑨，众渭于县，谓故老，今皆成赕。云因埠塍其后称酒楼，后为酒楼。"	《越中园亭记》《嘉庆山阴县志》	今古轩亭口
25	唐代	海馏亭	风景建筑	-	"海馏亭，李绅有诗。"	《越中园亭记》	今址不详
26	唐代	新楼	风景建筑	-	"新楼，唐白居易有《和元微之新楼偶》诗。"	《越中园亭记》	今址不详
27	唐代	鉴湖一曲亭	风景建筑	贺知章	"鉴湖一曲亭在常禧门外，贺知章建。"	《嘉庆山阴县志》卷七	今绍兴古城外
28	唐代（始建不详）	惠风亭	风景建筑	-	"惠风亭，东亭，具在府桥北""惠风亭在府桥北，今为公廨酒肆"	《越中园亭记》、《嘉庆山阴县志》卷七	今府山以北
29	唐代（始建不详）	东亭	风景建筑	-	"在府治北。古为烧客之所。唐人如来之问诸皆有诗。"	《清一统志·绍兴府一》	今府山以北
30	唐代（始建不详）	东武亭	风景建筑	-	"在龟山。以山之东武飞来，故名。元稹有《醉题东武亭》诗。"	《越中园亭记》	今塔山
31	唐代（始建不详）	西楼	风景建筑	-	"西楼，《志》称属山阴地也。唐孙逖诗有江云晚对沧庭间之句，知在县治左右。"	《越中园亭记》	今址不详
32	五代十国（南唐）	蓬莱阁	风景建筑	钱镠	"蓬仪门旧设于，设巧之后曰莱阁。""蓬莱阁一名王逵建。因元稹有'就得近逵莱'句，钱公辅、赵扑、张伯玉有诗，盖因元微之诗名之也。""在府治设于后卧龙山上，吴越武肃王建。……今阁已废不可考，故老云，设巧之后为蓬莱阁。"	《嘉泰会稽志》卷一、《越中园亭记》《越中杂识·古迹》	今府山上
33	北宋	凉堂	风景建筑	范仲淹	"范文正公建。在蓬莱阁西。"	《越中园亭记》	今府山
34	北宋	井仪堂	风景建筑	习习	"井仪堂，在蓬莱阁之上，望海亭之下，习纯建。"	《越中园亭记》	今府山
35	北宋	清旷轩	风景建筑	王仲巍	"在常祠广之东，既和闫王仲巍作。"	《越中园亭记》	今府山

序号	时期	园林名称	类型	相关人物	详细状况	文献出处	位置考证
36	北宋	飞翼楼（五桂亭）	风景建筑	刁约	"即改飞翼楼故址也。昔范蠡于龙山之上做飞翼楼以压强吴。大守刁约再造建，元積、李绅俱有诗。"	《越中园亭记》	今府山山巅
37	北宋	适南亭	风景建筑	程师孟	"因高构宇，名之曰适南，盖取庄周大鹏图南之义……平湖淼渺，晴天云动。及登尊亭，四眺无碍，风轻已复，若在重来之上，可谓奇矣。""适南亭，在梅山顶，未郡守程公师孟建。取《庄子》大鹏图南之义。"	《适南亭记》《越中园亭记》	今越城区梅山上
38	北宋	和旨楼	风景建筑	翟汝文	"西溪众法云：绍兴府轩亭临街酒楼，翟公异为郡日为和旨楼，取西汉酒皆在官和旨便人也。翟思惠家传云：富民诸葛氏即所居为楼，岁久为物所弊，公命辟楼为酒肆名曰和旨救书楼，明正统八年为陈忠相渊好又而建，翰林修撰商辂有记。"	《嘉庆山阴县志》卷七	今古年亭口
39	北宋	宋社稷坛	祭祀建筑		"在城南二百九十步。初政和间颁大晟乐祭社坛。"	《嘉庆山阴县志》	今绍兴古城南
40	南宋	宝山摩崖	碑碣造像		"题记上下共两处。上曰'松壑'，下曰'多岩'，均隶书，无年款。'松壑'二字，《越中金石记》列为南宋题刻。已多处漫漶。"	《绍兴县志》	今城东南富盛镇赞巨村宝山东坡岩石上
41	南宋	禹陵《非饮泉》刻石	碑碣造像	王钰	"大禹陵在县南一十二里……自唐以来为名刹，西偏有泉名'非饮'，有亭覆之。绍兴中王编修钰题名'大字刻禹上。'"	《嘉泰会稽志》	今大禹陵景区禹庙东首石登上
42	南宋	亭山禹迹寺观音造像	碑碣造像		高0.79米，造像为"半跏趺坐"。伯称为"自在观音"。像侧面刻有铭文，字迹依稀可辨，年款尚存。	《绍兴文物志》	今越城区北海街道钟堰村钟堰庙
43	南宋	清凉阁（招山楼）	风景建筑	洪迈	"清凉阁，后改为招山阁。内有棣尊亭，晚对亭。县内翰洪迈建。在府署便厅前。"	《越中园亭记》	府署（便厅前）
44	南宋	白云馆	风景建筑	李彦颖	"东北有练览亭，在府署。参政李彦颖建。"	《越中园亭记》	府署，今府山
45	南宋	棣萼堂	风景建筑	洪迈	"在云近之下，绍熙元年，洪迈领郡，以其兄丞相括乾道中尝出守，迈取给谷论中语有'别伯氏棠隐之'旧，增一门榜零之半，故名。"	《宝庆会稽续志》	今府山
46	南宋	蓬莱馆	风景建筑	史浩	"东亭在府治北……唐人如宋之问暨皆有诗。史浩改筑蓬莱来昔，然邦人犹呼之蓬莱之东。……蓬莱馆，在卧龙山左。东问津亭，北通川亭，皆临府东，大河水光皎发，宜为动人会，实都城佳观也。"	《越中园亭记》	府治以北，今府山北
47	南宋	延桂阁	风景建筑	赵彦倓	"在清海堂之间，前有岩桂甚古，守赵彦倓建。王木之阇生子美'赏月延秋桂'之句以名之地也。汪纲更新之，且添创他屋及房廊之地，居者师以为便。"	《宝庆会稽续志》	府治使宅前，今府山
48	南宋	清旷轩	风景建筑	汪纲	"在卧龙山之东。汪纲建。则有云壑。"	《越中园亭记》	今府山之东
49	南宋	清思堂	风景建筑		"清思堂，在府冶使宅前，张伯玉、赵朴有诗。"	《越中园亭记》	府治使宅前，今府山
50	南宋	美[?]堂	风景建筑	赵[?]	十二年中会以川津，内有世彩堂。	《越中园亭记》	今绍兴古城南，常……

序号	时期	园林名称	类型	相关人物	详细情况	文献出处	位置考证
51	南宋	观山堂	风景建筑	曹泳	"绍兴中曹泳所建，王十朋则云：'薄霭浅风有万端，欲将眼力见应难。但令心境无尘垢，端坐斯堂便可观。'坐废，吴格再建，汪纲又营之。"	《宝庆会稽续志》	今府山东麓
52	南宋	望山亭	风景建筑	赵不流	"望山亭，传赵不流建。望梅山，以山梅福得名，故营之。校勘记：望梅山，台湾国图日钞本，作'北望梅山。'"	《越中园亭记》	今绍兴古城西北，可望府山
53	南宋	观德亭	风景建筑	王希吕	"观德亭，尚书王希吕建，以习射，即越王台故址。"	《越中园亭记》	今府山，越王台故址
54	南宋	秋风亭	风景建筑	汪纲	"在观风之侧，其废已久，嘉定十五年，汪纲即旧址再建，复创数楹于右，以为宾客往来宴寓之地，当必有高人胜士如东坡者为赋词。辛稼轩曾赋词，纲自记于壁云：秋风亭，面东水为亭，其曲游目骋怀，幸为我留，其必游目骋怀以想日之兴云。"	《宝庆会稽续志》	今府山越王台后
55	南宋	多稼亭	风景建筑	王補之	"在望海亭之下，嘉定十年王補之修，改今名。"	《宝庆会稽续志》	望海亭下，即府山飞翼楼下
56	南宋	五云亭	风景建筑	章峴	"在卧龙山东，宋章峴建。"	《越中园亭记》	今府山东麓
57	南宋	月台	风景建筑	汪纲	"在清越堂之前，汪纲创建，旧尝有月台，环已久，其址亦不知在何所。唯王十朋一诗尚专云：'纲益筑旧台于此也。'明珠遥吐卧龙头，斩范清光万里浮。人望使君望月，更须如镜莫如钩。"	《宝庆会稽续志》	在府治（今府山）镇越堂内
58	南宋	百花亭	风景建筑	-	"百花亭在卧龙山，宋时建。"	《嘉庆山阴县志》	今府山
59	南宋	稽山阁	风景建筑	-	"稽山阁在卧龙山东隅……其址即火珠山，有乾道中程大昌赋刻梓揭于梁山。"	《宝庆会稽志》	今府山以东，原火珠山
60	南宋	陆放翁书巢	风景建筑	陆游	"越藏书有三家，日左丞陆氏、尚书石氏，进士葛氏一，于是博洽堂所有三家图籍，其二氏盖或废。陆而高盛者惟此氏。'书巢，宋放翁陆游读书处，越中藏书以陆氏为最富。尝卧蜀西川，出蜀不载一物，尽买蜀书以归。故翁自为之记。"	《嘉泰会稽志》《越中园亭记》	城西九里三山（三山别业内）
61	南宋	东篱	风景建筑	陆游	"东篱，陆放翁辞官东片地，盛种花艺木。自为记。"	《越中园亭记》	城西九里三山（三山别业内）
62	南宋	披云楼	风景建筑	-	"披云楼，齐唐有诗。"	《越中园亭记》	今址不详
63	南宋	逍遥堂	风景建筑	-	"逍遥堂，宋张伯玉有诗。"	《越中园亭记》	今址不详
64	南宋	修竹楼	风景建筑	王英孙	"修竹楼，对秦望山。宋临海王英孙构。林德旸有诗。"	《越中园亭记》	与秦望山相对
65	南宋	醋碧轩	风景建筑	-	"醋碧轩，在镜湖上。宋齐唐有诗。"	《越中园亭记》	今镜湖
66	南宋	好泉亭	风景建筑	-	"好泉亭，在云门寺外。相近有松花坞，丽句亭、智永禅师晴阁、辩才者阁，及丹井。又有放生记：云门盛时，绿山并溪，楼语重复，依山叠，金碧飞'踊。游览要目万遍。"	《越中园亭记》	今秦望山麓碧云门寺外

续表

序号	时期	园林名称	类型	相关人物	详细情况	文献出处	位置考证
67	南宋	镇东阁	风景建筑	-	"镇东阁，在府治左，吴越王镇东军门东。宋元以来，名镇东阁，明嘉靖元年毁。知府南大吉重建。康熙二十五年，又之。二十九年，知府李亨吉复建。五十三年，知府俞卿修之。乾隆五十六年，知府李亨吉重修之，高五丈四尺，东西进深四丈六尺，南北宽八丈六尺。阁上有大铜钟一，明洪武十年铸，即能仁寺钟也。""镇东阁在县治东北一里，即旧子城之镇东门。"	《越中杂识》、《嘉庆山阴县志》卷七	今绍兴古城东北
68	南宋	怀贺亭	风景建筑	史浩	"怀贺亭在鉴湖一曲，史丞相造建。"	《嘉庆山阴县志》卷七	今绍兴古城外
69	南宋	千岩亭	风景建筑	陆宰	《笔记》（陆游《老学庵笔记》）述其夫人入葬千岩，尽见南山，居于新河过此，反见南山。李庄简公坟奉祠还里，孤率李上久从容，故益怀鉴湖故庐作也。亦有云：家山好处见南山，日日当门泛晚烟。干岩亭诗是其义。	《嘉庆山阴县志》	今址不详
70	南宋	环翠塔	古塔	景斌	"建于南宋咸淳元年（1265年）。塔'初归废'，残高七层。诸番内有重，上覆盖石碑，碑呈长方形，刻有：'岁次咸淳乙亥六月念八日辛未重建戒僧善容己丑十造宝僧口造。'等字。"	《绍兴县志》	今城西北线清街道
71	元代	曲水亭	风景建筑	吕祖谦	"吕祖谦入越，缘天章寺，盖即右至兰亭，由右军书堂百余步至曲水亭，曲水蜿蜒若刻，必非流觞之旧盛，久失其处耳。"	《绍兴府志》	推测在今兰亭风景区
72	明代	大禹山摩崖	碑碣造像	张元忭	"刻冶六处，另有张元忭署名。"	《绍兴县志》	今城东五公里东湖街道
73	明代	丰山摩崖	碑碣造像	郑一麟 吴瑟忠等	明至民国题刻。	《绍兴文物志》	今柯桥区齐贤街道
74	明代	石屋禅院造像	碑碣造像	-	"在县东南十里炉峰之阴，有石撑为莲花峰，折而上，两石峡列时如刀。旧有佛寺，明嘉庆、万历间一金箔突石为沥所，禅叔于半此，里坤术波赛构书院于旁，依山书院为梵刻，即舍书院为热前...内有隐虎干、勐圈、冷香、明唐造像，坐北朝南，共四龛七尊，遂为名盆。""为明时石刻造像，像依山崖雕凿。"	《嘉庆山阴县志》、《绍兴县志》	今越城区九里村香炉峰西麓
75	明代	弥勒造像	碑碣造像	-	明代石雕造像。	《绍兴文物志》	今马数街道记峰山北侧半山腰间
76	明代	三江闸	水利工程	-	"三江闸在三江所城西门外，明嘉靖十六年（1537年）知府汤绍恩建。凡二十八孔，曰二十八宿。""明隆庆十五年丙申，郡守汤公召德安茹姬上，乃建闸于三江，秋七月，命石江伐石于大山羊山，以巨石也砥相衔，胶以生铁、灌以生铁，铺以厚石板，诸洞皆级平正。每临石洞置一大梭墩，惟近要夹只隔三洞...六易期而告成。"	乾隆《绍兴府志》、《闸务全书》	今绍兴东北三江口
77	明代	独树漆湖湖避塘	水利工程	-	"独树漆塘（图）四十里，湖周回一千一余村，湖演尤子午之冲，湖南北建坝六里，发覆筑石塘，今年不祀，抑前死，全稽张谈运回闻，内舟行取可避风涛之险，兼以早卫治县面。明天启中，有石工圈一乡绅等...道光二十九年（1849年），盖馨资产为之。五年而三又修。'维塘《捐资碑》载，清嘉庆、咸丰...同治又营阶阶塘续修缮，咸丰元年（1851年），三十年因连建大坝...复重款题修。"	《嘉庆山阴县志》、《绍兴县志》	南部齐贤街道林头村，北至齐贤街道七里江村自南而北跨越漆湖

序号	时期	园林名称	类型	相关人物	详细情况	文献出处	位置考证
78	明代	海塘（防海塘、后海塘）	水利工程	-	"会稽东北四十里有防海塘，自上虞江抵山阴百余里，以遏江水溢且。唐开元十年令李俊之增修，大历十年观察使皇甫温，大和六年令李左次又增筑。（引唐地理志）""始建年代语清《闽务全书》栽为汉，唐以来、之后代见增修，吴给事甫动加陵叠。北宋时海塘"石者三之一"，至明由于之江塘的建成，海塘全线贯通，土木断加固而完善，自此绍兴石以重护，塘体亦渐修整加固了一系列防护设施。"	《嘉泰会稽志》《绍兴文物志》	今城北沿海。东接上虞、西连萧山，境内有22公里。
79	明代	越亭	风景建筑	汤绍恩	"越望亭，在龙山巅，即望海亭故址，越人犹有以望海者名之。太守汤公绍恩建。"	《越中园亭记》	今府山山巅
80	明代	希范亭	风景建筑	萧良铭	"希范亭，即清白堂之，照磨宅屯。"	《越中园亭记》	今府山清来阁西
81	明代	仰止亭（光化亭）	风景建筑	-	"山阴星罗，亦难如山之麓。半山为仰止亭，去府一里许。其后大令之余公懋孚更建云来楼，能尽收岩山之胜。"	《越中园亭记》	今府山山麓
82	明代	紫翠亭	风景建筑	-	"卧水汗公亭谷，冶越郡有志，以具眼陷连污洒，于龙山之左峰连诗酒，与越望亭若拱揖然者，越山水之胜，此景能尽有之。当开辟时，得苏长公所遗观，越人题咏甚盛。"	《越中园亭记》	府山左，与越望亭故址（即望海亭故址）相对
83	明代	星宿阁（黯然堂）	风景建筑	-	"在卧龙山麓。城隍庙西南之迤。后为黯然堂，今尚存。"	《越中园亭记》	今府山南麓
84	明代	起卧山房	风景建筑	-	"龙山之西有雷斯，左对城隍，山房在殿之旁，尽川此处楼台、环湖皆湖，此其地也，以地胜，故存之。"	《越中园亭记》	府山西城隍庙南旁
85	明代	飞来山逍遥楼	风景建筑	朱赓	"楼凡三楹，与浮嘉东西踦角，十里之外、望而瓜之，鉴湖戊百镇汇于田眺间，如飘然浮境。"	《逍遥楼记》朱赓	今塔山
86	明代	兼山亭	风景建筑	汤绍恩	"开耀司顶，则万流无无，则万峰如木影形……兼山亭，在蕺山顶。太守汤公绍恩建。"	《越中园亭记考古》	今截山山巅
87	明代	表海亭	风景建筑	汤绍让、陈汝让	"表海亭 登蕺山之巅，有容慕然，即古秦山址矣。""在蕺山、明嘉靖十五年知府汤绍恩推官陈汝让建，岁久废。国朝康熙二十年，知府王兵重建。"	《越中园亭记·城内》《嘉庆山阴县志》	今蕺山山巅
88	明代	三友亭	风景建筑	戴鹏	"三友亭，在会稽县治内，大令戴鹏乐之，王育作记。东文育育诗故楼，大令爽节于此得端瓜，更为嘉。"	《越中园亭记》	今绍兴古城内
89	明代	嘉瓜楼	风景建筑	杨节、童中丞	"方盘有诗名，构楼为吟啸之所，今为童中丞居址矣。"	《越中园亭记》	今绍兴古城内
90	明代	横镜楼	风景建筑	-	"会稽山明之阿桥，即古之阿亭也，有曰'灵秘'，有上'守基'，'灵秘'爱其山水之佳无让于人所称者，而循其不能与东山，云门祥杨子时也，乃拓其南偏作楼焉，榜曰'群望'，出群望之上。"	《横镜楼记》刘基	今柯桥古镇景区内融光寺遗址
91	明代	霖雨亭	风景建筑	王近讷	"霖雨在府仪故库后，二王公近讷建。云门王公近库后，张之作天爱公有记。"	《越中园亭记》	明代府仪故库后
92	明代	清閟亭（稽山堂）	风景建筑	-	"清閟亭，北枕火珠山，叠石为岩洞，霖雨府其上。今稽山堂即其故趾。"	《越中园亭记》	火珠山巅

序号	时期	园林名称	类型	相关人物	详细情况	文献出处	位置考证
93	明代	呼鹰台	风景建筑	-	"呼鹰台，在石姥山。相传有异人登岩，呼鹰即下。"	《越中园亭记》	石姥山
94	明代	思古亭	风景建筑	-	"在南镇祠侧。"	《越中园亭记》	明代南镇祠侧
95	明代	光风亭	风景建筑	-	"光风亭，在城东北二十里。"	《越中园亭记》	今绍兴古城东北二十里
96	明代	镇光亭	风景建筑	-	"镇光亭，在会稽县界。"	《越中园亭记》	今址不详
97	明代	千峰阁	风景建筑	-	"千峰阁，登快山之半，迥阁揖云，秦望炉峰飞舞而集。不逾失，阁以千峰题，廊尽，一亭翼然，名息柯，尚属陈海樵山人别业，主人未箭里若重为营构，更见精工。"	《越中园亭记》	樵山人别业内，今绍兴古城内诸山之东南阜
98	明代	遂安堂	风景建筑	徐沁	"遂安堂在县西二三里。"	《嘉庆山阴县志》卷七	今绍兴西
99	明代	闲桑堂	风景建筑	徐沁	"闲桑堂在县西三里，文学徐沁建。"	《嘉庆山阴县志》卷七	今绍兴西
100	明代	孙宅（孙尚书宅、孙清简祠）	祠堂建筑	孙清简	"孙尚书宅，在山阴县署东。明嘉靖间，孙清简公建，自余姚迁居郡城建第于此。" "孙殁后曾作嵩斋祠，现存大厅及后进楼房，坐北朝南。"	《越中杂识·古迹》《绍兴县志》	今绍兴古城偏门直街31号
101	明代	司马温公祠	祠堂建筑	司马光	"在山阴县北二里。公四世孙侍郎待郎开建伯伋，景泰崇甫波，遂豪干山阴。"省志：康熙五十四年知府奉卿修。	乾隆《绍兴府志》	今市区下大路99号，东临沙文桥
102	明代	安昌城隍殿	祠堂建筑	永镇侯里	明代建筑，相传为纪念城隍"永镇侯里"所建。	《绍兴文物志》	今柯桥区安昌街道
103	明代	五王祠堂	祠堂建筑	-	明代建筑。	《绍兴文物志》	今柯桥区钱清街道
104	明代	王家民居（王家台门）	民式建筑	王氏	明代民居，明代王明明故居遗址。处西小河历史街区内。	《绍兴文物志》	今绍兴城西北王西弄池弄
105	清代	东湖摩崖	碑碣造像	陶浚宣、郭沫若等	清末至现代题刻。位于东湖风景区若耶山麓崖壁之间。	《绍兴县志》	今越城区东湖街道
106	清代	吼山摩崖	碑碣造像	孙鼎烈等	明清题刻，共计13处。	《绍兴县志》	今越城区皋埠街道
107	清代	香炉峰摩崖	碑碣造像	孙庆等	近现代题刻，位于香炉峰顶石壁上，共5处。	《绍兴文物志》	今越城区稽山街道
108	清代	柯岩摩崖	碑碣造像	霍如武、熊春寿等	题记多刻于清代，约有10余处。	《绍兴县志》	今柯桥区柯岩街道
109	始建不详	湖岙山摩崖	碑碣造像	-	古代题刻，位于湖岙山进宝庵东南侧岩壁上。现存题刻4处，落款不详。	《绍兴文物志》	今柯桥区齐贤街道

序号	时期	园林名称	类型	相关人物	详细情况	文献出处	位置考证*
110	清代	卧薪楼	风景建筑	越王句践	"卧薪楼在迎恩门外数十步，俗名箭楼。因越句践卧薪尝胆事而名，上供越王像。国朝乾隆四年毁于火。二十六年，大马后商以恒馥捐资重建。"（始建不详）	《嘉庆山阴县志》卷七	今绍兴古城迎恩门外
111	清代（始建不详）	云锁堂	风景建筑	-	"云锁堂在卧龙山东，盖百花亭旧址。"	《嘉庆山阴县志》卷七	今府山东
112	清代（始建不详）	湖上草堂	风景建筑	-	"湖上草堂在镜湖上。"	《嘉庆山阴县志》卷七	镜湖中，今址不详
113	清代（始建不详）	览胜亭	风景建筑	-	"览胜亭在柯山，览全湖之胜。"	《嘉庆山阴县志》卷七	今柯桥区柯岩风景区内
114	清代（始建不详）	紫翠阁	风景建筑	-	"紫翠阁在卧龙山。"	《嘉庆山阴县志》卷七	今府山
115	清代	布业会馆	公共建筑	布业同仁等	清光绪三年（公元1877年）布业同人集资所建，原为商界洽谈业务之所，也是绍兴一组具有清代风格的建筑群。	《绍兴》	今越城区府山街道
116	清代	钱业会馆	公共建筑	钱庄同仁	清末建筑，由钱庄同仁自发组织而形成，是钱业界议事、酬神的场所。	《绍兴文物志》	今越城区府山街道
117	清代	尚德当铺	公共建筑	王达夫	光绪二十六年（1903年），绍兴的当铺有六十四家之多，尚德当铺即是其一，老板王达夫是号称"王百万"的巨贾。新中国成立后，当铺宅院改作绍兴市工业总公司仓库和少数民族居住，建筑保存基本完好。	《绍兴文物志》	今越城区府山街道
118	清代	泰来来当店	公共建筑	许声扬	晚清建筑。系绍兴许声扬等人于1922年所开。	《绍兴文物志》	今越城区府山街道
119	清代	福康医院旧址	公共建筑	高福林	清末建筑，基督教医院旧址。清光绪二十九年（1903年），美籍医师高福林创办，即今绍兴第一医院前身。医疗技术水先进的综合性医院。1951年4月由人民政府接办，系当时绍兴城区第一医院前身。	《绍兴文物志》	今越城区塔山街道
120	清代	安徽会馆	公共建筑	商界同仁	清代建筑，系安徽驻绍商业同仁集资建造。	《绍兴文物志》	今越城区灵芝街道
121	清代	东浦同泰当铺	公共建筑	商界同仁	晚清建筑。	《绍兴文物志》	今越城区东浦街道

序号	时期	园林名称	类型	相关人物	详细情况	文献出处	位置考证
122	清代	越城天主教堂（天主教大圣堂堂）	宗教建筑	赵尔禄、谢培德、马福良等	清同治三年（1864年），法国籍神父刘安多购置土地并于同治十年堂设堂。光绪二十九年（1903年），天主教浙江代牧主教保禄委托神父谢培德及法国籍传教士马福良在府城扩建八字桥天主教堂及完善附属学校各处。今保存完好。	《绍兴文物志》	今越城区府山街道
123	清代	黄神堂	宗教建筑	秦镜	清同治十年（1871年），美国传教士秦镜创办，下辖6所支堂，民国9年（1920年）改建，今保存完整。	《绍兴文物志》	今越城区府山街道
124	清代	绍兴孙端包公殿	专观建筑	包拯	清代寺庙，为纪念北宋名臣包拯所建。	《绍兴文物志》	今越城区孙端街道
125	清代	金家祠堂	祠堂建筑	金氏	清代祠堂，为金氏家族祭祀和办理婚丧、寿喜事件的场所。主人金兰进士出身，历明代天启间官吏，历官整顿知县、御史、应天督学。	《绍兴文物志》	今越城区府山街道
126	清代	蒋氏宗祠	祠堂建筑	蒋氏	建筑始建于清康熙五十五年（1716年），乾隆十五年（1750年），形成前后三进规模。	《绍兴文物志》	今柯桥区王坛镇
127	清代	太平天国来王殿	王府建筑	陆顺德	1861年秋，太平军来王陆顺德攻克绍兴后，以此为行辕。	《绍兴文物志》	今越城区府山街道
128	清代	贺家台门	民宅建筑	贺氏	清代民居，位于鲁迅故里历史街区内。坐北朝南，现仅存大厅。	《绍兴文物志》	今越城区塔山街道
129	近代	善庆学校	公共建筑	吴善庆	民国建筑。民国三年（1914年）民族资本家吴善庆先生出资建造。	《绍兴文物志》	今柯桥区柯岩街道
130	近代	凌霄社	公共建筑	箔业同仁等	民国十七年（公元1928年）箔业同仁和地方名士重金资助建造的社会慈善公益机构，1949年停止活动。	《绍兴文物志》《绍兴》	今越城区府山街道
131	近代	陈家祠堂	祠堂建筑	陈氏	民国建筑，位于东浦村南大路口。	《绍兴文物志》	今越城区东浦街道
132	近代	俞家祠堂	祠堂建筑	俞氏	民国建筑，位于东堡村东。	《绍兴文物志》	今越城区皋埠街道
133	近代	风雨亭	纪念性建筑	秋瑾	辛亥革命纪念地。民国十九年（1930年）为纪念秋瑾烈士而建，1981年重修。	《绍兴县志》	今越城区府山街道
134	近代	东湖陶社	纪念性建筑	陶成章	民国元年（1912年）陶成章被害害后，绍兴各界人士于民国三年将原东湖通艺学堂改作陶社，以祭祀烈士。	《绍兴县志》	今越城区皋埠街道

表1-风景园林古迹现存分布

序号	名称	区位	时期	简况	类型
		越城区 古城内			
1	卧龙山（重山、种山、府山、兴龙山）	府山街道府山横街270号	春秋战国	占地约222公顷，主峰海拔74.50米。山势自东北至西南呈弧状延伸，长约一公里，曾是越国国都屏障。今山上林木郁葱，风景宜人。有越王台、文种墓、清白泉等人文遗迹。	山水胜迹
2	蕺山（王家山）	府山街道环城北路620号	春秋战国	越国遗迹，今辟蕺山公园。山巅新建文笔塔，山腰恢复戒珠寺古迹，东、西山麓建亭、阁诸胜迹数处，景添色墙。	山水胜迹
3	飞来山（龟山、塔山、怪山）	塔山街道解放南路589号	春秋战国	越国遗迹，因山之形名龟而得名。越时曾于山巅筑台以观天象。今于山北麓凿池蓄水，添廊置亭，整合一新。	山水胜迹
4	越王台	府山街道府山东南麓	春秋战国	本为越王句践台。今台系1980年重建。台五开间，周面围廊，单檐歇山顶，钢筋混凝土仿古结构，台内布置《越国史迹陈列》。1961年公布为绍兴市文物保护单位。	王室园林
5	周恩来祖居（百岁堂）	府山街道劳动路369号	明洪武十四年（1381年）	建筑坐北朝南，分三条轴线布局：中轴第一进门，第二进大厅，第三进楼；东北辟为1998年文物部门重建。周恩来祖居是绍兴保存完好的明清建筑，1997年公布为浙江省文物保护单位。	私家宅园
6	范文澜故居（锦麟桥范家台门）	府山街道胜利西路500号	清代	故居坐南朝北，原为三进三开间平房，现只保留正室一进与两侧厢房。天井前砌墙并设门斗防护，成庭院式。1993年公布为绍兴市文物保护单位。	私家宅园
7	竹丝台门	府山街道府山后街179号	清代末年	民居临街背水，外观坐北朝正方。主楼坐北朝南，三开间，厅堂饭堂后部设下河踏道，船归江者可直接停靠入宅。宅	私家宅园
8	临河台门	府山街道红旗路176号（今合桥直街）	清代末年	宅呈长方形，为二层楼房。内有厅房板天井。天井东为板天井东木小敞厅，西为走廊，廊一端有下河踏道。靠河水外廊在明间朝西设计成一方形面水小敞厅，临水挑出一段靠背栏杆。整着建筑坐水乡城的环水境特征而设立。	私家宅园
9	蔡元培故居（笔飞弄13号）	府山街道萧山街笔飞弄13号	清同治六年（1867年）前	故居坐西朝东，有门厅，大厅和座楼共三进。大厅坐西朝东，有门厅，大厅和座楼共三进。作为绍兴市保存完整的明、清民居，2001年公布为全国重点文物保护单位。	私家宅园
10	吕府	府山街道新河弄169号（西小河历史街区内）	明嘉靖年间（1522-1566年）	坐北朝南，平面布局以三条纵轴线与五条横轴线交叉展开，构成既相连接又相对封闭的十三座院落，称"吕府十三厅"与一条"水弄"，内设两条"水弄"与一条"吕府"。2001年升格为全国重点文物保护单位，同年公布为浙江省文物保护单位。	私家宅园
11	高家台门（北海桥明代住宅）	府山街道北海桥直街	明代	建筑共五进。今存大厅，后楼，东西厢房。建筑布局整齐，保存较好，1961年公布为绍兴市文物保护单位。	私家宅园
12	杜家台门	府山街道下大路兴文桥直街35号	清代	建筑共五进，坐北朝南。第一进门厅，第二进大厅，厅前设照壁，居中辟仪门。第三进香火堂，第四进后厅，第五进座楼。建筑规格较高，1993年公布为绍兴市文物保护单位。	私家宅园

序号	名称	区位	时期	简况	类型
13	缪家台门	府山街道草锁弄5号	民国	建筑坐北朝南，东、西两翼建筑建筑尚存，轴线第一进为门斗，第二进楼屋，第三进早年被改毁。天井左、右立两厢。西侧线前后两进，皆五楼坐在底加两厢。台门因地前置布局，2002年装修精致。	私家宅园
14	解元台门	府山街道西街136号（戴山历史街区内）	明代	建筑坐北朝南，仅存大厅、座楼、天井、东西厢房，其余都已改建。	私家宅园
15	姚家台门	府山街道龙山后街6号（越子城历史街区内）	明清时期	建筑坐西朝东，前后三进，两侧沿墙设廊。	私家宅园
16	宋家台门	府山街道新河弄77号（新河弄历史街区内）	明清时期	台门坐北朝南，五进，东西两侧设屋廊连通。第一进为门屋，第二进大厅，第三进座楼，第四进侧有水井一口。	私家宅园
17	施家台门	府山街道戴山街西街（书圣故里历史街区内）	清代末年	建筑坐南朝北，前后四进，依次为门屋、大厅、座楼、后门屋。	私家宅园
18	下大路陈家台门	府山街道下大路159号（西小河历史街区内）	清代末年	建筑坐北朝南，共三进。第一进面阔九间，第三进楼屋，楼上前为走廊，用方柱围栏。2011年公布为绍兴市文物保护单位。	私家宅园
19	钱家台门	府山街道新河弄14号	明代	建筑坐北朝南，三开间，共四进。前有围墙，入口在东侧。第二进经走廊大门；第三进楼已改为平屋；第四进亦为平屋。	私家宅园
20	越城陈家台门	府山街道上大路（西小河历史街区内）	清代	建筑坐南朝北，五间四进，两侧有厢房相连。第一进门厅，第二进大厅，第三进楼房，天井左右有石水池各一。	私家宅园
21	马家台门	府山街道新河弄79号	清代末年	建筑坐北朝南，三开间五进，第一进平屋，第二进，第三进为座屋，天井西北角有水井一口。三进天井东西均有侧厢。第四进楼屋，民国建；第五进为三间平屋，天井西北角有水井一口。	私家宅园
22	华家台门	府山街道仓桥直街223号	清代	为"华源酱锡店"店铺和华氏五房合宅之地。建筑坐东朝西，依次为门屋，座楼，厅堂，后院有水井一口，南设厢房、锡园楼。	私家宅园
23	杨家台门	府山街道胜利西路	民国	建筑坐南朝北，依次为门斗、大厅、坐楼。	私家宅园
24	西园	府山街道府山西路	五代十国	中华人民共和国成立后仅存王公池一隅，2000年以来代风格为基调重建，以王公池为主体布置亭楼，配诗名家题联，建筑间栽花植树，风光醉人。	私家宅园
25	鲁迅故里	塔山街道鲁迅中路235号	清道光八年（1828年）	今鲁迅故里景区，含鲁迅故居（周家新台门）、鲁迅祖居（周家老台门）和三味书屋等。鲁迅故居居鲁迅少时生活场所，三味书屋是绍兴市区仅存完整的清代民居。1988年公布为全国重点文物保护单位。	私家宅园
26	秋瑾故居	塔山街道和畅堂35号	清万历年间（1573-1619年）	坐北朝南，共五进。第一进门厅，第二进大厅，第三进至第五进为平屋，各进均有置物陈列。故居保存完整。1988年公布为全国重点文物保护单位。2004年恢复故居原有置物原状陈列，各进均有置物陈列。	私家宅园
27	青藤书屋	塔山街道前观巷大乘弄内	明代	石库台门东向，入内为庭院，穿过庭院即书屋，为厅屋一顶，天井内置天池，植青藤，植青藤。1963年公布为浙江省文物保护单位。2006年与绍兴墓合并，以青藤书屋作为绍兴国家级重点文保单位的	私家宅园

序号	名称	区位	时期	简况	类型
28	陈建功故居	塔山街道人民中路345号	民国	故居名库门门闩间，平屋二进，中有天井相隔，各进皆三间。东、西厢房相向而建，呈四合院式。1993年公布为绍兴市文物保护单位。	私家宅园
29	章学诚故居	塔山街道辛弄1号	清代末年	坐西朝北，背靠塔山。三开间三进，依次为门室、楼屋。两进中辟石库门。2011年公布为绍兴市文物保护单位。	私家宅园
30	沈园	塔山街道鲁迅中路318号	南宋	现代沈园占地总面积约57亩，地形西高东低，分内外苑。东苑和南苑三大部分。1963年公布为浙江省文物保护单位。现代以壁画、爱国主题题诗扩建。	私家宅园
31	赵园	塔山街道人民中路418号	清乾隆年间（1736-1795年）	原为赵焊别业，旧时占地二十余亩，有晴翠楼。听莺桥等二十余处建筑。现已改作儿童公园，内有赵之谦纪念馆。	私家宅园
32	邹家台门（邹家花园）	塔山街道百章园社区若耶第28号	清代	门屋坐南朝北，入门依次经由天井、客厅、花园、花园。花园北立楼房。以照墙隔为内外两小园，园中有水池、池周限山环绕，穿假山洞门可至内园，天井东西内有曲廊沟通内外园。2002年公布为绍兴市文物保护单位。	私家宅园
33	谢家台门	塔山街道延安路413号	明代末年	建筑坐北朝南，分东西两条轴线布局。东轴线尚存三进，前进为北方，中进为座楼，后进尚存一间楼屋。建筑规模较大，保存较好。2002年公布为绍兴市文物保护单位。	私家宅园
34	寿家台门（三味书屋）	塔山街道鲁迅中路241号（鲁迅故里历史街区内）	清嘉庆年间（1796-1820年）	系鲁迅（周树人）塾师寿镜吾先生的住宅。建筑坐北朝北，共四进。依次为门屋、大厅、座楼、平屋，东厢房。	私家宅园
35	张家台门	塔山街道都昌坊	清代	现建筑为二进。前方、后楼，天井两侧置厢房。	私家宅园
36	东咸欢陈家台门	塔山街道东咸欢河沿（鲁迅故里历史街区内）	民国	建筑坐北朝南，共四进。屋顶硬山造。第一进为台门斗，第二进为厅堂，第三进香火堂，第四进为座楼，后有廊披。	私家宅园
37	戒珠寺	府山街道西街72号（戬山南麓）	东晋永和年间（345-356年）	建筑坐北朝南，现有山门、大殿、厢房、大殿今辟为展室。布置王羲之史料陈列。1961年以"王羲之故宅"公布为绍兴市文物保护单位。	专观园林
38	龙华寺	府山街道都泗门746号（八字桥历史街区内）	南朝宋元嘉二十四年（447年）	现有大殿、藏经阁、放生池等。大殿系民国建筑，坐北朝南，三开间，前檐为一双步廊，阴阳合瓦，硬山造。	专观园林
39	大通学堂（大通体育专门学堂）	府山街道胜利西路563号	清光绪三十一年（1905年）	坐北朝南，按东中西三轴线布局。中轴线依次分门厅、会议室、教室等；东轴为秋瑾办公室、会议室、礼堂"徐社"；西轴为学生宿舍与教室。大通学堂是清末发动会党活动中心与推动浙江革命的重要据点。2006年与绍麟故居合并公布为国家级重点文物保护单位。	书院园林
40	越城府儒学	塔山街道鲍家桥河沿105号鲍山中学内	清代	建筑坐北朝南，今仅存载门、泮池、大成门。大成门后原有大成殿，现仅存台基。府儒学是绍兴市区现存的古代教育建筑设施，格局清晰，存今建筑完好。2002年公布为绍兴市文物保护单位。	书院园林
41	贺秘监祠	府山街道劳动路277号	唐代始建，民国重修	今祠坐南朝南，占地面积约1500多平方米，由崇贤堂、怀爰亭等组成，是绍兴市区唯一一处仿唐建筑。	祠堂园林
42	文种墓	府山街道府横河258号府山东北隅	公元前472年	现墓为1981年在原址重建，朝向东北，呈圆形，高1米。墓前建石亭，亭内立墓碑，阳刻"越大夫文种墓"，阴刻《重修文种墓碑记》。1961年公布为绍兴市文物保护单位。	明刻墓葬

续表

序号	名称	区位	时期	简况	类型
43	府山唐宋摩崖题刻	府山街道府山景区（飞翼楼下）北山坡	唐至清历代	唐宋摩崖题刻在2米高的青石上，题刻高1.58米，宽0.93米。有唐代、宋代、明清题刻共计12处。1961年公布为绍兴市文物保护单位。	碑碣造像
44	董昌生祠题记	府山街道蕺山东麓稽山书院下自然岩壁上	唐代	石高大约1.50米，宽3.30米。楷书题文曰："唐景福元年，岁在壬子，唯救建节度使相国陇西公生祠堂"，其后题年月。1963年公布为绍兴市文物保护单位。	碑碣造像
45	维卫尊佛像	府山街道偏门直街75号绍兴博物馆内	南朝齐永明八年（488年）	高0.58米，通身青石雕凿而成，外施贴金，现陈列于绍兴博物馆。为国家一级文物。	碑碣造像
46	秋瑾纪念碑	府山街道解放北路轩亭口	民国十九年（1930年）	碑正面向西，方形，分碑座及碑身两部分，四周设以围栏。碑身上端镌张静江书"秋瑾烈士纪念碑"七字，碑座刻有蔡元培撰、于右任手书碑记。	碑碣造像
47	八字桥（八士桥）	府山街道八字桥直街东端	南宋嘉泰前	梁式石桥，高5m，净跨45m，净宽3.2m，是绍兴城内历史最悠久著名的古桥。1963年公布为浙江省文物保护单位。	古桥闸塘
48	光相桥	府山街道环城北路	南宋嘉泰前	现桥为元至正年间重建。系南北跨单孔石拱桥，全长30.28米，宽6.90米。造型雄浑，结构稳固，是市区最早的石拱桥。1961年公布为绍兴市文物保护单位。2013年以"绍兴古桥群"公布为全国重点文物保护单位。	古桥闸塘
49	广宁桥	府山街道广宁直街	南宋前	系南北跨单孔七折边石拱桥，全长57.20米，宽5米。1997年公布为浙江省文物保护单位。2013年以"绍兴古桥群"公布为全国重点文物保护单位。	古桥闸塘
50	龙华桥	府山街道东池路	明代末年	系东西向单孔石梁桥，桥面长5.50米，均刻有石槽。桥南壁饰有石碑一块，碑文清晰可见。桥栏外侧刻有"龙华桥"三字，北侧河两岸立有两台石。	古桥闸塘
51	题扇桥	府山街道蕺山街中段，横跨昌安河	清代	系东西向单孔半圆形石拱桥，全长18.50米，净宽2.10米。净宽4.60米。桥台略呈弧形，置圆心心。1989年于桥西南侧立碑书"晋王右军题扇桥"。1993年公布为绍兴市文物保护单位。2013年以"绍兴古桥群"公布为全国重点文物保护单位。	古桥闸塘
52	则水牌跨龙桥（化龙桥）	府山街道	清代	系东西跨单孔水涵桥，全长9.90米，宽6.90米。北面桥板刻面如"化龙桥"三字。桥上架文昌阁，南、三伺两弄，南侧辟廊廊状人行连。1993年公布为绍兴市文物保护单位。	古桥闸塘
53	谢公桥	府山街道新河弄西端，横跨漕河	清代	系东西跨单孔七折边石拱桥，全长28.50米，净跨8米，顶部宽2.95米。拱券石上刻有题记及莲花图案。2002年公布为绍兴市文物保护单位。2013年以"绍兴古桥群"公布为全国重点文物保护单位。	古桥闸塘
54	宝珠桥	府山街道龙山后街，横跨内城河，东接城市广场	明嘉靖年间（1522—1566年）	系东西跨单孔石拱桥，总长30米，宽3.95米。桥下设有纤道，有龙门七块，浮雕团龙等图案。北侧金刚墙上有龙门石，桥面两边设石栏。2002年公布为绍兴市文物保护单位。	古桥闸塘
55	锦鳞桥	府山街道胜利西路	清代	系南北跨单孔马蹄形石拱桥，桥长15.20米，桥面净宽2.70米，两边设实体石桥栏。拱券纵联分节并列砌筑。	古桥闸塘
56	咸宁桥	府山街道蕺山街以东，戒珠寺前	清代	系南北跨单孔石梁桥，桥长19米，桥面净宽1.46米，两边设实体石桥栏，上刻"咸丰九年（1859年）四月未重建"。	古桥闸塘
57	迎恩桥（菜市桥）	府山街道西郭门（又名迎恩门）	明天启六年（1626年）	系南北向单孔七折边石拱桥，全长19米，为纵观现存桥径最大的七折边形拱桥。左、右两边边顶石上有"迎恩桥"三字，引桥拦上遗有金钱形图案等。桥望柱顶端各置有6只形态各异的石狮。2013年以"绍兴古桥群"公布为全国重点文物保护单位。	古桥闸塘

序号	名称	区位	时期	简况	类型
58	大木桥	府山街道龙山后街，跨环山河	清代	系南北跨向单孔马蹄形石拱桥。桥全长17.50米，桥面净宽2.30米，拱券系纵联分节并列砌筑。桥两边设各石板，桥上有龙门石刻。	古桥闸塘
59	纺车桥	府山街道纺车桥河沿东首	清代末年	系东西跨向单孔石梁桥，桥面长6.50米，桥面净宽2.20米，两边置石栏板。栏杆外侧有清代刻字云草、金钱等图案。	古桥闸塘
60	东双桥	府山街道东街路东首	宋前始建，民国重建	系东西跨向单孔圆形石拱桥。桥面长5.65米，桥面净宽8.40米。于2011年公布为绍兴市文物保护单位。	古桥闸塘
61	小江桥	府山街道解放北路大江桥东侧，跨萧山运河	宋前始建，民国重建	系南北跨向单孔圆形石拱桥。桥面长3.55米，净宽3.15米。桥面两侧石栏板各靠石凳式，同心处系几式望柱，上雕刻精致图案。	古桥闸塘
62	望春桥	府山街道东街路东首，东双桥桥旁	民国	系南北跨向单孔石梁桥。桥面长6.25米，净宽3米。桥面板外侧有"望春桥"三字。现修复下河道已重盖。2011年公布为绍兴市文物保护单位。	古桥闸塘
63	星郎桥（星期桥、景宁桥）	府山街道解放南路、辛亥交叉口以东	明代	系东西向单孔石梁桥，横跨南河。桥长14.00米，桥径3.20米。桥面两边实体石栏板南侧砌有"景宁桥 大明嘉靖元年（1522年）一月"字样。	古桥闸塘
64	望花桥（建安桥）	府山街道解放南路南街交叉口以东	明代	现为东西向单孔石梁桥，全长14米，桥面净宽2.15米。桥面由五块石板铺成，北侧石板上刻"望花桥"三字。石板上方有刻字。	古桥闸塘
65	大庆桥	府山街道解放南路府河街	明代	系东西跨向单孔圆形石拱桥。桥面长7.80米，桥面净宽2.80米。南宋诗人陆游在《剑南诗稿》卷六十四《梦作》中曾咏及此桥。	古桥闸塘
66	凰仪桥（王义桥）	府山街道鲁迅西路-仓桥直街交叉口	明代	系东西跨向单孔圆形石拱桥。桥面长3.20米，桥径3.05米。桥面两侧石栏板上题"凰仪桥"，上款"道光十九年六月立"，下款"里人重修"。	古桥闸塘
67	拜王桥	府山街道鲁迅西路-环城西街交叉口	清代	系南北跨向单孔五折边形石拱桥，桥全长26.30米，净宽3.25米，桥面纵联实体石栏板。拱券纵联分节并列砌筑。2013年以"绍兴古桥群"公布为全国重点文物保护单位。	古桥闸塘
68	金生桥	府山街道照筒弄北首	清代	系南北跨向单孔圆形石拱桥，横跨咸欢河，全长10.70米，桥面净宽2.70米。南引桥上有残碑，为捐资修建桥碑。	古桥闸塘
69	仓西古井	府山街道合作拜弄	明天启二年（1622年）	井壁条砖砌成圆形，石板压口，上置外小八角，内圆形井圈。圈内明刻"天启二年（1622）七月吉旦陈肖中全男天酉天乐善舍"。	泉井牌坊
70	马龙井	府山街道合作拜弄	清嘉庆十七年（1812年）	单眼砖圈。井壁条石错八角叠成。井圈石质，圈外有清代刻字。井上覆石亭。	泉井牌坊
71	龙湫泉	府山街道府山南麓	清代	池呈长方形，东西长2.87米，南北宽2.30米，北壁以条石叠砌，其余为天然石壁。南面设有路跺。原址东西各立石碑，今仅存西侧碑。	泉井牌坊
72	火神庙戏台	府山街道府山公园越王殿东侧	不详，距今至少500余年	戏台坐南朝北，歇山顶，演区上方为"鸡笼顶"，保存完整。四柱通体花岗石，前柱有楹联。1997年作原构件移入府山公园，改为坐西向朝东南。	古戏台
73	府山公园盆景园戏台	府山街道府山公园盆景园内	清代末年，1980年重建	由华华镇一社曲作原构件移入。戏台倚山风，前柱与上下场门屏风有楹联，左右石库门门框瑞兽等石雕，前柱"牛腿"亦雕人物故事。戏台特色可见原建地应为经济富庶，工匠制作水平极高之地。	古戏台

序号	名称	区位	时期	简况	类型
74	头陀庵街台	府山街道保佑桥直街原62号处，临近闹市（鲁迅故里景区内）	清道光六年（1827年）前	单檐歇山顶，圆形台柱、木雕牛腿、石兽台基，石面镌有回纹卷草等深雕。台前有檐联及落款。20世纪30年代此台传演"平安大戏"等，1949年后因"废戏"受累而改为民居。不复旧观。	古戏台
75	土谷祠戏台	塔山街道新建南路子桥埂（鲁迅故里景区内）	不详	坐北朝南，歇山顶，台柱石质方形，面有"T"形结构台。戏台于1981年重修，恢复其古城旧时戏台设规房，台前檐下有"恩施东渐"匾。戏台于1981年重修，是绍兴市保存最完整之跨街戏台。	古戏台
76	飞翼楼（望海亭）	府山街道府山之巅	春秋越国	本为越国宫城军事哨所，早记。约唐时初筑享，易名望海亭。1981年仿汉八角亭式重建，恢复望海楼之名。1998年仿汉阙楼式重建。	风景建筑
77	府治围墙遗址	府山街道府山东南坡	五代十国	五代十国城垣，现残存两段：越王殿身后西侧一段长约6米，下部砌条石，上部砌毛坯纹砖。越王台至越王殿之间西侧一段，青砖平砌。	城防建筑
78	古越藏书楼	塔山街道胜利西路503号	清光绪二十三年（1897年）	楼宇屋共四进，楼屋是我国收藏典籍之所，其中第二进中有公共阅书处，已修饰一新。古越藏书楼楼建承了封建藏书楼的传统，又汲取了当时西方创办图书馆的经验。1989年公布为浙江省文物保护单位。	公共建筑
79	应天塔	塔山街道解放南路589号塔山之巅	东晋年	今塔六面七层，六面七层，砖砌式结构，弯窿式。中共、塔檐组成，塔内壁保存有一方线刻菩萨像，已修葺完好。仍保持明显末式制度。塔内壁保存有一方文物保护单位。	古塔
80	大善塔（大善寺）	府山街道解放北路劳动路交叉路口西侧城市广场内	梁代天监年间（502—519年）	今塔高约40米，六面七层，砖木混合楼阁式，弯窿式、香堂（座堂）和东西两厢。孙府主体建筑尚存，且三重檐结构的明代香火堂建筑尚存。2019年公布为绍兴市文物保护单位。	古塔
81	孙府简祠（孙宅）	府山街道偏门直街26号附近（越子城历史街区）	明代	柜坐北朝南，今天井，有厅厅、大殿、后楼，门厅后戏台已损。	祠堂建筑
82	药王庙	府山街道下大路100号	清代	今存系民国建筑。坐北朝南，有厅厅、大殿、后楼，门厅后戏台已损。	专观建筑
83	火神庙	府山街道龙山后街（越子城历史街区内）	清代	今存系清代建筑。坐北朝南，三间两进，前殿正贴结构穿斗梁式，后殿贴正架抬梁式。边立中柱、前后均为双步梁。2015年公布为绍兴市文物保护单位。	专观建筑
84	静修庵	府山街道仓桥直街170号	清道光年间（1821—1850年）	清代建筑。位于绍兴市区仓桥直街。前后二进，坐西朝东，前后二进，即山门、大殿，南北有厢房。其中北厢房辟门通道。	专观建筑
85	长庆寺（宋代竹园寺）	塔山街道新建南路339号	唐代	现存长庆寺坐西朝东，山门一开间，进门左侧有天井，过天井为三开间大殿。2005年于大殿后修复后殿，亦三开间。	专观建筑
86	土谷祠	塔山街道鲁迅中路鲁迅故里景区内	不详	祠仅存一间门面，内供奉土地神。土谷祠废址多年，1981年修复了门面，现已据原址重建并恢复旧观。今不存。	祠堂建筑
87	司马温公祠	府山街道城区下大路98号	明代	祠厅厅、大厅，坐北朝南，大厅一进，即门厅、大厅。天井两侧有厢房。	祠堂建筑
88	金家祠堂	府山街道鉴湖社区	清代	祠堂坐北朝南，共三进，前后四进，今尚存东侧部被毁。今仅存门厅（仪门）一进及西厢房。	祠堂建筑
89	太平天国来王殿	府山街道下大路101号	1861年秋	原貌规模宏大，前后四进，现仅存大厅，抗日战争以来大部分被毁。今仅存门厅（仪门）一进及西厢房。明间汉今五架抬梁，次间及梢间穿斗式。1961年公布为绍兴市文物保护单位。	王府建筑
90	贺家台门	塔山街道柔遁寺	清代	建筑坐北朝南，现仅存大厅，五开间，明间汉今五架抬梁。前檐有船篷轩式。前廊及梢间穿斗式，后槽有两个单	民宅建筑

序号	名称	区位	时期	简况	类型
91	王家民居（台门）	府山街道王衙弄（西小河历史街区内）	明代	明代王阳明故居遗址。建筑坐西朝东，楼房、楼屋，面阔四开间加二弄，部分已毁。阴阳合瓦，南向歇山式，北向硬山式。2015年公布为绍兴市文物保护单位。	民宅建筑
92	布业会馆	府山街道北后街24号	清光绪三年（1877年）	建筑群坐北朝南，置东西两轴线。西轴依次为门厅、楼屋、台阶心。第四进依次为门厅、楼屋、合议处。2011年公布为绍兴市文物保护单位。	公共建筑
93	钱业会馆	府山街道笔飞弄7号（书圣故里历史街区内）	清乾隆四十五年（1780年）	建筑坐西朝东，布局别致，1993年东西两轴线，第四进改建。东轴现存第二进楼屋。建筑，2002年公布为绍兴市文物保护单位。	公共建筑
94	凌霄社	府山街道郡庙龙山北麓	民国十七年（1928年）	建筑坐西朝东，前后两进。第一进正楼，两进之间设左、右厢楼。是绍兴目前保存较为完整的会馆建筑，2017年公布为绍兴市文物保护单位。	公共建筑
95	尚霆当铺	府山街道截止海桥直街86号	清代末年	今仅存佛教堂、堂面石砌水池上"渡世连梁"杯。凌霄社面山藏水，建造精致，是脉具园林之胜体和地方特色的建筑群。	公共建筑
96	泰来裘当铺	府山街道北海桥直街15号	清代末年	建筑坐西朝东，中轴线上依次为门屋、仪门、前楼、后楼，两侧连以厢楼。南侧通有天井，南侧有附房6间。北侧需避弄有天井，当铺平面规整，格局森严。2002年公布为绍兴市文物保护单位。	公共建筑
97	咸亨酒店	塔山街道北海桥中路鲁迅故里景区内	1984年前后	许声杨等人于1922年所开。建筑坐南朝北，三开间两进，东西立两厢。第一进门厅单坡平屋，第二进楼厅，第三进楼房。	公共建筑
98	福康医院旧址	塔山街道胜利东路（第二医院内）	清光绪二十九年（1903年）	鲁迅族叔周（中翔等人开设，为鲁迅小说《孔乙己》中场景之原型。"大白遗风"的首饰铺台，书"大白遗风"，陶质酒缸，温酒用壶筒等。今存建筑一进，南北向，九开间，每单元为一单元，每单元中间底层砖坪门，两边设西式门窗，立面装饰西式花纹，中西合璧。2002年公布为绍兴市文物保护单位。	公共建筑
99	越城天主教堂（天主教大圣若瑟堂）	府山街道八字桥直街24号	清代末年	教堂建筑面积380平方米，讲厅内置若慈祭台。讲厅左、右两侧立有神龛，进厅左、右两侧设钟楼。1993年修复基本完好。东侧旧有教堂布厂。建筑布局完整，保存基本完好。过街南有教堂布厂。	宗教建筑
100	真神堂	府山街道光东街81号	清代末年	教堂为三层木结构楼房。平面分门厅、讲厅两部分，门厅顶设钟楼。真神堂保存完整，2002年公布为绍兴市文物保护单位。	宗教建筑
101	徐社	府山街道胜利西路663号大通学堂内	民国六年（1912年）	1980年于大通学堂第三进复设徐社，并辟内徐锡麟生平事迹纪念室，陈列徐锡麟遗物与部分史料。明间正中悬挂田桓手书"徐社"匾额。	纪念性建筑
102	风雨亭	府山街道府山西南峰上	民国十九年（1930年）	今亭系1981年重修，八角攒尖顶，八角形攒尖顶，额枋上悬"风雨亭"匾，左右石柱上镌刻孙中山所撰、田桓所书楹联。	纪念性建筑
103	府中学堂鲁迅工作室	府山街道胜利西路越府路中学堂旧址	清代	工作室系西式建筑，砖木结构，五开间二层楼，楼下靠东第一间即当年鲁迅办公和休息之处。1990年对工作室进行了修缮，并辟为鲁迅纪念室，作陈列布置。1979年对工作室进行了修缮，并辟为鲁迅纪念室。	纪念性建筑
				古城外	
104	矩茶山（石匮山、石篑山、玉笥山、天柱山）	皋埠街道阳明路西	春秋战国	是文化意义上的会稽山主峰。其南麓为"阳明洞天"（"会稽山洞"），洞天北部、横亘着一组山峦。南麓各底有龙端营遗址，其西为《龙洞营记》刻石。此外，犹存"禹穴""禹井""阳明泉"等地址。	山水胜迹

续表

序号	名称	区位	时期	简况	类型
105	叽山（大山、狗山）	皋埠街道叽山村104国道叽山风景区	春秋战国	越中胜迹。历经采石而自然造化，留下众多怪石奇岩，洞壑深潭、洞窦深潭，现辟为叽山风景区，以石景见长，主要景点有棋盘岩、云石嶂和剩水荡。	山水胜迹
106	箬篑山（绿门山）	皋埠街道云东路东湖风景区	秦朝	为一座竹树繁盛的青石山。因古代采石，山之东北尽被削去，在陶浚宣的营建下形成峭壁陡立、湖水幽泓的东湖。	山水胜迹
107	犾犾湖	灵芝街道环湖路路犾犾探湖	明代	湖貌呈长方形，水面面积2.4平方公里，为绍兴平原最大的天然淡水湖，今为镜湖湿地公园内重要景点之一。	山水胜迹
108	镜湖	灵芝街道群贤路中路	东汉永和五年（140年）	古代鉴湖遗存。今开发为镜湖国家湿地公园，分梅山景区、十里荷塘景区及儿童公园三部分。	山水胜迹
109	香炉峰	稽山街道炉峰禅寺内	夏朝	海拔354.7米，因峰顶形似香炉而得名，为一处佛教寺院与风景名胜兼有的游览胜地。山上有炉峰禅寺、建筑，亭桥依山顺势布局。	山水胜迹
110	亭山（陈音山）	北海街道原亭山乡	东晋安帝义熙元年（405年）	属禹本山脉，东南至西北走向，山势起伏，主峰海拔120米，是旧时山阴道途径的风景胜地。2003年有关部门在亭山上修建"永和诗"以欣赏山阴道上风光。	山水胜迹
111	徐锡麟故居	东浦街道孙家娄	清代	今故居系1987年整修而成。平面三进，有门上、大厅、座楼，藏书楼和祠映和楠书屋等，保存较为完好。屋后临河设踏道船埠，颇具水乡民居特色。1997年公布为浙江省文物保护单位，2006年6月与大通学堂合并公布为全国重点文物保护单位。	私家宅园
112	朝北台门（鲁迅外婆家）	孙端镇安桥头村镇嘴殿公路（村民委员会北约100米）	清代	台门，坐南朝北，砖木结构，共三进，宽三间。两进中隔天井，第二进后有小园，栽有花木。1987年公布为绍兴县县级文物保护单位。	私家宅园
113	陶堰南野堂	陶堰街道南湖村内	明代	明代官第。建筑坐北朝南，均硬山造，前后四进，为门厅、大厅、座楼。第四进原为母楼。因台风毁坏而易为平屋。建筑整体保存基本完好，1987年公布为绍兴县级文物保护单位。	私家宅园
114	陶成章故居	陶堰街道陶堰村488号	清代末年	故居坐北朝南，砖木结构，共三进，每进三间。第一进平屋，第二进楼房，东侧有平屋四间，南端第一间系陶成章卧室。1987年公布为绍兴县级文物保护单位。	私家宅园
115	梅山陈家台门	灵芝街道梅山乡	清代	建筑共四进，依次为门屋、大厅、香火堂、座楼。陈家台门建筑规模大、规格高，保存好。2002年公布为绍兴市市级文物保护单位。	私家宅园
116	豆姜鲍氏旧宅建筑群	马山街道西豆姜村内	民国	由鲍氏八座房和老院两部分组成，系砖木结构西式建筑。建筑规模较大、装饰精美、工艺精湛，是绍兴盐商豆姜在乡村中所营建的一座独特的西式民居。2002年公布为绍兴市市级文物保护单位，2005年公布为浙江省文物保护单位。	私家宅园
117	宁双冯家台门	马山街道宁双村南隅	民国	建筑坐北朝南，前后四进，依次为：门屋、楼厅、座楼、平屋。天井东、西有厢房，另东西两列又建两列厢房。住网规整，左右对称。2015年公布为绍兴市市文物保护单位。	私家宅园
118	筠溪郑氏民居	鉴湖街道筠溪望村筠溪自然村	清代	建筑坐东朝西，为砖木结构二层楼房。前后二进，一进为楼屋，二进为座楼。左右建有侧厢，南面设围墙，居中辟石库门，平面呈四合院式。	私家宅园
119	筠溪民居	鉴湖街道筠溪望村筠溪自然村	清代末年至民国	建筑坐北朝南，平面布置呈U字形，主体建筑为楼屋一幢，左右立侧厢，南面设围墙，居中辟石库门，上有门…	私家宅园

序号	名称	区位	时期	简况	类型
120	南池民居（王槐堂）	鉴湖街道南池老街西侧	民国	民居坐西朝东，砖木结构。前后二进，依次为门屋、厅堂。天井两侧建厢楼与宇堂相贯通，呈四合式院落。门窗装饰尚西式，整组建筑融中西文化于一体。	私家宅园
121	东湖	皋埠街道云东路东湖风景区	清光绪二十二年（1896年）	邑人陶浚宣购地而建，沿藥篑山生势壁有长堤，堤分为河，堤内为湖。同时建桥铺路，添置亭台，成为越地风景名胜之一。2011年以"东湖石宕遗址"公布为浙江省文物保护单位。	私家宅园
122	石宕庙	鉴湖街道芳泉村内	清嘉庆年间（1796~1820年）	建筑坐北朝南，原后殿、钟楼、侧殿已毁，今存戏台和大殿，南为水池。	专观园林
123	琵琶山庵	鉴湖街道塘湖江村琵琶坂琵琶山麓	清代	建筑坐北朝南，依山而筑，由山门、戏台、厢房、大殿和配殿构成。	专观园林
124	炉峰禅寺	稽山街道香炉峰上	南朝末年间（420~479年）	今寺为1949年以来陆续重建，内有天王殿、钟鼓楼、放生池等建筑。	专观园林
125	禹庙	稽山街道禹陵村（今大禹陵景区内）	传说夏朝立禹祠，南朝梁时修庙。	禹庙依山而筑，坐北朝南，中轴有午门、拜方、大殿三进，顺山势逐级抬升。殿旁有窆石亭、碑亭、"菲饮泉"摩崖等。禹庙基本保留明清风貌，1963年公布为浙江省文物保护单位，1996年升格为全国重点文物保护单位。	专观园林
126	马臻庙（马太守庙）	北海街道跨湖桥直街1号	汉代	今庙为清末建筑，由前殿、大殿与左右看楼构成。大殿东西两壁上端原绘有32幅马臻治水彩画，观已模糊。	专观园林
127	小云栖（道教院、兴教禅寺，云栖寺）	北海街道原亭山乡云栖村	五代后晋天福四年（939年）	今存为民国专院，有大殿、厢经楼、东西厢楼，山门已改建。山门后天井，东西有厢各三间。	专观园林
128	锡飞寺	富盛镇后栎村诸葛山	清顺治三年（1646年）	位于诸葛山山巅。民国二十六年（1937年）仅存庵堂14间，现于日比募资重建。	专观园林
129	义峰寺	富盛镇北山村义峰山	南宋景定五年（1264年）	现有大殿三进，寺舍二十余间。寺前有三株古樟，年代颇为久远。	专观园林
130	热诚学堂	东浦街道今热诚小学	清光绪三十年（1904年）	正门坐东朝西，上坎石碑，书"热诚学堂"。教育旨为坐北朝南的西式建筑，正中两间辟为"徐锡麟纪念堂"，北侧有徐锡麟藏枪小池。1985年公布为绍兴县级文物保护单位。2011年公布为浙江省文物保护单位。	书院园林
131	大禹陵	稽山街道二环东路大禹陵景区	上古时期	夏代大禹之陵寝，今大禹陵景区，由陵寝、禹庙、禹祠组成，其中禹陵是全国唯一的纪念墓地。1996年11月公布为全国重点文物保护单位。	陵寝墓园
132	宋六陵	富盛镇宝山南麓（今绍兴园茶场内）	宋代	今陵墓已毁，部分遗址尚存。1987年以来，文物部门划定保护范围，树立石刻保护标志以加保护，并对陵区古松采取了妥当的救治措施。1989年公布为浙江省文物保护单位。2013年公布为全国重点文物保护单位。	陵寝墓园
133	马臻墓	北海街道跨湖桥直街1号	东汉	现墓为1982年文物部门原址修复，南向，墓碑横"敕封利济王东汉会稽郡太守马公之墓"，墓前有石牌坊，东立庙。1963年公布为浙江省文物保护单位。墓面为前设长方形石祭桌。	陵寝墓园

续表

序号	名称	区位	时期	简况	类型
134	祁彪佳墓	北海街道原亭山乡亭山南麓	明代	质量规模较大，墓前角亭列设翁仲、石马等石像生，惜均毁于"文革"期间。今墓址尚在。1979年公布为绍兴市文物保护单位。	陵寝墓园
135	徐锡麟衣冠冢	东浦街道东浦街道箬星村罗卜桥头	民国	今冢占地近亩，圆冢尖顶，周砌条石，上覆泥土，前有墓碑、祭桌、拜台和墓道。道旁竖墓表一对对联。	陵寝墓园
136	陈洪绶墓	鉴湖街道官山岙村横棚岭北麓	明末	今冢依山而建，坐南面北。	明贤墓冢
137	陈家祠堂	东浦街道东浦村南大路口	民国	建筑坐北朝南，前后二进，左右侧厢，平面呈封闭式四合院落。第一进门厅，第二进厅堂。	祠堂建筑
138	俞家祠堂	皋埠街道东堡村东	民国	建筑坐北朝南，前后共三进，依次为：门厅、厅堂和香火堂。2011年公布为绍兴市文物保护单位。	祠堂建筑
139	吼山摩崖	皋埠街道吼山风景区内	明代末年	摩崖共计13处。题刻有"放生池""鱼计""静况""山辉川媚"及《武陵源》七绝，"云石"（民国鲍彬）、"棋盘石""一线天"，亦有"曹山摩崖铭"一文（陶陵龄）一篇（孔鼎烈）。	碑碣造像
140	东湖摩崖	皋埠街道云东路东湖景区内箬篑山上	清代末年	题刻共15处。"跳珠""伏秀"由闽南蔡绥候于光绪己卯年（1903年）所书；此外尚有题刻书法家题刻多处。"越州山似山""海上仙山""比峰"自墨宝刻"飞来"均为陶刘发题刻。	碑碣造像
141	禹陵《龙瑞宫记》刻石	稽山街道禹陵乡望仙桥村宛委山南面坡之飞来石上	唐代	石高4米左右，宽达8.80米。刻石面积0.52平方米，高0.76米。属于"阳明洞天"范围，内容由贺知章撰写并正书。1963年公布为浙江省文物保护单位。	碑碣造像
142	禹陵《菲饮泉》刻石	稽山街道大禹陵景区禹庙东自然石壁之上	南宋	岩高5.20米，题锐高0.24米，宽0.56米，隶书"菲饮泉"三字无年款，其下有一泓清泉，终年不涸，今属于"禹宇"之上。今摩崖字迹清晰，保存完好。	碑碣造像
143	香炉峰摩崖	稽山街道会稽山香炉峰顶石壁上	清代	题刻5处。为唐孙庆所书"云门"与"海上来""门对江潮"等外石壁上"南无阿弥陀佛"及"南唐徐生翁书《般若波罗蜜多心经》"。	碑碣造像
144	石屋禅院造像	稽山街道九里村会稽山西麓山道边	明代	共四龛七尊佛像，依山而凿，大小八字等。第一龛为弥勒坐像，第四龛为地藏菩萨坐像。西首第一龛3尊佛，分别是如来、释迦。2017年公布为浙江省文物保护单位。	碑碣造像
145	亭山南宋观音像	北海街道原亭山乡亭山村钟堰庙	南宋咸淳七年（1271年）	造像高0.79米，头戴天冠，字迹依稀可辨，身着罗帛锦披，仪态端正，半跏趺式坐于金刚座上，前首一侍养人。像侧面刻有铭文，无年款，另一处为题记，字迹已有斑驳。	碑碣造像
146	大禹山摩崖	东湖街道赵村大禹山	不详	刻共六处。上刻曰"耘石""芝石""云盘"、行书"渔石"、"云盘"二字。五处曰"慕石"，款末有张元忭署名。	碑碣造像
147	建初买地刻石	富盛镇乌石村跳山东坡	东汉	共买山地，建初元年，隶书，明刻，上列竖刻"大吉"二字，下列正文"昆弟六人，造此家地"。全22字，首（值）三万钱。1963年公布为浙江省文物保护单位，2019年公布为全国重点文物保护单位。	碑碣造像
148	宝山摩崖	富盛镇南宋六陵宝山西坡岩堂	南宋	题记共上下两处。上曰"梦岩"，下曰"松壑"均隶书，明刻，无年款。《越中金石记》将"壑"列为南宋题刻。	碑碣造像

序号	名称	区位	时期	简况	类型
149	鉴湖画桥	东浦街道鉴湖村	南宋时始建，清道光十七年（1837年）重建	系15孔石梁桥，桥全长65.70米，桥面净宽1.70米，设实体石桥栏，柱头雕刻花纹。桥栏上刻有"画桥""二字"。画桥在鉴湖中心处地段，风景幽画。陆游曾有"春风小市尝桥横"等句，清刘正谊曾在《夜宿画桥》中为曾句咏画桥风景。	古桥闸塘
150	鲁东泗龙桥	东浦街道鲁东村	清代始建，民国二十六年（1937年）重建	拱、梁一体桥梁，由三孔半圆拱桥与十六孔梁式平桥构成，链接方式以蛇行连体营造垂线以抵御中击，颇合现代桥梁学原理。泗龙桥为绍兴近代水道跨度最长且桥，2013年以"绍兴古桥群"公布为浙江省文物保护单位，2005年公布为全国重点文物保护单位。	古桥闸塘
151	东浦新桥（酒桥）	东浦街道	民国十九年（1930年）	系南北向3孔马路形石拱桥，面长10.50米，净宽2.50米。栏板曼形等图案，桥上有兽头长系石两根，间壁上题有桥联。	古桥闸塘
152	东浦大川桥（洞桥）	东浦街道	清代	系南北向单孔马路形石拱桥。桥面长2.95米，桥面净宽1.85米。桥栏上刻有"大川桥甲子年秋重修"。	古桥闸塘
153	礼江古木桥（天兴桥）	孙端街道新河村前，横跨礼江	始建于元朝至正年间，明正德七年（1512年）重建	系东西向梁式平桥，由一跨主孔（平）和两侧副孔（斜）组合的三孔梁式石桥。桥面南、北石栏板外刻有多处题字。礼江古木桥是由木结构演变为石桥，造型精巧，颇符桥梁力学等科学原理。2002年公布为全国重点文物保护单位。	古桥闸塘
154	泾口大桥	陶堰街道泾口村	清代	系东西向五折边形石拱桥，由三孔拱桥和三孔梁式桥联。全长46.50米，中孔拱券外侧有多处刻字，间壁姐刻行楷桥联。1987年公布为绍兴县级文物保护单位。	古桥闸塘
155	皋埠永丰塘桥	皋埠街道大皋埠村	明代	系东西向梁式平桥，由三孔主孔、副孔、早桥组成，全长18米，跨径4米，拱券石上有题记："大明正德辛巳年月吉日建"。现桥南已迁处成水泥路面并加设拱桥。	古桥闸塘
156	后横直口眼桥	皋埠街道后横村以东大湾江上	清代	系17孔石梁桥。桥全长133.50米。由主桥、副桥、早桥组成。全桥两边设置桥实体素面石板石。桥北建路亭。	古桥闸塘
157	犹猪湖避塘	灵芝街道镜湖新区犹猪湖上	明天启年间（1621~1627年）	今塘全长约3.5公里，南北走向，横臣于犹猪湖上，由实体堤堤、石桥、石亭相间组成。避塘为古代桥梁技术的傍岸建设施，富含水乡民众的智慧与才干，1989年公布为浙江省文物保护单位。2013年公布为全国重点文物保护单位。	古桥闸塘
158	安心太平桥	灵芝街道安心村	明万历四十八年（1620年）	系东西向单孔马路形石拱桥。桥面长1.60米，桥面阔2.25米。无桥栏。拱券系纵合3节并列砌筑，券板正中有刻有"太平桥""三字"。	古桥闸塘
159	蛟里化龙桥	灵芝街道蛟里村	咸丰五年（1855年）前	系东西向单孔半圆石拱桥。桥面长2.50米，桥面阔2.60米。拱券板正中刻"化龙桥"，拱券石中刻有"咸丰五年（1855年）八月立，后薔松山房重修"等字样。	古桥闸塘
160	姚家埭闸桥	马山街道姚家埭村	清代	因桥旁建有庙宇而得名。系南北向3孔石梁桥。桥全长14.60米，桥面宽3.20米，桥南北两头各置12级石台阶。1987年公布为绍兴县级文物保护单位。	古桥闸塘
161	栖凫三接桥	鉴湖街道栖凫村	清代	系梁式石桥，俯视呈Y形，架在横向与栖凫河间的支道三会合点，分别通西、南、北三向道路。三接桥结构巧妙，造型独特，合理解决了Y河流汇合处的交通问题。1987年公布为绍兴县级文物保护单位。	古桥闸塘

续表

序号	名称	区位	时期	简况	类型
162	福庆桥	鉴湖街道后岸村	始建不详，民国十四年（1925年）重建	系东西跨向单孔马蹄形石拱桥。桥面长2.80米，净宽1.75米。桥上有龙头长系石，间壁上有桥联已漫漶。正中刻有"福庆桥，民国十四年更建 郡福源。谢福源。等三等人募"字样。	古桥闸塘
163	禹陵望仙桥	稽山街道望仙桥村	清代	系东西跨向3孔石梁桥。桥全长19米，桥面阔1.90米，桥高3米。桥墩迎水面设2个水头，桥板侧面刻有"望仙桥"三字。	古桥闸塘
164	红门桥	稽山街道永胜村	民国十九年（1930年）	系东西跨向单孔方折边形石拱桥。桥长15米，桥面净宽2.80米，实体石栏石狮，柱文端置石狮。栏板上刻有"红门桥，民国十九年立"等字样。	古桥闸塘
165	越城西鹧会龙桥（瓜咸桥、会源桥）	北海街道西郭门（即迎恩门）外	宋前始建、清光绪三年（1877年）重建	系东西跨向石梁式廊桥。桥面长5.15米，可通行的桥面3.60米，桥旁石柱上有桥联。清代文人李慈铭亦曾有诗咏桥。	古桥闸塘
166	灵芝桥	北海街道西郭门（即迎恩门）外	宋前始建、民国十三年（1924年）秋重修	系南北跨向单孔圆形石拱桥。桥面长2.50米，净宽2.90米。栏板两侧分别刻有"灵芝桥"、"玉龙桥"。此桥与会龙桥组合，为古时河河上的一大景观。清李慈铭有诗。	古桥闸塘
167	钟堰	北海街道钟堰村南	约为清代以前	古水利设施，长约500米，堰南北向，堰上曾有钟堰亩。今堰东侧因河道拓筑已改。堰西侧尚存。	古桥闸塘
168	陟望桥	北海街道迪镜村	清代	系南北跨向五孔石折边形石拱桥。桥面长2米，桥面净宽1.40米。桥栏板外侧刻有："咸丰二年（1852）阳月徐溎重建"等字样。	古桥闸塘
169	昌安桥	迪荡街道昌安西街	不详	全长18米，净跨4.8米，桥面上跨下宽，顶宽2.9米，下宽3.45米。	古桥闸塘
170	永宁蝮松桥（万寿桥）	东湖街道永宁村	始建不详，民国重建	系西向堤梁结合石桥。桥全长84米，桥面净宽1.80米，桥面通航孔3孔，中间用堤接两段石梁桥。桥西有路廊亭，内设"重建万寿桥"碑石一方。	古桥闸塘
171	众渡桥	东湖街道松嫂村	民国癸酉年（1933年）冬	系东西跨向三孔石梁桥。桥面长14.50米，净宽2.10米。实体石栏板间有望柱，末端置鼓卷草石抱鼓。栏板外侧刻有"众渡桥，民国癸酉（1933）冬同人募集重建"等字样。	古桥闸塘
172	前柏云露桥	东湖街道前柏舍村	民国	系东西跨向武石桥，全长26.14米，宽2.13米。桥梁系由三根条石并列而成。实体栏板，望柱头递成回顶球状。	古桥闸塘
173	三江闸	斗门街道三江村内	明嘉靖十六年（1537年）	筑于彩风山、浮山之间，东西走向，全长108米。是浙江省绍兴平原海注线规模最大，保存最为完整的古代型的洪御潮水枢纽红工程。今闸已发券。三江闸除中段仲改建外，左右两段基本保持原状。1963年公布为浙江省文物保护单位。	古桥闸塘
174	斗门花浦桥	斗门街道斗门内	清乾隆二十四年（1759年）元月吉日重建	系南北跨向单孔马蹄形石拱桥。桥面长2.70米，桥面阔2.42米，两边置石狮。望柱头上置有石狮饰物，栏板未端置实体石栏一幅。东侧桥壁上有桥碑一通。2011年公布为绍兴市文物保护单位。	古桥闸塘
175	双江永安桥	斗门街道双江村	咸丰十一年（1861年）甲子重建	系东西跨向5孔石梁桥。桥面阔29.25米，桥面阔1.56米。两边置实体石栏，首尾均置石狮。桥栏外侧刻有"永安桥咸丰十一年（1861）甲子重建"等字样。	古桥闸塘

序号	名称	区位	时期	简况	类型
176	荷湖登瀛桥（荷湖大桥）	斗门街道荷湖村	清代	系东西跨向10孔石梁桥，十孔石桥墩，孔孔不同，墩墩各异。桥全长74.00米。桥板净宽2.17米。桥板南面阴刻有"登瀛桥"三字。桥坐起伏连绵，宛如昂首展尾蜿蜒动过的一条卧龙，造型罕见。2015年公布为绍兴市文物保护单位。	古桥闸塘
177	璜山钟秀桥	斗门街道璜山村以北	推测为民国三十六年（1947年）	系东西跨向单孔梁式石桥。全长11.80米。宽8米。桥下东侧设纤道。桥上建屋面阔三间，硬山顶，坐北朝南，屋前附卷棚廊，卷棚结构，抬梁上有题记："中华民国三十六年（1947）农历仲冬"。	古桥闸塘
178	栖凫金公桥	城南街道栖凫村	明代	系东西跨向单孔半圆形石拱桥。桥面净宽2.40米。桥栏板刻有望柱、柱头雕置重。	古桥闸塘
179	富盛大塘（塘城）	富盛镇万户村大山云	春秋晚期	今存一座人工夯筑的东西向大旱遗迹。东连箬焦山、西连乌龟山，总长650米。据遗址断面推断，塘城为基础和加固两大部分。	古桥闸塘
180	樊凫石进士牌坊	孙端街道樊凫村	乾隆十五年（1759年）	系四柱三间门楼式石牌坊。单檐歇山顶，桥额题刻："节孝流芳"，两侧以透雕、浮雕各种仙鹤、麒麟等纹样。两旁柱上有题字。整体保存完好。1987年公布为绍兴县级文物保护单位。	泉井牌坊
181	秋官里进士牌坊（陶堰进士牌坊）	陶堰街道陶堰村	明代	牌坊一组三座，平面布局呈"凹"字形，中间为主牌坊，左、右辅牌坊气势恢宏。整组牌坊雕刻精致。2011年公布为浙江省文物保护单位。	泉井牌坊
182	"孝阙流芳"牌坊	棠棣街道叫山西端山地上	民国	石质牌坊中天式，东向。二柱间施额枋一道，正面阴刻"孝阙流芳"四字，背面题刻"孝子不匮"，均有题写落款。柱正面刻联及落款亦保存基本完整。	泉井牌坊
183	"贞节门"牌坊	斗门街道袁家溇村以东南山头	清代	石质牌坊楼搁式。四柱三间，覆盆柱础，坐南朝北，面对土地庙。其上方形石柱、额枋雕刻云纹，上部构件均已毁。	泉井牌坊
184	南山头龙锦庄河台	东浦街道绍之公路旁南山头	清代年	跨河而立、歇山顶、龙吻兽、原戏台台于"文革"时期已被毁，现重建戏台为水泥结构。	古戏台
185	马山安城河台	马山街道安城村	始建不详，1992年大修	台三面临水，除台前4级石柱搭水河河外，余4方石墩文撑整戏台于河中。台歇山顶，飞檐挑角，分为前后台。整体造型古朴雄健，于波光潋艳中凌空矗立，在绍兴水乡舞台中堪称一绝。	古戏台
186	栖凫杜庙戏台	鉴湖街道坡塘乡栖凫村徐公桥堍	不详	今栖凫庙宇系新加建余商俭氏出资新修，于波光潋艳中凌空。改为水泥结构，左右设回廊可观剧，然台已不存。	古戏台
187	莒山杜庙戏台	鉴湖街道莒山老庵	明末以前	戏台正方形，横向宽进深约4米余。左右看棚藻井，歇山顶，通本石柱，台板以上均为木构。	古戏台
188	马太守庙戏台	北海街道偏门湖湖桥南堍之马公祠	清代以前，20世纪80年代中期重建	戏台歇山顶，龙吻脊，中间宝瓶脊有天镂简把，垂兽婆戏文武将，四柱通体石质，台板以下为车墙，中留迎坤通道。	古戏台
189	三江所城东城门	斗门街道三江村	明代	明代城防建筑。今三江所城已残，仅存东城门及部分城墙。残墙长40余米，高4.60米。城门东西向，砖砌券顶。紧靠城门东侧尚有保存清代建筑三间，基本完整。2011年公布为绍兴市文物保护单位。	城址建筑
190	成近寺	东浦街道斑豪村内	清代	清水建筑，前后二进，即叫山门与正殿，东西两侧均建有偏房及其他附属建筑，现东西侧偏房已改成道路。	专观建筑

序号	名称	区位	时间	简况	类型
191	隐南禅寺	孙端街道皇甫江寺村内	清康熙二十一年（1682年）	增院坐北朝南，前后三进，砖木结构。前进供奉弥勒、韦驮，后进为大雄宝殿、左右奉有观音。地藏王，周有十八罗汉，庄严肃穆。	专观建筑
192	绍兴扫孙端包公殿	孙端街道皇甫江村	清代	坐西朝东，单层歇山顶，面宽三开间。现存建筑为清道光年间重建。作为绍兴县级文物保护点。	专观建筑
193	皋埠庙	皋埠街道集木村内	清代	建筑坐北朝南，前后二进。第一进山门。第二进大殿。东侧建附房，西侧有戏台。	专观建筑
194	钟山寺	灵芝街道北浦村内	清代	寺坐北朝南。现存前殿。大殿及寺前双凉亭。后廊为双步廊。亥仲生上立立。	专观建筑
195	关帝庙	灵芝街道梅山南坡	民国	建筑坐北朝南，依山而筑。前后二进。平面呈四合院式。第一进山门又左右侧厢，第二进大殿己改为混凝土仿古建筑。	专观建筑
196	霖谷庵	富盛镇莱风自然村内	清康熙二十四年（1685年）前	重建后现有大殿及生活用房共25间，有祥迦牟尼佛，西方三圣、望海观音等十尊大佛。	专观建筑
197	资圣寺	陶堰街道前溪村西	五代后汉乾祐元年（948年）	今寺为1985年募资重建，占地6亩，有天王殿、圆通殿、钟楼、侧厢等。	专观建筑
198	安徽会馆	灵芝街道北海村四王庙	清代	建筑坐北朝南，今存两进，徽派做法。第一进为前厅，第二进为大厅。	公共建筑
199	东浦周泰当铺	东浦街道东浦古镇内浦阳路北侧（薛家桥西边）	清代年	建筑坐北朝南，前后三进。青瓦墙面硬山迤造。第一进门屋与临街店面，后二进为楼屋结构。照墙立于门屋后天井中。后二进为楼屋结构西侧。	公共建筑
200	东湖陶社	皋埠街道云芝路东湖风景区内	民国（1914年）	今建筑系1981年重建。建筑三开间，粉墙黛瓦，漏窗隔门，明间正中悬孙中山题"气壮山河"匾，两侧墙柱有楹对。室内有陈列陶社成军平事实迹。	纪念性建筑
				柯桥区	
201	柯岩	柯岩街道柯岩大道558号	汉代	因古代采石而形成石台、石桥、石壁等诸多景观。20世纪90年代后期被开发建设成为省级风景名胜区，有天工大佛、炉柱晴烟等十大景点，另新建占地30亩的越中名士苑。	山水胜迹
202	古鉴湖	柯岩街道柯岩大道518号柯岩风景区	东汉永和五年（1400年）	前身是古代宏大的鉴湖水利工程，后面积缩减。古时亦称：贺家池、南湖、长湖、大湖、贺监湖、鉴湖遗址、大王庙。"公布为浙江省文物保护单位。今为柯岩景区的一部分，实已成为一条较宽的河道。2011年以"鉴湖遗址、大王庙"公布为浙江省文物保护单位。	山水胜迹
203	瓜渚湖	柯桥街道瓜渚东岸公园东浦艾路瓜渚湖公园	不详	古名渚塘，为绍兴平原第三大湖。湖面南浦北块。西岸公园、西岸公园、北岸公园四个公园。环湖已建为东岸公园、西岸公园、北岸公园四个公园。	山水胜迹
204	丰山	齐贤街道下方村今丰山风景区	隋朝开皇年间（581~600年）	今丰山以石景见长的游鹉风景名胜区（含石佛寺）。由石佛寺、丰山公园和丰山石城三部分组成，总面积88.5公顷。2017年丰山造像及摩崖石刻，被公布为浙江省文物保护单位。	山水胜迹
205	秦望山	平水镇平水村内	不详	因秦始皇南巡时曾登此山远望南海（今钱州湾）而得名。海拔543.6米，是会稽群峰、法华、香炉、委苑等众山的最高峰。	山水胜迹
206	牛头山（临江山、平障）	柯岩街道紫薇路	不详	牛头山在县西六十五里，唐天宝中改名临江山。案旧志有浮石，明王守仁改名浮峰。峰南有石如台、小江萦其间。	山水胜迹

序号	名称	区位	时期	简况	类型
207	马鞍山（人安山）	马鞍街道宝善桥村柯海公路沿线	不详	马鞍山在府城西北四十里，天宝七年改为人安山。	山水胜迹
208	柯桥李家台门	柯桥街道大寺社区寺名96号	清同治七年（1868年）前	老宅坐北朝南，砖木结构。现存第二进、第三进及侧厢。新宅后，为民国时期砖木结构仿欧式建筑。2002年公布为绍兴县级文物保护单位。	私家宅园
209	湖塘兴兴台门（胡家台门、燕逸堂）	湖塘街道东方村	清嘉庆六年（1801年）	建筑坐东朝西，前后两进，均宽阔五间，有天井。2002年公布为绍兴县级文物保护单位。	私家宅园
210	娄心田故居（绍兴师爷博物馆）	安昌街道西市84号	清代末年	故居坐北朝南，共三进，为台门、正楼、座楼。各进面阔三间，均为砖木结构，穿斗式梁架，硬山顶。台门间及东次为砖木住宅。2002年公布为绍兴县级文物保护点。	私家宅园
211	集镇民居	安昌街道	清代	宅以方形天井为布局中心，一侧为坐北朝南的一组三开间二层楼房；另一侧为一组由卧室、书房、厨房组成的平房，中有天井二，各房间均向天井开窗采光。	私家宅园
212	安昌谢家台门	安昌街道安昌北路安昌古镇老街中市	清代末年	建筑坐南朝北，共三进，包括台门、正楼、座楼及东西厢等。2000年整修后群为"安昌民俗风情街"。2002年公布为绍兴县文物保护点。	私家宅园
213	峡山明清民居	福全街道峡山村	明代末年	明清时代？有明代皇室与清初何谦之宅（俗名"花厅"）两处。峡山明清民居系同一家族子孙不同时期建造的世居官第，建筑营造规格较高，做工考究。1987年公布为绍兴县级文物保护单位。	私家宅园
214	王化新瑞兴台门	平水镇王化村内	民国元年（1912年）	建筑坐西朝东，砖木结构。平面由台门、大厅、廊轩、座楼、平屋、左右厢房等组成。新瑞兴台门规模较大、布局完整，在绍兴近代民居中有一定代表性。2002年公布为绍兴县文物保护点。	私家宅园
215	陈伯平故居	平水镇平水街村双井头	清代	故居一为美堂，系前后两进平屋。旁有侧厢，中隔天井。1995年公布为绍兴县级文物保护单位，2000年文物部门主持对故居进行修复并有盖《陈伯平生平事迹陈列》。	私家宅园
216	香林禅寺	湖塘街道西路村	五代后汉乾佑三年（950年）	今寺内1966年重加修葺，今新建"大悲殿""三望堂"等建筑，遂为大殿4进，厢舍23间。	景观园林
217	舜王庙	王坛镇两溪村舜王山之巅	宋初始建、清咸丰年间重建	规模较小，主体建筑由山门、戏台、大殿、后殿组成，两旁为乐西看楼，东西看楼外侧有看天井，其余楼作辅助用场。建筑整体具清代中晚期风貌。1997年公布为浙江省文物保护单位。	景观园林
218	兰亭	兰亭街道兰亭村兰渚山麓	东汉（今之兰亭，为明嘉靖二十七年所移）	今兰亭为1980年重修，占地达34亩。由鹅池、乐池、小兰亭、流觞亭、兰亭江、右军祠、御碑亭、御碑亭等组成。2013年公布为全国重点文物保护单位。	公共园林
219	印山越国王陵	兰亭街道里木栅村	春秋晚期	越王允常陵墓，为一座平面呈"凸"字形的竖穴岩坑木椁墓，东西向，全长100米。1998年被评为第四批浙江省文物保护单位，2001年公布为全国重点文物保护单位。"1998年全国十大考古新发现"。	陵寝墓园

续表

序号	名称	区位	时期	简况	类型
220	王守仁墓	兰亭街道花街洪溪鲜虾山南麓	明嘉靖八年(1529年)	墓冢圆形、朝南偏西,周边砌石围护,正面横置墓碑,墓前设石祭桌,下跬平台,四周山坡而砌,四罗古松环绕。1989年公布为绍兴县文物保护单位,墓东侧有王守仁史迹陈列馆。	陵寝墓园
221	徐渭墓	兰亭街道里木栅村娄娄山东麓	明代	今墓系1989年原地重修。东向,方形,素土封顶,条石砌边,前立长方形墓碑。四周植树,旁有其父母、兄子墓室。墓园1963年公布为绍兴县级文物保护单位,2006年与青藤书屋合并公布为国家级重点文物保护单位。	陵寝墓园
222	安昌城隍殿	安昌街道安昌古镇城隍殿内	明代	殿共三进,包括山门、大殿、后殿(座殿)及东西侧厢房。二十世纪90年代后期以后殿为基础恢复重建,2002年公布为绍兴县级文物保护点。	祠堂建筑
223	五王祠堂	钱清街道梅二村	明代	建筑坐北朝南,中隔两个天井,两侧为附房。2002年公布为绍兴县文物保护点。	祠堂建筑
224	葊氏宗祠	王坛镇蒋相村	清康熙五十五年(1716年)始建,清乾隆十五年(1750年)建成	建筑坐北朝南,三进三间,第一进门厅,第二进大厅,第三进神堂,三进之间以廊连接。宗祠平面布局结构与嵊州、诸暨相近似接。2002年暨绍兴县文物保护点。	祠堂建筑
225	柯岩摩崖	柯岩街道柯岩大道518号柯岩风景区内	清代	题刻有十多处,较宗好者有"云骨""柯岩""南无阿弥陀佛""文光射斗""蚕花洞天""紫栩洞天"等。"化香"石"七星岩""摩崖"2013年公布为全国重点文物保护单位。	碑碣造像
226	柯岩造像	柯岩街道柯岩大道柯山南麓	隋唐时期	佛像雕造作一硕大孤岩内,高30余米,气势雄伟,为弥勒造像,全跏趺坐。通体圆雕,螺发肉髻,白毫相,面相丰满,双耳垂肩,双目微合略俯视,鼻梁隆起,薄唇,法相丰颐庄严。2013年公布为全国重点文物保护单位。	碑碣造像
227	羊山摩崖	齐贤街道羊山石景区内	明至民国	造像石窟南壁上刻有明万历《羊石山石佛庵碑记》,北壁刻有明成化十二年(1476年)韩位能,寺南侧城隍殿帽壁上有历代名人题记十余处。2017年公布为浙江省文物保护单位。另在石佛寺一进、二进之间天井右侧有对联一副。	碑碣造像
228	湖岙山摩崖	齐贤街道羊山村湖岙山	不详	位于拱星楼东南侧岩壁上,现存题刻四处:"步云""赵陆""龙吟"三处均无落款,另有"沈氏改界记"楷书,另有"龙吟"三处均无落款,阴刻。	碑碣造像
229	羊山造像	齐贤街道山头村石佛寺内	隋唐时期	位于石佛寺第三进石窟建筑内,高6.50米,通体圆雕,全跏趺坐,身披通肩式袈裟,胸部丰满,头饰螺发,两目远眺,左手按膝,右手曲肘上举作说法状。1961年公布为绍兴县文物保护单位。	碑碣造像
230	弥勒造像	马鞍街道铊嵊山北侧半山腰间	明代	坐西朝东,端坐于一石窟内,石窟高2米,深1.90米,石佛高0.87米,半跏趺坐姿,面相慈祥,笑容可掬,袒胸露腹,目坐直,身穿广肩式袈裟,袒胸露腹。	碑碣造像
231	柯桥融光桥	柯桥街道老街,横贯萧绍运河	明代	因桥旁原有融光寺而得名,系南北向单孔石拱桥,拱券顶置龙口石三块,有深浮雕盘龙纹,长系石刻腹水兽头。全长15.50米,面宽3.70米,拱高7.50米,栏板实体素面,1979年公布为绍兴县级文物保护单位。2013年以"绍兴古桥群"公布为全国重点文物保护单位。	古桥闸塘

序号	名称	区位	时期	简况	类型
232	柯桥太平桥	柯桥街道浙东古运河上，纵跨萧绍运河	明万历四十八年（1620年）始建，清咸丰八年（1858年）重建	系南北跨拱、梁一体多桥，由一孔拱桥和八孔梁桥组成，全长40米。整座桥高低错落，状若龙首朝天，翻腾水面，是水乡地区一桥多功能的特有形式。桥顶远望柱上亦有图案，装饰艺术独具匠心。1989年公布为绍兴县级文物保护单位。2013年以"绍兴古桥群"公布为全国重点文物保护单位。	古桥闸塘
233	接渡桥	柯桥街道中泽村	清代	系东西跨拱、梁一体桥。由中间三孔拱桥、两边各两孔石梁桥组成，全长55.45米，造型对称美观。1979年公布为绍兴县级文物保护单位。2013年以"绍兴古桥群"公布为全国重点文物保护单位。	古桥闸塘
234	得胜桥	柯岩街道柯桥村	明代始建，清咸丰年间重建	系东西跨梁桥。由七孔石梁桥、三孔主梁桥两部分组成，全长66米。得胜桥造型别致，旁有姚长子纪念碑，其历史、艺术、绝佳涤等等史迹，建筑价值与文史价值并重。2012年公布为绍兴县级文物保护点。	古桥闸塘
235	湖塘西跨湖桥	湖塘街道长者西跨湖桥西端	南宋已存，明万历重建，清嘉庆元年（1796年）再建	系南北跨拱桥梁一体桥，由单孔石拱桥与三孔梁式拱桥组成，全长61米。拱顶、北堍栏板及拱石上均有刻字，桥北有碑等。此桥与位于城西偏门的东岳跨湖桥，是古鉴湖范围的标志。2011年公布为浙江省文物保护单位。	古桥闸塘
236	云梯桥（元宝桥）	华舍街道张溇村	万历丙午年（1606年）建，民国三年（1914年）重修	系南北跨单孔梁式石桥，全长7.60米，宽2.20米。桥孔北壁石柱、中间朝西栏板外侧、西侧栏板分别有明万历刻字，民国刻字。"云梯桥"刻字。2002年公布为绍兴县级文物保护单位。	古桥闸塘
237	朱公桥	安昌街道朱家畈村	明嘉靖年间始建，民国十一年（1922年）重修	系东南跨梁式石桥，由五眼梁式石孔七眼梁式石桥组成，全长51.40米，栏板上有民国刻字。朱公桥年代古老、规模较大、整体完整，整体形态完美。2002年公布为绍兴县级文物保护点。	古桥闸塘
238	齐贤扁拘闸	齐贤街道五眼闸桥村	北间：明成化十三年（1477年），南间：正德六年（1511年）	古水利设施，由南间（俗称五眼闸）与北间（俗称三眼闸）组成。扁拘闸保存完好，是绍兴古水利建设的重要实物例证。2002年公布为绍兴县级文物保护单位。	古桥闸塘
239	虹明桥	福全街道徐山村	始建年不详，清嘉庆六年（1601年）重建	系南北跨十一孔梁式石桥，全长67.90米，分三段：第一段为主桥，第二、三段为引桥。虹明桥造型别致，另有桥横刻石人之名。2017年公布为浙江省文物保护单位。	古桥闸塘
240	广浮桥	钱清街道九二村	宋前始建，明代重建	系南北跨单孔石拱桥，全长21.40米，桥面宽4.10米，桥中央置定心石，间壁上有桥联一副，拱券顶镌龙凤，拱额题"广浮桥"。广浮桥造作讲究，结构稳固，具有一定代表性。2002年公布为绍兴县级文物保护点。	古桥闸塘
241	万里桥（海宁桥）	马鞍街道童家诸村，横跨诸暨江	明代	系东西跨单孔半圆形拱桥，全长11.50米，桥面宽2.70米，北侧拱眉上有隔面桥额，上刻"万里桥"三字。万里桥建成至今未经修葺，保存完好。2002年公布为绍兴县级文物保护单位。	古桥闸塘
242	五云桥	平水镇平江村里头五云山，横跨五云溪	唐末始建，清代重建	系东西跨单孔石拱桥，全长13米，宽3.08米，桥面已在原石拱上铺设混凝土。五云桥与所在地的云门寺有着密切关联，2002年公布为绍兴县级文物保护点。为1983年按原貌修复。	古桥闸塘

续表

序号	名称	区位	时期	简况	类型
243	夏履寨口桥	夏履镇莲增村	清代	系南北跨单孔石拱桥，全长18米，桥面宽2.20米，拱圈以条石排列砌筑而成，拱圈顶即桥面。桥堍西有清代凉亭一座。寨口桥工艺独特，保存较好，2002年公布为绍兴县文物保护点。	古桥闸塘
244	稽东镇东桥	稽东镇裘村，横跨裘村大溪	清代	系东西跨单孔石砌坦拱桥（悬链线型拱桥风格），全长20米，宽3.60米。券面石上阴刻“镇东桥”。桥结构稳固、整体完好，是绍兴南部山区古桥中规模较大、时代较早的桥梁。2002年公布为绍兴县文物保护点。	古桥闸塘
245	白石庙戏台	漓渚镇棠棣乡五社七村白石庙内	推断为清末至民国中期	戏台歇山顶，舞台部位鸡笼顶保存完整。左右看楼尚剩有余构，台板于“文革”废置。	古戏台
246	舜王庙戏台	王坛镇双江溪北岸的舜王庙内	清咸丰年间始建，1987年重修	戏台坐南朝北，三重檐攒尖顶。台以挂落和八字屏门分为前、后台两部分，中有通廊，实为山门后檐。1997年公布为浙江省文物保护单位。	古戏台
247	王坛隘将庙戏台	王坛镇肇湖村隘将庙内	清代	戏台坐南朝北。由前、后台组成。前台正方形，单檐歇山顶，翼角起翘。通体木结构。台上正面设石狮一对。台前柱、后场二柱均有楹联。	古戏台
248	柯桥瓜田庙戏台	柯桥街道后马村瓜田庙前	明代始建，清代重修	戏台坐南朝北，正对瓜田庙。园厢房后面水，现已填为平地。戏台单檐歇山顶，分前后台。石墩台基，台四角均置石柱一根，牛腿浮雕花草。后台三面围砖墙，后壁中间开门。前后台之间置屏门，两侧为“出将”“入相”之门，门上分别题“出风”“人雅”四字。	古戏台
249	湖塘宾舍戏台	柯桥区湖塘街道宾舍村	明代始建，清同治四年（1865年）重修	初为“饮酒亭”，后改台。坐南朝北，由前后台组成，单檐歇山顶，翼角起翘。台四角各置圆形台柱，前檐柱有戏联及落款。厢房后面临江河。戏台前沿设有一石质“台唇”用于传统习俗表演。2009年公布为绍兴县级文物保护单位。	古戏台
250	华舍咸宁桥河台（遗址复原）	华舍街道咸宁桥（俗称迎驾桥）	清嘉庆七年（1787年）前	戏台搭于二石岸之间，台下通船，里人可立于桥上从台右观剧，台前空地约可站近千人。石扶拦上、桥墩右方均有刻字。至今四条石柱依然屹立不动，柱身台板凹槽明晰可见。	古戏台
251	河山桥戏台	马鞍街道河山桥，绍兴邮电技工学校对面河浜	1994年复建	戏台歇山顶，水泥台基，右侧建有副台。台后厢房背河，前置“河山万年台”额，左右为“出将”“入相”门，前柱有楹联。戏坪可站千余人。	古戏台
252	孙岙孙氏宗祠戏台	王坛镇孙岙村孙氏宗祠内	清代	戏台单檐歇山顶，坐南朝北。左右看楼有梯可通后厢房。台内顶正中设八角覆斗形藻井，四周天花板画有花卉。台四角置石方柱，牛腿饰母鹿、雄狮等雕刻。戏台正面置矮石柱两根，上有石狮。	古戏台
253	冢斜余氏宗祠戏台	稽东镇友谊村（冢斜）余氏宗祠内	不详	戏台为单檐歇山顶，坐南朝北，分前、后台。台尚留有八字形屏风，后台柱联仅剩半联，台前柱联已不清。屏风上依稀为“广寒余韵”匾。	古戏台
254	稽东尉氏宗祠戏台	稽东镇尉村尉家祠堂	清代末年	戏台宽5.20米，深5.65米，整体尺寸规模紧凑，经济实用。戏台面对神堂，前柱有楹联。戏台统体为木结构，朴实简约，保存完整，极富山区祠堂戏台特色。属晚清和民国初期建筑。	古戏台
255	笔架峰寺	兰亭街道里木栅村笔架峰顶	唐代	寺现由山门、观音殿、大雄宝殿、配殿及附属建筑五部分组成。寺历史悠久，寺内摩崖珍贵，具有较高艺术价值，2002年公布为绍兴县级文物保护点。	寺观建筑
256	漓渚白石庙	漓渚镇二社村	清代	建筑坐北朝南。由山门、正殿、戏台和东西厢房等建筑组成。作为绍兴乡村较具代表性的古代社庙建筑，2002年公布为绍兴县文物保护点。2009年公布为绍兴县级文物保护单位。	寺观建筑
257	平水王化庙	平水镇平王线	清代	建筑坐东朝西，由山门、戏台、大殿和两侧厢房组成，占地近1000平方米。2002年公布为绍兴县文物保护点。2009年公布为绍兴县级文物保护单位。	寺观建筑

序号	名称	区位	时期	简况	类型
258	王坛白鹤庙	王坛镇东村村（王石公路西约50米）	清代	今庙为清光绪二十五年（1899年）重建，坐西朝东。由正殿和南、北配殿组成。总体平面呈"品"字形，2002年公布为绍兴县文物保护单位。	专观建筑
259	善庆学校	柯岩街道联谊村（杨绍线州山水库湖公园北侧约200米）	民国三年（1914年）	砖结构欧式建筑，坐北朝南，共三进。第一进为办学大堂。第二进为大教育楼，第三进均为大礼堂，善庆学校整体布局讲究匀衡，沿用至今。2002年公布为绍兴县级文物保护单位。2011年公布为浙江省级文物保护单位。	公共建筑
上虞区					
260	曹娥庙	曹娥街道孝女村孝女路	东汉始建，宋元佑八年（1093年）移建今址	庙坐西朝东，平面布局以三条纵轴线展开。曹娥庙规模宏大，布局严谨，堪称民国时期江南木结构建筑的代表，被世人称为"江南第一庙"。1989年公布为浙江省级文物保护单位。2013年公布为全国重点文物保护单位。	专观园林
261	曹娥墓	曹娥街道曹娥庙内	东汉	今墓为1982年民选重建。1987年文物部门据清代图录，修整墓葬外观。坐西朝东，呈圆形，块石围砌，墓前立碑，阴镌"汉孝女曹娥墓"字样。	陵墓塞园
262	曹娥庙戏台（外三连）	曹娥街道曹娥庙内	北宋元祐八年（1093年）	重檐歇山顶，上凹球形"鸡笼顶"（藻井），曾誉称浙东第一大戏台。	古戏台
263	曹娥庙沈公祠戏台	曹娥街道曹娥庙沈公祠内	北宋	深，宽约5.5米，鸡笼顶四满井，井顶置"二龙抢珠"木雕，八面井边分别以圆寿字组成图案，牛腿均饰戏曲人物。戏台与观众席均置于一中轴回廊，整体保存完整。	古戏台
264	曹娥庙土谷祠戏台	曹娥街道曹娥庙土谷祠内	北宋	戏台位于山门后，深5.10米，宽4.6米，歇山顶，"品"字形梁架，左右设耳房作化妆间。通体石柱，台板已久把不用。曹娥庙内三座戏台呈则"品"字的一组密集戏曲演出场所，为绍兴市五县所他无仅有，值得一睹。	古戏台
山会全境					
265	会稽山	县东南二十六里（柯桥区新建南路）	相传夏禹至茅山大会诸侯始名	会稽山脉绵亘于绍兴、诸暨、嵊州、上虞之间，主峰在嵊州市西北，为钱塘江支流浦阳江与会稽江的分水岭。今绍兴市城东南郊外大禹陵、香炉峰、宛委山、石帆山及射的山片区为会稽山核心区。	山水胜迹
266	若耶溪（平水江）	城东（柯桥区平水镇若郡溪）	不详	起源于若郡山，经山会平原入海。相传有七十二支流，全长百里，两岸风景秀丽，名胜罗布。	山水胜迹
267	曹娥江	自金华磐安经绍兴新昌、嵊州、上虞、柯桥区	东汉始名	古称舜江，东汉时因孝女曹娥投江殉父而改名曹娥江。源于磐安县大盘山脉，自南而北流经新昌、嵊州、上虞、柯桥区，于曹娥三江口以下经曹娥江大闸注入杭州湾。曹娥江风景旅游资源最为集中的地方。主要景观有曹娥庙、舜耕公园、龙山公园、东山、上浦闸、东鹭中学、王充墓、凤鸣山、玉水河等。	山水胜迹
268	浦阳江	自金华市浦江县经诸暨市、杭州萧山区	不详	位于浙江省中部，是自越西南流沉金口。其发源于浦江县天灵岩南麓，历史上为独流入海的河流，明朝之后筑坝将其上游导入钱塘江。史记云："三江既入，震泽致定"，其三江即包括浦阳江。	山水胜迹

序号	名称	区位	时期	简况	类型
269	浙东运河绍兴段	山阴故水道西起今绍兴古城东郭门，东至今上虞区东关街道；西兴运河自西兴经萧山、钱清、柯桥到今绍兴古城	始凿于春秋战国时期	"浙东运河"位于杭州湾南岸，东西向贯通今杭、绍、甬三座城市并于京杭大运河南端相接。其中自萧山西兴至上虞曹娥江一段，以绍兴古城为界分为东、西两部分。东段始凿于先秦越国时期，称"山阴故水道"，西段凿于晋惠帝年间，名"西兴运河"。"山阴古水道，出东郭，从郡阳春亭，去县五十里"（《越绝书·卷八》）。"城外之河，曰运河，自西水来，东入山阴，经府城至小江桥而东入会稽，末绍兴年间运漕之河也。去县西十一里，西通萧山，东通曹娥，横亘二百余里。旧经云：晋司徒贺循临郡凿此"（《嘉庆山阴县志》卷四）。	山水胜迹
270	古纤道	位于浙东运河绍兴段，东西向穿越绍兴全境	始筑于春秋战国时期	古水利设施。东段由泾口大桥地段，樊江至东湖约10里许；西段自柯桥区以东至谢桥至湖塘板桥。既是古人行舟背纤的通道，又是来往船只躲避风浪的屏障。古纤道遂逶迤有序，错落有致。1988年1月13日公布为全国重点文物保护单位。	古桥闸塘
271	萧绍海塘绍兴段（防海塘、老塘）	东始于上虞，西止于萧山西兴	汉代至唐代	宋明水利工程，为历史时期由人工筑成的绍兴北部屏障，有海岸"长城"之称。1989年绍兴段海塘被公布为浙江省文物保护单位。2017年绍兴段海塘被公布为浙江省文物保护单位。	古桥闸塘

表2 历史街区、古镇分布

序号	名称	区域	简况
1	越子城历史文化街区	今绍兴古城西部（北至胜利西路、环城西路、司狱使前、偏门直街，龙山之间至府山直街，西南府山西麓路，西靠府山西路、环城西路）	该街区以越子城历史文化延续发展形成的古城中心街区，府山居中、河道环绕的山水环境是该街区的自然景观特色。街区内历史遗存较多，有市级文物保护单位越王台、文种墓等，文化内涵丰富。
2	八字桥历史文化街区	今绍兴古城东部（东起东池路、西沿都泗阊河至中兴中路，南至九节桥河沿、纺车弄，北至新府横眼间）	该街区为绍兴水城的缩影：有蕺山河、都泗阊穿越而过，以八字桥水街和广宁桥水街为中心，街区内有八字桥、广宁桥、东双桥、纺车桥等古桥。围绕水街有成片临水传统民居和商铺，加之民族、宗教特色的历史遗存。
3	蕺山历史文化街区	今绍兴古城东北部（北至环城北路、南临萧山街，东起中兴中路、西至局弄）	该街区以蕺山为屏，南临蕺山历史街河、钱业会馆、太平天国壁画等文物古迹，是具有传统建筑风貌的低层住宅。街区内尚有蔡元培故居、王羲之故居之故，西街、蕺山直街、萧山街构成"工"字形的街巷格局，一些具有文化内涵的历史遗迹占据其中，形成建致古朴的景观特征。
4	鲁迅路历史文化街区	今绍兴古城中部（东起中兴南路、西靠解放南路，北至都昌坊可以北，南到鲁迅路以南）	该街区有鲁迅故里、咸亨河一南一北横穿其中，形成典型水乡风貌。土谷祠等历史遗存有，传统民居有特色。
5	西小河历史文化街区	今绍兴古城西北部（北起环城北路、上大路河，南临胜利路、东至文种弄、铁甲营，西至府山西路西段）	该街区西小河风景，可遍览府山山景色，其周围分布着成片临河传统民居。街区内有明代建筑吕府十三厅，古越藏书楼等具有深厚文化内涵的文物古迹，形成该街的历史文化水乡氛围。
6	新河弄历史文化街区	今绍兴古城中心偏北（东起华侨饭店、西到北海小学，南至北海桥河弄、北至上大路）	该街区是典型的台门建筑群，内有朱家、陈家、马家等6处明清或民国时期的台门宅，街区内西侧有一条杜家弄南北穿过，形成花宅大院古朴、幽静的街巷特征。
7	石门槛历史文化街区	今绍兴古城中部（东靠鲁迅小学、人民路，西傍仓桥直街、北至越都城内）	该街区整体呈南北向长条形，内有石门槛、井巷等传统街巷东西贯穿街区。建筑多为清末、民国时期的台门建筑，与普通民居交叉布置，有马家台门、华家台门等7处较完整的传统民居聚集区。
8	前观巷历史文化街区	今绍兴古城中部（东至解放路沿街建筑，南至鲁迅西路段，西至仓桥直街、北至后观巷）	该街区保持着古城传统的建筑风貌和街巷格局，内有全国重点文物保护单位青藤书屋，市级文物保护单位蔡台门、陈家台门等，这区内的各客弄书弄等，构成不可替代的绍兴历史文化景观。
9	东浦古镇	越城区东浦街道锡麟路26号	为绍兴酿酒中心，境内江河纵横，湖泊棋布，湖泊星罗，有水乡、桥乡之称，镇内有热城学堂，是周恩来祖居指可数的著名水乡集镇。该镇于1991年被浙江省人民政府公布为历史文化名镇。
10	柯桥古镇	柯桥区柯桥街道柯桥古镇景区	西晋时曾为州市，境内地势平坦，河网密布，镇内有湖南山、河等湖。镇内有柯山、柯岩风景区，有水乡、兰亭、鉴湖、湖泊三山（行政），风光秀丽，毛尖山、柯等镇被称为绍兴第一大镇，也是柯桥镇。该镇于1991年被浙江省人民政府公布为历史文化名镇。
11	安昌古镇	柯桥区安昌街道安昌古镇景区	自古以来镇票云集，镇内河河密布，丹楹穿阶，沃野纵横，有涂山等，天台地枹道遍藏书楼等古代建筑，城隍庙、1991年被浙江省人民政府公布为历史文化名镇，1991

图书在版编目（CIP）数据

绍兴传统园林艺术 / 张蕊著. — 北京：中国建筑工业出版社，2021.8

ISBN 978-7-112-26444-5

Ⅰ.①绍… Ⅱ.①张… Ⅲ.①古典园林—园林艺术—绍兴 Ⅳ.①TU986.625.53

中国版本图书馆CIP数据核字（2021）第157181号

责任编辑：杜　洁　李玲洁
书籍设计：韩蒙恩
责任校对：赵　菲

绍兴传统园林艺术

张蕊　著

*

中国建筑工业出版社出版、发行（北京海淀三里河路9号）
各地新华书店、建筑书店经销
北京锋尚制版有限公司制版
北京富诚彩色印刷有限公司印刷

*

开本：880毫米×1230毫米　1/32　印张：12⅜　字数：380千字
2021年8月第一版　2021年8月第一次印刷
定价：**60.00** 元
ISBN 978-7-112-26444-5
（37791）